高职高专机电及电气类"十二五"规划教材

自动控制原理与应用

（第二版）

主　编　韩全立

西安电子科技大学出版社

内容简介

　　本书主要介绍经典控制理论的线性理论部分知识，书中增加了 MATLAB 软件的应用与仿真知识。本书对传统分析方法进行了适当的调整，丰富了计算机控制方面的内容，以调速系统为主线，着重叙述了自动控制系统的工作原理、自动调节过程等。内容包括：自动控制系统概论，控制系统的数学模型，控制系统的时域分析法、频域分析法，自动控制系统的校正，直流调速系统，直流脉宽调速系统，位置随动系统，交流变频调速系统等。

　　本书可作为高职高专电气技术、电气自动化等电气类专业的主干课教材，也可供其它相近专业及有关工程技术人员参考。

图书在版编目(CIP)数据

自动控制原理与应用/韩全立主编. －2版. －西安：西安电子科技大学出版社，2014.9(2017.11重印)
高职高专机电及电气类"十二五"规划教材
ISBN 978 - 7 - 5606 - 3428 - 9

Ⅰ. ① 自…　　Ⅱ. ① 韩…　　Ⅲ. ① 自动控制理论－高等职业教育－教材　　Ⅳ. ① TP13

中国版本图书馆 CIP 数据核字(2014)第 197036 号

策　　划　马晓娟
责任编辑　阎　彬　董小兵
出版发行　西安电子科技大学出版社(西安市太白南路2号)
电　　话　(029)88242885　88201467　　邮　编　710071
网　　址　www.xduph.com　　　　电子邮箱　xdupfxb001@163.com
经　　销　新华书店
印刷单位　陕西利达印务有限责任公司
版　　次　2014年9月第2版　2017年11月第10次印刷
开　　本　787毫米×1092毫米　1/16　印　张　16
字　　数　374千字
印　　数　24 001～27 000 册
定　　价　32.00元
ISBN 978 - 7 - 5606 - 3428 - 9/TP
XDUP 3720002 - 10
＊＊＊如有印装问题可调换＊＊＊
本社图书封面为激光防伪覆膜，谨防盗版。

前　言

本书第一版于 2006 年出版,之后多次重印,迄今印数已达 18 000 册,获得了老师和学生的好评。此次根据当今科学技术的发展状况和高等职业技术教育人才培养的特点对本书进行更新与修订。

科学技术,特别是计算技术的发展对本课程产生了很大的影响:

(1)计算机技术,特别是 MATLAB 软件在自动控制领域的广泛应用,使得对控制系统的分析与设计更加方便。

(2)计算机控制技术的广泛应用,使得数字控制逐渐取代模拟控制、软件功能替代硬件功能越来越具普遍性。

(3)交流调速应用越来越广泛,大有取代直流调速之趋势。

(4)新的电力电子器件正在逐步取代晶闸管,因此脉宽调制(PWM、SPWM)控制应用更加普及。

基于上述多种情况,在修订本书时,增加了 MATLAB 软件的应用与仿真,适当调整了对传统分析方法的要求,丰富了计算机控制,特别是专用集成电路方面的内容,减少了分立元件线路和直流调速方面的内容。

当今的高职教育,更加注重技术的应用。因此,在内容的安排上,适当提高了实际操作和调试方面的要求,降低了对理论与计算方面的要求,更加突出了系统的性能分析和系统调试,突出实际系统的应用。

本书共分九章,每章均有小结和习题。小结概括了每章的基本内容和要求。例题和习题,有的是后续内容的一部分,请读者加以注意。

本书由河南工业职业技术学院韩全立教授主编,并编写了第 1 章。参加本书编写的还有:陕西工业职业技术学院方维奇老师(第 2、5 章),陕西国防工业职业技术学院东方老师(第 3、8 章),漯河职业技术学院冯凯老师(第 4 章),河南工业职业技术学院赵阳老师(第 7、9 章),西安理工大学高等技术学院刘庆华老师(第 6 章的第 1、2 两节),河南工业职业技术学院任燕老师(第 6 章的 3、4 两节)。

本书可作为高职高专电气技术、电气自动化等电气类专业的主干课教材,也可供其它相近专业学生及有关工程技术人员参考。

编者在修编的过程中虽然花费了不少精力,但限于编者的水平,可能仍有错误和不妥之处,敬请广大读者给予批评指正。

编　者

第 一 版 前 言

本书是作者在总结多年教学经验的基础上，根据高等职业技术教育的特点组织编写的。

本书运用经典控制理论的线性理论部分知识，以自动调速系统为主线，着重叙述了自动控制系统的工作原理、自动调节过程等。考虑到高职教育的特点，在编写时着重考虑了基本概念的叙述和系统的性能分析。自动控制理论比较抽象，学生不易接受，这主要是由于学生不知道自动控制理论用于何处和怎样去应用。因此，我们在编写时力求做到深入浅出、循序渐进，注重物理概念叙述的同时引入系统的实际应用，做到理论联系实际，培养学生分析问题的能力，力戒繁琐的数学推导。每章后面均有小结和习题，以供复习与练习。

参加本书编写的有河南工业职业技术学院的韩全立（第1、7、9章及第6.3、6.4两节），陕西工业职业技术学院的方维奇（第2、5章），陕西国防工业职业技术学院的东方（第3、8章），漯河职业技术学院的冯凯（第4章），西安理工大学高等技术学院的刘庆华（第6.1、6.2两节）。韩全立同志任主编。

本书可作为高职高专电气技术、电气自动化等电气类专业的主干课教材，也可供其它相近专业师生及有关工程技术人员参考。建议教学参考学时数为80学时。

限于编者的水平，加之时间仓促，错误和不妥之处在所难免，敬请广大读者批评指正。

编　者
2006 年 5 月

目　录

第1章　自动控制系统概论

　　本章主要描述自动控制系统的基本概念及自动控制系统仿真的基本知识，介绍自动控制系统与仿真的概念、组成、分类以及 MATLAB 仿真等基础知识，通过本章的学习，使读者对自动控制系统与仿真等主要内容能有整体的认识。

1.1　概　　述

　　自动控制技术已经广泛应用于工业、农业、军事、交通、空间技术、管理工程等各个领域中。自动控制技术是科学技术现代化的重要标志之一，自动控制技术的应用水平，已成为衡量一个国家生产和科学技术先进与否的一项重要标志。

　　自动控制技术的应用，可以追溯到十八世纪。1769 年，瓦特(Watt)利用小球离心调速器使蒸汽机的转速保持恒定。如图 1-1 所示为小球离心调速器的原理图，此调速器是利用飞锤、弹簧和杠杆系统来调节蒸汽阀门的开度，从而达到控制蒸汽机转速的目的。其工作原理为：如果负载增加，蒸汽机转速下降，则飞锤 1 下降，滑套 2 将通过杠杆 3 使蒸汽阀门开大，蒸汽供给量增加，从而使蒸汽机转速上升。反之若负载减小，蒸汽机转速上升，则通过调节可使转速下降。这样，离心调速器可自动地抵制负载的变化，使蒸汽机转速保持稳定。

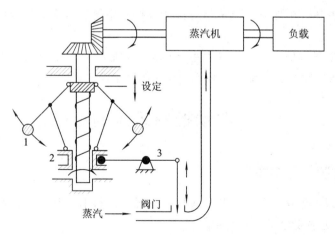

图 1-1　小球离心调速器原理图

　　但是在使用的过程中发现，有时小球离心调速器并不能使蒸汽机很好地调速和稳定转速，而且常常会出现剧烈的振荡，也就是说，系统的转速不能够稳定下来。这就给我们提出了一个控制系统的稳定性问题。

1868 年，麦克斯韦（Maxwell）解释了不稳定的现象，并对轮船摆动（稳定性）进行了研究，提出了一种低阶的稳定判据的代数方法。

数学家劳斯（Routh）和郝尔维兹（Hurwitz）分别于 1877 年和 1895 年各自独立地发现了两种代数稳定判据的方法，可以判定高阶系统的稳定性，从而开始了用数学的方法对控制系统的稳定性进行研究。

1920 年，海维赛得（Heaviside）在控制技术研究中首先引入了拉普拉斯变换和傅立叶变换，以及表征声强比的单位分贝；1932 年，奈奎斯特（Nyquist）在对控制系统稳定性的研究中，提出了基于频率特性的奈奎斯特法，并提出了系统稳定判据的一整套理论，这些理论在第二次世界大战期间被用于开发高射火炮位置控制、雷达天线跟踪、飞机自动驾驶仪及导弹制导系统等；1945 年，伯德（Bode）提出用图解法来分析和综合反馈控制的方法，形成了控制理论的频域法；1948 年，维纳（Weiner）在总结前人研究的基础上，出版了划时代的著作《控制论》，对控制理论进行了系统的阐述；随后，伊万斯（Evans）在 1950 年创立了根轨迹法，这种方法是另一种研究控制系统的简便有效的方法，是对频率特性法的补充；1954 年，我国科学家钱学森创立了工程控制论；等等。至此自动控制的古典控制理论已基本发展成型。

到了后来，特别是由于航天航空技术及计算机技术的发展，古典控制理论逐渐暴露出了其局限性：古典控制理论只限于线性非时变系统；古典控制理论只限于单输入单输出系统；古典控制理论的本身是分析法，而非综合法，不能够对大系统进行综合的分析。解决古典控制理论局限性的要求，使现代控制理论得以突飞猛进地发展，到目前为止，现代控制理论仍在发展应用阶段。可以说，现代控制理论已经综合了控制技术、通信技术和计算机技术等各方面的成就，达到或正在进行着以下几个方面的工作：

（1）最优控制　对某种性能指标实现最佳控制，即目标函数法；

（2）自适应控制　系统具有自适应能力，当环境发生变化时，系统本身可适应环境的变化，而使系统保持最优；

（3）自学习控制　这是一种较完善的自适应控制系统，具有系统辨识、判断、积累经验和学习的功能。

由美国阿波罗工程所发展起来的大系统理论，就是研究规模庞大、结构复杂、功能综合、因素众多的大系统分析和综合的理论，是现代控制理论研究与应用的典范。

1.2　自动控制系统的组成

1.2.1　自动控制的基本概念与组成

所谓自动控制，就是在没有人直接参与的情况下，利用控制装置操纵被控对象（被控量），使其按照预定的规律运动或变化。

被控对象是控制系统的主体，是在系统中要求对其参数进行控制的设备或过程。如温度控制系统中的加热炉，转速控制系统中的拖动电机，过程控制系统中的化学反应炉等。

控制装置一般由三部分组成：

① 自动检测装置　包括测量元件和变送元件，起自动检测被控对象的作用，如转速控

制系统中的测速发电机,温度控制系统中的热电偶等。

②　自动调节装置　起综合、分析、比较、判断和运算的作用,并能按一定的规律发出控制信号或指令。

③　执行装置　起具体执行控制信号或指令的作用,给被控对象施加某种作用,使其改变输出量。

对控制系统的组成进行详细分类,其还可以由下列各部分组成:

①　测量变送元件　属于反馈元件,职能是把被控物理量测量出来;

②　设定元件　职能是给出被控量应取的数值信号,是设定给定值的元件;

③　比较元件　职能是将测量信号与给定信号进行比较,并得到差值(偏差信号),起信号综合作用;

④　放大元件　职能是对差值信号进行放大,使其足以推动下一级工作;

⑤　执行元件　职能是直接推动被控对象,改变其被控物理量,使输出量与希望值趋于一致;

⑥　校正元件　职能是改变由于结构或参数的原因而引起的性能指标的不适应;

⑦　能源元件　职能是为系统提供必要的能源。

1.2.2　自动控制系统的方框图表示

在研究自动控制系统的工作原理时,为了清楚地表示系统的结构和组成,说明各元件间信号传递的因果关系,在分析系统时常采用方框图(框图)的方式表示。方块图的绘制原则是:

组成系统的每一环节(或元件)用一方框表示,符号为"[　　]"。

环节间用带箭头的线段"→"连接起来,此线段称为信号线(或作用线),箭头的方向表示信号的传递方向,即作用方向,信号只能单方向传递。一个环节的输入信号是环节发生运动的原因,而其输出信号是环节发生运动的结果。

信号的比较点用"⊗"表示,它有对几个信号进行求(代数)和的功能。一般在多个输入信的信号线旁边标以"＋"或"－",表示各输入信号的极性。

如图 1-2 所示为一控制系统方框图的示例。

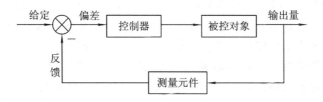

图 1-2　自动控制系统方框图的举例

1.3　自动控制系统的分类

由于自动控制系统应用的广泛性,以及控制理论本身发展的需要,自动控制系统具有各种各样的分类形式。为了便于学习和研究,此处重点讨论几种分类方法。

1.3.1　开环控制系统和闭环控制系统

1. 开环控制系统

若系统的输入量与输出量之间只有顺向作用，而没有反向联系，则该系统称为开环控制系统。在开环控制系统中，控制信息只能单方向传递，没有反作用，输入信号通过控制装置作用于被控对象，而被控对象的输出对输入没有影响。

图 1-3 所示为一个由可控硅供电的直流电动机调速系统。该系统由给定电位器、信号放大器、晶闸管触发及整流装置、直流电动机等组成。系统用电位器取出电压 U_g 作为系统的给定信号，电动机的转速 n 作为系统的被控量(输出量)。U_g 通过放大器、触发装置和可控硅装置实现对电动机转速 n 的控制。触发装置和可控硅装置等组成控制器。输入信号通过控制器作用于受控对象以控制输出，而电动机的转速输出则对控制器不产生影响，这样的控制系统就属于开环控制系统。按控制的要求，一定的给定 U_g 对应于一定的转速 n。但是由于电动机的转速 n 要受到轴上负载、电动机磁场、可控硅装置的交流电源电压等的影响，故不可能完全达到 U_g 的要求，而这些对转速产生影响的变化量就是系统的干扰量或扰动量。

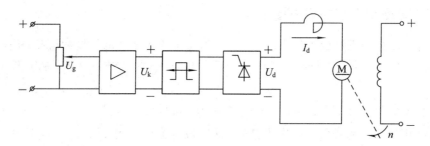

图 1-3　开环控制系统原理图

开环系统特点：控制系统结构简单，设计维护方便，但是控制精度差，抗干扰性能差。典型的开环控制系统有全自动洗衣机、计时器、自动机床、自动生产线等。

2. 闭环控制系统

如果改进开环控制系统，设法把输出信号受干扰影响而变化的信息传递到控制装置中去，使控制器根据这个信息进行控制以消除扰动的影响，那么系统就能够更好地完成自动控制的任务。这种输入量与输出量之间不仅有顺向作用，而且有反向作用的控制系统，称为闭环控制系统。该系统中不仅给定输入经控制器对输出进行控制，而且输出也参与系统的控制，这种既存在着正向作用，又存在着反馈的系统，也称为反馈控制系统或偏差控制系统。图 1-4 所示就是将开环控制系统加以改进形成的闭环控制系统。

闭环系统特点：与开环控制系统最明显的不同之处在于系统有测速发电机，即检测变送元件，它可以将系统的输出情况及时地反馈到系统的输入端进行比较。这样就使系统具有控制精度高，适应性强，抗干扰性好等优点；但由于系统存在测速发电机，因此系统就比开环控制系统的结构复杂，价格高，设计维护困难。典型的闭环控制系统有自动火炮系统(雷达、计算机、火炮群)、高级自动机床、自动恒温箱、随动系统等。

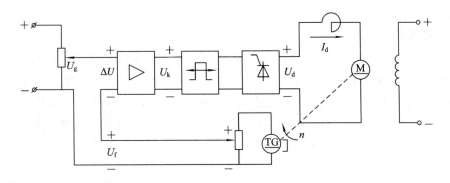

图 1-4　闭环控制系统原理图

1.3.2　定值、随动和程序控制系统

1. 定值控制系统

系统的给定值(参考输入)为恒定的常数的控制系统称为定值控制系统。这种系统可通过反馈控制使系统的被控参数(输出)保持恒定的、期望的数值。如在过程控制系统中,一般都要求将过程参数(如温度、压力、流量、液位和成分等)维持在工艺给定的状态。多数过程控制系统都是定值控制系统。

2. 随动控制系统

系统的给定值(参考输入)随时间任意变化的控制系统称为随动控制系统。此类系统输入量的变化规律是无法预先确定的时间函数。随动控制系统的任务是在各种情况下保证系统的输出以一定的精度跟随参考输入的变化而变化,因此,该系统又称为跟踪系统。如运动目标的自动跟踪瞄准和拦截系统,工业控制中的位置控制系统,过程控制中的串级控制系统的副回路等都属于此类系统。另外,工业自动化仪表中的位置控制系统、显示记录仪表等也是闭环随动控制系统。

3. 程序控制系统

若系统给定值(参考输入)随时间变化并有一定的规律,且为事先给定了的时间函数,则称这种系统为程序控制系统。如热处理炉的温度调节,要求温度按一定的时间程序的规律变化(自动升温、保温及降温等);间隙生产的化学反应器温度控制以及机械加工中的程序控制机床等均属于此类系统。

1.3.3　线性和非线性控制系统

1. 线性控制系统

系统中各组成环节、元件的状态或特性可以用线性微分方程(或差分方程)来描述时,这种系统就称为线性控制系统。线性控制系统的特点是可以使用叠加原理,当系统存在几个输入时,系统的总输出等于各个输入分别作用于系统时系统的输出之和;当系统输入增大或减小时,系统的输出也按比例增大或减小。

如果描述系统运动状态的微分(或差分)方程的系数是常数,不随时间变化,则这种线性系统称为线性定常(或时不变)系统。若微分(或差分)方程的系数是时间的函数,则这种线性系统称为线性时变系统。

2. 非线性控制系统

当系统中存在有非线性特性的组成环节或元件时，系统的特性就由非线性方程来描述，这样的系统就称为非线性控制系统。对于非线性控制系统，叠加原理是不适用的。

严格地讲，实际的控制系统都不是线性的，各种系统总是不同程度地具有非线性特性，例如系统中应用的放大器的饱和特性，运动部件的间隙、摩擦和死区，弹性元件的非线性关系等。非线性特性根据其处理方法的不同可以分为本质非线性和非本质非线性两种。对于非本质的非线性特性，其输入、输出关系曲线没有间断点和折断点，且呈单值关系，因此当系统变量变化范围不大时，为便于研究，可简化为线性关系处理，这样可以应用相当成熟的线性控制理论进行分析和讨论。对于本质非线性特性，其输入、输出关系或具有间断点和折断点，或具有非单值关系，这类系统需要用非线性控制理论来分析研究。

1.3.4 连续和离散控制系统

1. 连续控制系统

当系统中各组成环节的输入、输出信号都是时间的连续函数时，称此类系统为连续控制系统，亦称模拟控制系统。连续控制系统的运动状态或特性一般是用微分方程来描述的。模拟式的工业自动化仪表以及用模拟式仪表来实现自动化过程控制的系统都属于连续控制系统。

2. 离散控制系统

当系统中某些组成环节或元件的输入、输出信号在时间上是离散的，即仅在离散的瞬时取值时，称此类系统为离散控制系统或离散时间函数。离散系统与连续系统的区别也仅在于信号只是特定的离散瞬时上的时间的函数。离散信号可由连续信号通过采样开关获得，具有采样功能的控制系统又称为采样控制系统。

离散控制系统的运动状态或特性一般用差分方程来描述，其分析研究方法也不同于连续控制系统。

1.3.5 单变量和多变量控制系统

1. 单变量控制系统

在一个控制系统中，如果只有一个被控制的参数和一个控制作用来控制对象，则此系统称为单变量控制系统，又称为单输入单输出系统。

2. 多变量控制系统

如果一个控制系统中的被控参数多于一个，控制作用也多于一个，且各控制回路相互之间有耦合关系，则称这种系统为多变量控制系统，也叫多输入多输出系统。

自动控制系统的分类方法除上述几种外还有很多，且各种分类方法只是人们站在不同的角度来看问题的一种方法，对于一个自动控制系统，可以用不同的方法来分类，但是这并不影响控制系统本身。本书以研究单变量连续线性定值控制系统为主，对其它控制系统仅在相应位置作简单介绍。

1.4　自动控制系统示例

　　要分析一个实际的自动控制系统，首先要了解它的工作原理，明白系统的组成等。因此，要求我们要弄明白如下一些问题：

　　① 系统的被控对象是什么？哪些状态参量要求控制（亦即被控量是什么）？作用在被控对象上的主要干扰有哪些？

　　② 操纵哪个机构可改变被控量？

　　③ 系统有哪些检测元件？检测的是被控量还是干扰？

　　④ 系统给定值（参考输入）或指令由哪个装置提供？

　　⑤ 如何实现各信号的偏差计算和判断偏差？

　　⑥ 控制作用通过什么部件来实现？

　　下面我们通过几个典型的系统来说明如何分析系统的组成，并画出系统的原理方框图。

1.4.1　温度控制系统

　　温度在很多场合是重要的被控参数之一，它与流量、压力等均属于典型的被控参数。图 1-5 所示为烘烤炉温度控制系统原理图。

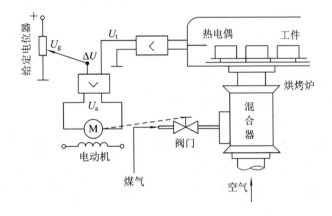

图 1-5　烘烤炉温度控制系统原理图

　　根据图 1-5 可知，控制系统的任务是保持炉膛温度的恒定；系统的被控对象为烘烤炉；系统被控量为烘烤炉的炉膛温度；干扰量有工件数量、环境温度和煤气压力等；调节煤气管道上阀门开度可改变炉温；系统的检测元件是热电偶，它将炉膛温度转变为相应的电压 U_t；系统的给定装置为给定电位器，其输出电压 U_g 作为系统的参考输入，对应于给定的炉膛温度；系统的偏差为 ΔU，为炉温与给定温度的偏差，由 U_g 和 U_t 计算得到（$\Delta U = U_g - U_t$），两电压极性反接，就可完成减法运算；系统的执行机构为电动机、传动装置和阀门。

　　炉温既受工件数量及环境温度的影响，又受由混合器输出的煤气流量的影响，因此，调整煤气流量便可控制炉温。

烘烤炉温度控制系统的控制原理如下：

假定炉温恰好等于给定值，这时 $U_g = U_t$（即 $\Delta U = 0$），故电动机和调节阀都静止不动，煤气流量恒定，烘烤炉处于给定温度状态。

如果增加工件，烘烤炉的负荷加大，则炉温下降，温度下降将导致 U_t 减小，由于给定值 U_g 保持不变，则使 $\Delta U > 0$，产生 U_a 使电动机转动，开大煤气阀门，增加煤气供给量，从而使炉温回升，直至重新等于给定值（即 $U_g = U_t$）为止。这样在负荷加大的情况下仍然能保持规定的温度。

如果负荷减小或煤气压力突然加大，则炉温升高。U_t 随之加大，$\Delta U < 0$，故电动机反转，关小阀门，减少煤气量，从而使炉温下降，直至等于给定值为止。

由此看出，系统通过炉温与给定值之间的偏差来控制炉温，所以此控制系统是按偏差调节的自动控制系统。系统中除烘烤炉及供气设备外，其余统称温度控制装置或温度调节器。

表示系统各功能部件之间相互联系的框图如图 1-6 所示。图中每个功能部件用一个方框表示，箭头表示信号的输入、输出通道。最右边的方框习惯于表示被控对象，其输出信号即为被控量，而系统的总输入量包括给定值和外部干扰。

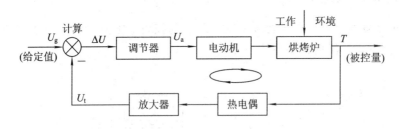

图 1-6　烘烤炉温度控制系统方框图

由图 1-6 可以看出，烘烤炉温度控制系统是一个闭合的回路，信号经调节器、烘烤炉之后又反馈到调节器。由于系统是按偏差进行调节的，因而必须测量炉温。反馈的闭合回路也是必需的，而且反馈信号应与给定值作减法运算（图中以负号表示负反馈），以得到偏差信号，因此，这种系统是反馈控制系统。

有负反馈闭合回路，是按偏差进行调节的控制系统在结构联系和信号传递上的重要标志。

1.4.2　位置随动系统

图 1-7 所示为机床工作台位置随动系统的原理图。

在图 1-7 所示的系统中，控制系统的任务是控制工作台的位置按指令电位器给出的规律变化；系统的被控对象为工作台；被控量为工作台的位置；检测元件是反馈电位器 W_2，它将工作台的位置 x_c 转变为相应的电压量 u_c；系统的给定装置为指令电位器 W_1，其输出电压 u_r 作为系统的参考输入，以确定工作台的希望位置；系统的偏差为 Δu，为工作台的希望位置与实际位置之差，由 u_r 和 u_c 计算得到（$\Delta u = u_r - u_c$）；系统的执行机构为直流伺服电动机、齿轮减速器和丝杠副。

机床工作台位置随动系统的工作原理是：通过指令电位器 W_1 的滑动触点给出工作台

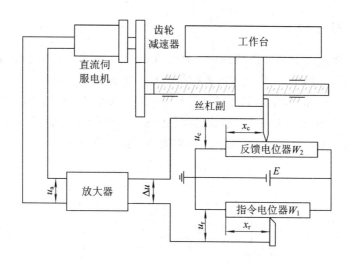

图 1-7　机床工作台位置随动系统原理图

的位置指令 x_r，并转换为控制电压 u_r。被控制工作台的位移 x_c 由反馈电位器 W_2 检测，并转换为反馈电压 u_c，两电位器接成桥式电路。当工作台位置 x_c 与给定位置 x_r 有偏差时，桥式电路的输出电压为 $\Delta u = u_r - u_c$。设开始时指令电位器和反馈电位器滑动触点都处于左端，即 $x_r = x_c = 0$，则 $\Delta u = u_r - u_c = 0$，此时，放大器无输出，直流伺服电动机不转，工作台静止不动，系统处于平衡状态。

给出位置指令 x_r 后，在工作台改变位置之前的瞬间，$x_c = 0$，$u_c = 0$，电桥输出为 $\Delta u = u_r - u_c = u_r - 0 = u_r$，该偏差电压经放大器放大后控制直流伺服电动机转动，直流伺服电动机通过齿轮减速器和丝杠副驱动工作台右移。随着工作台的移动，工作台实际位置与给定位置之间的偏差逐渐减小，即偏差电压 Δu 逐渐减小。当反馈电位器滑动触点的位置与指令电位器滑动触点的给定位置一致，即输出完全复现输入时，电桥平衡，偏差电压 $\Delta u = 0$，伺服电动机停转，工作台停止在由指令电位器给定的位置上，系统进入新的平衡状态。当给出反向指令时，偏差电压极性相反，伺服电动机反转，工作台左移，当工作台移至给定位置时，系统再次进入平衡状态。如果指令电位器滑动触点的位置不断改变，则工作台位置也跟着不断变化。

此机床工作台位置随动系统的控制过程可用图 1-8 所示方块图表示。

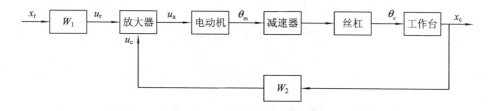

图 1-8　机床工作台位置随动系统方框图

由系统上述工作过程可知，为了使输出量复现输入量，系统通过反馈电位器不断地对输出量进行检测并将输入端与输出量进行比较，得出偏差信号，再利用所得的偏差信号控制系统运动，以便随时消除偏差，从而实现工作台位置按指令电位器给定位置变化的运动目的。

1.4.3 自动调速系统

图 1-9 所示为自动调速系统原理图。自动调速控制系统的任务是保持工作机械恒转速运行；系统的被控对象为工作机械；被控量为电动机的转速 n；系统的检测元件是测速发电机，它能将电动机的转速转变为相应的电压量 U_f；系统的给定装置为给定电位器，其输出电压 U_g 作为系统的参考输入；系统的偏差为 ΔU，为系统给定量与反馈量之差，由 U_g 和 U_f 计算得到（$\Delta U = U_g - U_f$）；系统的执行机构为直流电动机。

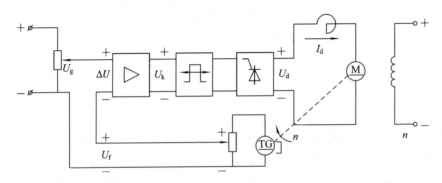

图 1-9 自动调速系统原理图

自动调速系统的工作原理是：测速发电机测量电动机的转速 n，并将其转换为相应的电压 U_f，与给定电位器的输出电压 U_g 进行比较，得到的偏差信号 ΔU 经放大装置放大后控制电动机的工作电压 U_d，而电压 U_f 即代表了系统所要求的转速。

如果工作机械的负载增大，使电动机转速下降，则测速发电机输出电压 U_f 减小，与给定电压 U_g 比较后的偏差电压（$\Delta U = U_g - U_f$）增大，经放大后的触发控制电压 U_k 增大，从而使可控硅整流装置输出电压 U_d 增大，增大的 U_d 加在电动机电枢两端，则电动机的转速 n 将提高，从而使电动机转速得到补偿。

这里是通过测量转速（与给定转速的偏差）来控制转速的，因此，调速系统亦称为按偏差调节的自动控制系统，其功能框图如图 1-10 所示。

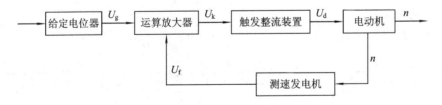

图 1-10 自动调速系统原理框图

1.5 对自动控制系统的基本要求

自动控制系统是为了完成某一特定任务而设立的，尽管不同的被控对象对系统性能的具体要求可能不同，但对所有控制系统的共同要求可以概括为：系统的被控量应当能够迅速、准确地跟踪给定量的变化，两者保持一定的函数关系，这种关系尽可能不受各种干扰的影响。据此,对于一个自动控制系统应该有以下几个方面的要求。

1. 稳定性

对一个自动控制系统的首要要求是系统必须是稳定的。系统的稳定性指的是系统动态过程的振荡倾向和系统重新恢复平衡工作状态的能力。如果系统受扰后偏离了原来的工作状态,而控制装置再也不能使系统恢复到原来的工作状态,并且越偏越远;或当输入信号变化以后,控制装置再也无法使受控对象跟随输入信号运行,并且越差越大,这样的系统称为不稳定系统,显然这样的系统是根本完不成控制任务的。图 1 - 11 所示为稳定系统和不稳定系统的示意图。

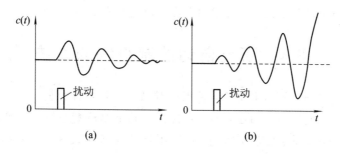

图 1 - 11 自动控制系统稳定性示意图
(a) 稳定系统;(b) 不稳定系统

在有可能使系统达到平衡的条件下,要求系统动态过程的振荡要小,对被控量的振幅和频率应有所限制。过大的波动将使系统运动部件超载,从而导致系统松动和破坏。

2. 快速性

对系统快速性的要求,就是对系统动态特性的要求。快速性指的是系统动态过程进行的时间长短。过程时间持续很长,将使系统长久地出现大偏差,同时也说明系统响应迟钝,难以跟踪(复现)快速变化的输入信号。系统动态过程的时间越短,反应就越快。图 1 - 12 所示为表述控制系统快速性的示意图。从图 1 - 12 中可以看出,曲线①的快速性显然没有曲线②的好。

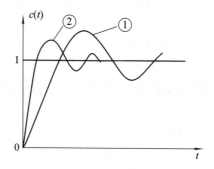

图 1 - 12 自动控制系统快速性示意图

稳定性和快速性反映了系统在控制过程中的性能。既快又稳,则控制过程中被控量偏离给定值小,偏离的时间很短,系统的动态精度就高。

3. 准确性

所谓的准确性，指的是系统过渡到新的平衡工作状态以后，或系统受扰重新恢复平衡以后，系统最终保持的精度。准确性反映了系统动态过程后期的性能。这时系统的被控量对给定值的偏差，一般应该是很小的。

由于被控对象的具体情况不同，各种系统对稳定性、快速性和准确性的要求是有所侧重的。例如随动系统对快速性要求较高，而调速系统对稳定性的要求就严格些。

对于同一个系统来说，稳、快、准又是相互制约的。提高了系统的快速性，可能会引起系统强烈的振动；而改善了系统的平稳性，控制过程又可能变得很迟缓，甚至使精度也很差。如何分析和解决这些矛盾，将是我们学习和讨论的重要内容。

1.6　研究自动控制系统的方法

对自动控制系统进行研究和分析，首先要对系统进行定性分析，搞清系统中各部分的地位和作用，以及它们之间的相互联系，并在此基础上搞清楚系统的工作原理。然后在定性分析的基础上，建立系统的数学模型，再应用自动控制理论对系统的稳定性、稳态性能和动态性能进行定量分析。在系统分析的基础上就可以找到改善系统性能、提高系统技术指标的有效途径，也就是系统的校正、设计和现场调试。

自动控制理论分为经典控制理论和现代控制理论。经典控制理论是建立在传递函数概念基础之上的，它对单输入-单输出系统是十分有效的；现代控制理论是建立在状态变量概念基础之上的，适用于复杂的多输入-多输出控制系统及变参数非线性系统，以实现自适应控制、最佳控制等。这里研究的自动控制系统，基本上都是单输入-单输出系统，所以应用的是经典控制理论。

在经典控制理论中，又有时域分析法、频率分析法和根轨迹法等几种分析方法。由于这几种方法各有所长，所以长期以来是并行采用的。

近年来，随着 MATLAB 软件的应用，使自动控制系统的研究方法发生了深刻的变革。如今在实际系统制作出来之前，可以应用 MATLAB 软件中的 Simulink 模块，对系统进行仿真与分析，并根据仿真结果，来调整系统的结构与参数。可以说，现在 MATLAB 软件已成为研究与分析自动控制系统的有力工具之一。

1.7　MATLAB 软件及其应用简介

MATLAB 程序设计语言是美国 MathWorks 公司于 20 世纪 80 年代中期推出的高性能数值计算软件。经过三十几年的开发、扩充、不断完善与更新换代，MATLAB 已经发展成适合多学科且功能特别强、特别全的大型软件，2012 年 9 月该公司已推出 MATLAB 8.0 版。

在国内外，MATLAB 已经经受了多年考验，成为线性代数、自动控制理论、数理统计、数字信号分析与处理、动态系统仿真等各种课程的基本数学工具。

MATLAB 具有以下主要特点：

1. 有直观、简单的电气系统 SimPowerSystem(实体图形化仿真模型)

在 MATLAB 的 Simulink 里，提供了一个实体图形化仿真模型库，并与数学模型库相对应。实体图形化模型库中的模块就是实际工程里实物的图形符号，例如，代表电阻、电容、电源、电机、触发器与晶闸管整流装置、电压表、电流表等实物的是特有图形符号，将这些实际物体的图形符号连接，就能成为一个电路、一个装置或是一个系统，它不是真实的物体，而是实际物体的图形化模型，这些实体图形化模型的仿真(有文献称为按系统原理图进行的仿真)更具有实用价值且低成本。

2. 功能强大，适用范围广

MATLAB 可用于向量、数组、矩阵运算，复数运算，高次方程求根，插值与数值微商运算，数值积分运算，常微分方程的数值积分运算，数值逼近，最优化方法等，即差不多所有科学研究与工程技术应用需要的各方面的计算，均可用 MATLAB 来解决。

3. 编程效率高

MATLAB 语言提供了丰富的库函数(称为 M 文件)，其中既有常用的基本库函数，又有种类齐全、功能丰富多样的工具箱 Toolbox 函数，在编制程序时，这些库函数都可以被直接调用，以大大提高编程效率。

4. 界面友好，使用方便

首先，MATLAB 具有友好的用户界面与易学易用的帮助系统，用户在命令窗里通过 help 命令可以查询某个函数的功能及用法，命令的格式极为简单(格式为 help＋命令或函数)，初学者也不会望而生畏。

其次，MATLAB 程序设计语言把编辑、编译、连接、执行、调试等多个步骤融为一体，无论直接输入语句(命令)，调用 M 文件，还是将 MATLAB 原程序编辑为 M 文件，都立即完成编译、连接和运行的全过程。如果运行 M 文件有错，计算机屏幕会给出详细的出错红色信息提示，让用户修改，直到正确为止。

再者，在 MATLAB 中，既可执行程序(即 M 文件)，又可通过人机对话，调用不同的库函数即子程序，方便快速地达到用户自己的目的，以实现 MATLAB 的交互功能。

最后，MATLAB 是演算纸式的科学工程计算语言，使用 MATLAB 编程运算与人进行科学计算的思路和表达方式完全一样，用 MATLAB 编写程序，犹如在一张演算纸上排列书写公式，运算求解问题，十分方便。

5. 扩充能力强

MATLAB 系统不仅为用户提供了可直接调用的丰富的库函数，而且在 MATLAB 语言环境下，用户还可以根据需要，自行建立或扩充完成指定功能的 M 文件(即新的库函数)，与 MATLAB 提供的系统里的库函数一样保存、使用，以提高 MATLAB 使用效率，并丰富、扩充它的功能。

6. 语句简单、内涵丰富

MATLAB 最基本的语句结构是赋值语句，语句的一般形式为

　　　　　变量名列表＝表达式

式中，等号左边的变量名列表为 MATLAB 的语句返回值，等号右边是表达式的定义，它

可以是 MATLAB 允许的矩阵运算,也可以是 MATLAB 的函数调用。

7. 强大方便的图形功能

MATLAB 提供了许多"高级"图形函数,可绘制出多姿多彩的图形,例如,绘制二维、三维曲线并对平面或空间多边形填充,绘制三维曲面并对其进行复杂操作等。

MATLAB 还开发了一些面向图形对象的"低级"图形函数,可以访问硬件系统建立各种"低级"图形对象,它们以图形句柄为界面,用户使用图形句柄可以操作图形的局部元素。

MATLAB 有一系列绘图函数命令,适用于不同的坐标体系,例如,线性坐标、对数坐标、半对数坐标、极坐标及三维坐标,只需调用不同的绘图函数命令,即可在图上标出图形的标题、X 轴、Y 轴的标注,格(栅)绘制也只需调用相应的命令,简单易行。

8. MATLAB 的"活"笔记本功能

MATLAB 的 Notebook 成功地把 Microsoft Word 与 MATLAB 集成为一个整体,为文字处理、科学计算、工程设计构造了一个完美统一的工作环境。Notebook 是一个能够解决各种计算问题的文字处理软件,只要在命令窗口中执行 Notebook 或者在 Word 环境中建立 M-book 模板,就可以进入一个新环境,在编辑科技文稿的同时可进行科学演算(数值的或者符号的),还可以作图,这些演算的结果可以即时显示于操作命令之后,在这个环境中输入的一切命令能够随时被激活、修改、重新运算并更新原有结果,故 Notebook 称为 MATLAB 的"活"笔记本。对于撰写科技论文的工程技术人员,编写理工学科教材的教师,演算理工学科习题的广大学生等来说,MATLAB 的 Notebook 确实是一个极为理想的工具。

我们将应用 MATLAB 语言及其控制系统工具箱作为辅助工具,帮助进行控制系统的分析与设计。实际上,本书介绍的经典控制理论是在计算机还未出现或未广泛应用的情况下出现的,很多内容如果采用 MATLAB 软件来解决已经变得十分简单,不过尽管这样,还是不能放弃控制理论的学习,因为要想更好地理解软件和利用工具来提高工作效率,解决复杂问题,就必须有比较扎实的理论基础。

本 章 小 结

1. 自动控制就是在没有人直接参与的情况下,利用控制装置操纵被控对象(被控量),使其按照预定的规律运动或变化。

2. 自动控制控制系统是由控制装置和被控对象组成,能够实现自动控制任务的系统。

3. 被控制量(被控参数)是在控制系统中,按规定的任务需要加以控制的物理量。

4. 控制量(给定信号)是作为被控制量的控制指令而加给系统的输入量,也称控制输入。

5. 干扰量(干扰信号)是干扰或破坏系统按预定规律运行的输入量,也称扰动输入或干扰输入。

6. 反馈是通过测量变换装置将系统或元件的输出量反送到输入端,与输入信号相比较。这个反送到输入端的信号为反馈信号。反馈信号与输入信号相减,其差为偏差信号。

7. 若系统的输入量与输出量之间不存在反馈回路，输出量对系统的控制作用没有影响，这样的系统称为开环控制系统。

8. 凡是系统输出端与输入端之间存在反馈回路，即输出量对控制作用有直接影响的系统，称为闭环控制系统。我们本课程讨论的主要是闭环负反馈控制系统。

9. 能够正确理解定值、随动和程序控制系统，线性和非线性控制系统，连续与离散控制系统，单变量与多变量控制系统等的概念。

10. 对控制系统的基本要求有：稳定性、快速性、准确性。

稳定性是系统正常工作的必要条件；

快速性表示系统的响应速度快、过渡过程时间短、超调量小。系统的稳定性足够好、频带足够宽，才可能实现快速性的要求；

准确性要求过渡过程结束后，系统的稳态精度比较高，稳态误差比较小，或者对某种典型输入信号的稳态误差为零。

11. MATLAB 工具是自动控制的基础准备，通过 MATLAB 的学习，使读者熟悉并掌握运用 MATLAB 工具解决繁琐而细致的计算，学会简单、方便又精确的绘图，并尽可能用丰富多彩的波形图说明电能的变换与控制原理，为对各种控制系统进行仿真从而设计出满足要求的控制系统奠定基础。

习　题　1

1-1　比较开环控制与闭环控制的特征、优缺点和应用场合。

1-2　闭环控制系统由哪些主要环节组成？它们在系统中各自的职能是什么？

1-3　恒值、随动和程序控制系统主要的区别是什么？

1-4　图 1-13 为仓库大门自动控制系统。试说明自动控制大门开启和关闭的工作原理。如果大门不能全开或全闭，应当进行怎样的调整？

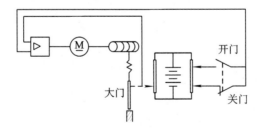

图 1-13　习题 1-4 图

1-5　图 1-14 是一个水池水位自动控制系统。试简述系统工作原理，指出主要变量和各环节的构成，画出系统的方框图。

1-6　一个位置自动控制系统如图 1-15 所示，试分析系统工作原理，画出系统的方框图。

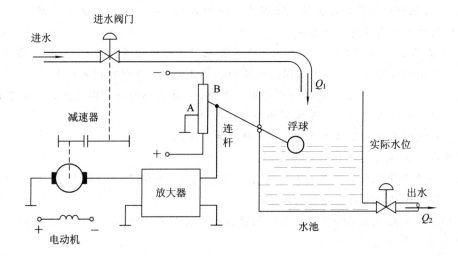

图 1-14 习题 1-5 图

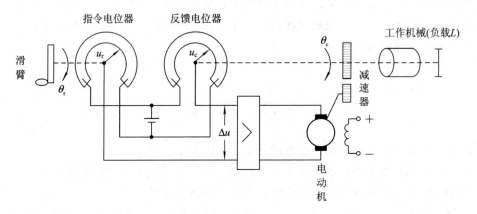

图 1-15 习题 1-6 图

第 2 章　控制系统的数学模型

要对自动控制系统进行深入的分析和计算，需要先把具体的系统抽象成数学模型，然后以数学模型为研究对象，应用经典或现代控制理论所提供的方法去分析研究。在此基础上，应用研究成果和结论再对实际系统进行分析和改进。因此，建立系统的数学模型是分析和研究自动控制系统的出发点。

所谓系统的数学模型，就是指描述系统或元件的输入量、输出量以及内部各变量之间关系的数学表达式，常用的数学模型有微分方程、传递函数、结构图等。

建立系统数学模型的方法，通常有解析法或实验法。解析法是从系统或元件各变量之间所遵循的物理、化学定律出发，列写出各变量之间的数学表达式，从而建立数学模型的方法。实验法是对实际系统加入信号，以求取响应的方法建立其数学模型的方法。

建立系统数学模型时，必须全面地分析系统的工作原理，依据建模的目的和精度要求，忽略一些次要的因素，使建立的数学模型既便于数学分析，又不至于影响分析的准确性。

系统的数学模型是对系统进行定量分析的基础和出发点。本章主要介绍以微分方程、传递函数和系统框图等建立自动控制系统的数学模型，讲述系统微分方程的建立步骤、传递函数的定义与性质、系统框图的建立与变换、典型系统的数学模型以及传递函数的求取等。

2.1　控制系统的微分方程

描述系统输入量和输出量之间关系的最直接的数学方法是列写系统的微分方程。

当系统的输入量和输出量都是时间 t 的函数时，其微分方程可以确切地描述系统的运动过程。微分方程是系统最基本的数学模型。

建立微分方程的一般步骤是：

① 分析系统和元件的工作原理，找出各物理量之间所遵循的物理规律，确定系统的输入量和输出量。

② 一般从系统的输入端开始，根据各元件或环节所遵循的物理规律，依次列写它们的微分方程。

③ 将各元件或环节的微分方程联立起来，消去中间变量，求取一个仅含有系统的输入量和输出量的微分方程，它就是系统的微分方程。

④ 将该方程整理成标准形式。即把与输入量有关的各项放在微分方程的右边，把与输出量有关的各项放在方程的左边，方程两边各阶导数按降幂排列，并将方程的系数化为具有一定物理意义的表示形式，如时间常数等。

下面举例说明微分方程的建立过程。

例 1 建立图 2-1 所示电路的微分方程式。u_r 为输入量，u_c 为输出量。

解：由基尔霍夫定律，列写方程

$$u_r = u_R + u_c$$

$$u_R = Ri$$

$$i = C\frac{du_c}{dt}$$

联立以上各式，消去中间变量得

$$RC\frac{du_c}{dt} + u_c = u_r$$

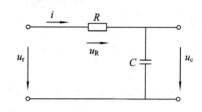

图 2-1　RC 无源网络

将上式进行标准化处理，令 $T = RC$，则

$$T\frac{du_c}{dt} + u_c = u_r$$

式中，T 称为该电路的时间常数。

例 2 建立图 2-2 所示电路的微分方程式。u_r 为输入量，u_{c_2} 为输出量。

解：由基尔霍夫定律，列写方程

$$u_r = u_{R_1} + u_{c_1}$$

$$u_{c_1} = u_{R_2} + u_{c_2}$$

$$i_1 = i_2 + i_{c_1}$$

$$u_{R_1} = R_1 i_1$$

$$u_{R_2} = R_2 i_2$$

$$i_{c_1} = C_1\frac{du_{c_1}}{dt}$$

$$i_2 = C_2\frac{du_{c_2}}{dt}$$

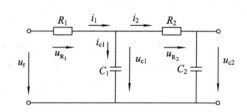

图 2-2　两级 RC 无源网络

联立以上各式，可得

$$R_1 C_1 R_2 C_2\frac{d^2 u_{c_2}}{dt^2} + (R_1 C_1 + R_2 C_2 + R_1 C_2)\frac{du_{c_2}}{dt} + u_{c_2} = u_r$$

将上式进行标准化处理，令 $T_1 = R_1 C_1$，$T_2 = R_2 C_2$，$T_3 = R_1 C_2$，则

$$T_1 T_2\frac{d^2 u_{c_2}}{dt^2} + (T_1 + T_2 + T_3)\frac{du_{c_2}}{dt} + u_{c_2} = u_r$$

例 3 建立图 2-3 所示直流电动机的微分方程式。u_d 为输入量，n 为输出量。

解：直流电动机各物理量之间的基本关系如下：

$$u_d = iR_d + L_d\frac{di_d}{dt} + e$$

$$T_d = K_T \Phi i_d$$

$$e = K_e \Phi n$$

$$T_{\mathrm{d}} - T_{\mathrm{L}} = J \frac{\mathrm{d}n}{\mathrm{d}t}$$

式中，$J = \dfrac{GD^2}{k}$，$k = 375\ \dfrac{\mathrm{m}}{\mathrm{s}}\dfrac{\mathrm{r}}{\mathrm{min}}$；$u_{\mathrm{d}}$ 为电枢电压；e 为电枢电动势；i_{d} 为电枢电流；R_{d} 为电枢电阻；T_{d} 为电磁转矩；T_{L} 为摩擦和负载转矩；Φ 为磁通；K_{T} 为电磁常数；K_{e} 为电动势常数；n 为转速；J 为转动惯量；GD^2 为飞轮矩。

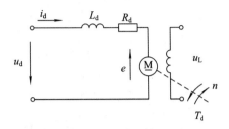

图 2-3　直流电动机数学模型

联立以上各式得

$$\tau_{\mathrm{m}}\tau_{\mathrm{d}} \frac{\mathrm{d}^2 n}{\mathrm{d}t^2} + \tau_{\mathrm{m}} \frac{\mathrm{d}n}{\mathrm{d}t} + n = \frac{1}{K_{\mathrm{e}}\Phi}u_{\mathrm{d}} - \frac{R_{\mathrm{d}}}{K_{\mathrm{e}}K_{\mathrm{T}}\Phi^2}\left(\tau_{\mathrm{d}} \frac{\mathrm{d}T_{\mathrm{L}}}{\mathrm{d}t} + T_{\mathrm{L}}\right)$$

式中，τ_{m} 为电动的机电时间常数，$\tau_{\mathrm{m}} = \dfrac{JR_{\mathrm{d}}}{K_{\mathrm{e}}K_{\mathrm{T}}\Phi^2}$；$\tau_{\mathrm{d}}$ 为电磁时间常数，$\tau_{\mathrm{d}} = \dfrac{L_{\mathrm{d}}}{R_{\mathrm{d}}}$。

由上式可见，电动机的转速与电动机自身的固有参数 τ_{m}、τ_{d} 有关，与电动机的电枢电压 u_{d}、负载转矩 T_{L} 以及负载转矩对时间的变化率有关。

若不考虑电动机负载的影响，则

$$\tau_{\mathrm{m}}\tau_{\mathrm{d}} \frac{\mathrm{d}^2 n}{\mathrm{d}t^2} + \tau_{\mathrm{m}} \frac{\mathrm{d}n}{\mathrm{d}t} + n = \frac{1}{K_{\mathrm{e}}\Phi}u_{\mathrm{d}}$$

2.2　拉普拉斯变换及应用

在系统的微分方程建立后，就要求出微分方程的解，并据此解出被控量随时间变化的动态过程曲线，再依据此曲线的各种变化，对系统的性能进行分析和评价。

当系统的微分方程是一、二阶微分方程时，我们很快能求解，但若系统的方程是高阶微分方程，直接求解就比较困难。此时可利用拉普拉斯变换进行求解。

2.2.1　拉普拉斯变换的定义

设函数 $f(t)$，t 为实变量，$s = \sigma + \mathrm{j}\omega$ 为复变量，其线性积分：

$$\int_0^\infty f(t)\mathrm{e}^{-st}\,\mathrm{d}t$$

如果存在，就称其为函数 $f(t)$ 的拉普拉斯变换（简称拉氏变换），记作

$$F(s) = L[f(t)] = \int_0^\infty f(t)\mathrm{e}^{-st}\,\mathrm{d}t$$

拉氏变换是一种单值变换。$f(t)$ 和 $F(s)$ 之间具有一一对应关系。通常称 $f(t)$ 为原函数，$F(s)$ 为象函数。

由拉氏变换的定义，可从已知的原函数求取对应的象函数，同样也可由象函数求取对应的原函数，表 2-1 是常用的原函数与象函数的对应表。

表 2-1　原函数与象函数的对应表

序号	原函数 $f(t)$	象函数 $F(s)$
1	$\delta(t)$	1
2	$1(t)$	$\dfrac{1}{s}$
3	$e^{-\alpha t}$	$\dfrac{1}{s+\alpha}$
4	t^n	$\dfrac{n!}{s^{n+1}}$
5	$\sin\omega t$	$\dfrac{\omega}{s^2+\omega^2}$
6	$\cos\omega t$	$\dfrac{s}{s^2+\omega^2}$
7	$1-\cos\omega t$	$\dfrac{\omega}{s(s^2+\omega^2)}$
8	$1-e^{-\alpha t}(1+\omega t)$	$\dfrac{\omega^2}{s(s+\omega)^2}$
9	$1-\dfrac{1}{\sqrt{1-\xi^2}}e^{-\xi\omega_n t}\sin(\omega_d t+\varphi)$ $\omega_d=\omega_n\sqrt{1-\xi^2}$, $\varphi=\arctan\dfrac{\sqrt{1-\xi^2}}{\xi}$	$\dfrac{\omega_n^2}{s(s^2+2\xi\omega_n s+\omega_n^2)}$ $(0<\xi<1)$
10	$1-\dfrac{1}{2x(\xi-x)}e^{-(\xi-x)\omega_n t}+\dfrac{1}{2x(\xi-x)}e^{-(\xi+x)\omega_n t}$ $x=\sqrt{\xi^2-1}$	$\dfrac{\omega_n^2}{s(s^2+2\xi\omega_n s+\omega_n^2)}$ $(\xi>1)$

2.2.2　拉普拉斯变换的几个基本定理

1. 线性定理

如果 $F_1(s)=L[f_1(t)]$，$F_2(s)=L[f_2(t)]$，且 a、b 均为常数，则有

$$L[af_1(t)\pm bf_2(t)]=aL[f_1(t)]\pm bL[f_2(t)]=aF_1(s)\pm bF_2(s)$$

2. 微分定理

如果 $F(s)=L[f(t)]$，则有

$$L\left[\frac{\mathrm{d}f(t)}{\mathrm{d}t}\right]=sF(s)-f(0)$$

$$L\left[\frac{\mathrm{d}^2 f(t)}{\mathrm{d}t^2}\right]=s^2 F(s)-sf(0)-f'(0)$$

$$L\left[\frac{\mathrm{d}^n f(t)}{\mathrm{d}t^n}\right]=s^n F(s)-s^{n-1}f(0)-s^{n-2}f'(0)-\cdots-f^{(n-1)}(0)$$

当初始条件为零时，即式中 $f(t)$ 及其各阶导数（最高阶为 $n-1$ 阶）在 $t=0$ 时的值都为零，则上式可以写为

$$L\left[\frac{\mathrm{d}^n f(t)}{\mathrm{d}t^n}\right] = s^n F(s)$$

3. 积分定理

如果 $F(s) = L[f(t)]$，则有

$$L\left[\int f(t)\mathrm{d}t\right] = \frac{1}{s}F(s) + \frac{1}{s}f^{(-1)}(0)$$

$$L\left[\int\int f(t)\mathrm{d}t\right] = \frac{1}{s^2}F(s) + \frac{1}{s^2}f^{(-1)}(0) + \frac{1}{s}f^{(-2)}f(0)$$

$$\cdots\cdots$$

$$L\left[\underbrace{\int\cdots\int}_{n} f(t)\mathrm{d}t\right] = \frac{1}{s^n}F(s) + \frac{1}{s^n}f^{(-1)}(0) + \cdots + \frac{1}{s}f^{(-n)}f(0)$$

同样，当式中 $f(t)$ 及其各重积分在 $t=0$ 时的值都为零，则上式可以写为

$$L\left[\underbrace{\int\cdots\int}_{n} f(t)\mathrm{d}t\right] = \frac{1}{s^n}F(s)$$

4. 位移定理

如果 $F(s) = L[f(t)]$，则有实数域中位移定理

$$L[f(t-\tau)] = \mathrm{e}^{-\tau s}F(s)$$

复域中的位移定理

$$L[\mathrm{e}^{-\alpha t}f(t)] = F(s-\alpha)$$

5. 终值定理

$$\lim_{t\to\infty} f(t) = \lim_{s\to 0} sF(s)$$

6. 初值定理

$$\lim_{t\to 0} f(t) = \lim_{s\to\infty} sF(s)$$

2.2.3 拉普拉斯反变换

我们将拉普拉斯变换的逆运算

$$f(t) = L^{-1}[F(s)] = \frac{1}{2\pi\mathrm{j}}\int_{\sigma-\mathrm{j}\infty}^{\sigma+\mathrm{j}\infty} F(s)\mathrm{e}^{st}\mathrm{d}s$$

称为拉氏反变换。

上式为复变函数，很难直接计算。该式一般作为拉普拉斯反变换（简称拉氏反变换）的定义，而在实际应用中常采用下面的方法：先将 $F(s)$ 分解为一些简单的有理分式函数之和，这些基本函数都是前面介绍的典型函数形式，然后由拉氏变换表查出其反变换函数，即得到了原函数。

设 $F(s)$ 的一般表达式为

$$F(s) = \frac{B(s)}{A(s)} = \frac{b_0 s^m + b_1 s^{m-1} + \cdots b_{m-1}s + b_m}{s^n + a_1 s^{n-1} + \cdots a_{n-1}s + a_n}$$

式中，a_1、$\cdots$、a_{n-1}、a_n 以及 b_0、b_1、$\cdots$、b_{m-1}、b_m 为实数系数，m、n 为正，且 $m < n$。

1. $A(s)=0$ 无重根

$$F(s)=\frac{B(s)}{A(s)}=\frac{C_1}{s-s_1}+\frac{C_2}{s-s_2}+\cdots+\frac{C_n}{s-s_n}$$

其中各项系数可按下式求得

$$C_i = (s-s_i)F(s)\mid_{s=s_i}$$

$$f(t)= L^{-1}\big[F(s)\big]$$

$$= L^{-1}\Big[\frac{C_1}{s-s_1}+\frac{C_2}{s-s_2}+\cdots+\frac{C_n}{s-s_n}\Big]$$

$$= C_1 e^{s_1 t}+C_2 e^{s_2 t}+\cdots+C_n e^{s_n t}$$

2. $A(s)=0$ 有重根

$$F(s)=\frac{B(s)}{A(s)}$$

$$=\frac{C_r}{(s-s_1)^r}+\frac{C_{r-1}}{(s-s_1)^{r-1}}+\cdots+\frac{C_1}{s-s_1}+\frac{C_{r+1}}{s-s_{r+1}}+\cdots+\frac{C_n}{s-s_n}$$

上式中 C_1、$\cdots$、C_{r-1}、C_r 为重根之系数，可按下式求解

$$C_{r-j} = \frac{1}{(r-j)!}\frac{\mathrm{d}^{r-j}}{\mathrm{d}t^{r-j}}\big[(s-s_1)F(s)\big]\mid_{s=s_1}$$

C_{r+1}、$\cdots$、C_n 为不重根之系数，其求解方法与无重根时相同。

故

$$f(t)= L^{-1}\big[F(s)\big]$$

$$= L^{-1}\Big[\frac{C_r}{(s-s_1)^r}+\frac{C_{r-1}}{(s-s_1)^{r-1}}+\cdots+\frac{C_1}{s-s_1}+\frac{C_{r+1}}{s-s_{r+1}}+\cdots+\frac{C_n}{s-s_n}\Big]$$

$$= \frac{C_r}{(r-1)!}t^{r-1}e^{s_1 t}+\frac{C_{r-1}}{(r-2)!}e^{s_1 t}+\cdots+C_1 e^{s_1 t}+C_{r+1}e^{s_{r+1}t}+\cdots+C_n e^{s_n t}$$

例 4　已知 $F(s)=\dfrac{s+5}{s^2+4s+3}$，求其拉氏反变换。

解：由 $A(s)=s^2+4s+3=0$，得

$$s_1=-1, \; s_2=-3$$

$$F(s)=\frac{B(s)}{A(s)}=\frac{C_1}{s+1}+\frac{C_2}{s+3}$$

$$C_1=F(s)(s+1)\mid_{s=-1}=2$$

$$C_2=F(s)(s+3)\mid_{s=-3}=-1$$

故

$$F(s) = \frac{s+5}{(s+1)(s+3)} = \frac{2}{s+1} - \frac{1}{s+3}$$

对上式进行拉氏反变换得到

$$f(t) = 2e^{-t} - e^{-3t}$$

例 5　已知 $F(s)=\dfrac{8}{s^2(s+2)}$，求其拉氏反变换。

解：由 $A(s)=s^2(s+2)=0$ 得

$$s_1 = s_2 = 0, \ s_3 = -2$$

$$F(s) = \frac{B(s)}{A(s)} = \frac{C_2}{s^2} + \frac{C_1}{s} + \frac{C_3}{s+2}$$

$$C_1 = F(s)s^2 \mid_{s=0} = 4$$

$$C_2 = [F(s)s^2]' \mid_{s=0} = -2$$

$$C_3 = F(s)(s+2) \mid_{s=-2} = 2$$

故

$$F(s) = \frac{8}{s^2(s+2)} = \frac{4}{s^2} - \frac{2}{s} + \frac{2}{s+2}$$

对上式进行拉氏反变换得到

$$f(t) = 4t^2 - 2 + 2e^{-2t}$$

2.2.4　控制系统微分方程的求解

用拉普拉斯变换求解微分方程的步骤如下：

① 将微分方程进行拉氏变换，得到以 s 为变量的变换方程；

② 解出变换方程，即求出输出量的拉氏变换表达式；

③ 将输出量的象函数展开成部分分式表达式；

④ 对输出量的部分分式进行拉氏反变换，即可得微分方程的解。

例 6　求图 2 - 1 所示电路中的 u_c。其中 $u_r = 1(t)$，u_c 及各阶导数在 $t = 0$ 时的值为零。

解：由例 1 知系统的微分方程为

$$T \frac{\mathrm{d}u_c}{\mathrm{d}t} + u_c = u_r$$

在零初始条件下，对上式进行拉氏变换得到

$$TsU_c(s) + U_c(s) = U_r(s)$$

由于 $u_r = 1(t)$ 的拉氏变换为 $U_r(s) = \frac{1}{s}$，则输出量的拉氏变换式为

$$U_c(s) = \frac{1}{Ts+1} \times \frac{1}{s}$$

将上式展开成部分分式表达式

$$U_c(s) = \frac{1}{s} - \frac{1}{s + \frac{1}{T}}$$

取拉氏反变换得微分方程的解为

$$u_c = 1 - e^{-\frac{1}{T}t}$$

例 7　已知系统的微分方程为 $\frac{\mathrm{d}^2 y}{\mathrm{d}t^2} + 2\frac{\mathrm{d}y}{\mathrm{d}t} + y = x$，$y$ 及各阶导数在 $t = 0$ 时的值为零。试求在 $x = 1(t)$ 时系统的输出 y。

解：对微分方程进行零初始条件下的拉氏变换

$$s^2 Y(s) + 2sY(s) + Y(s) = X(s)$$

由于 $x = 1(t)$ 的拉氏变换为 $X(s) = \frac{1}{s}$，则输出量的拉氏变换式为

$$Y(s) = \frac{1}{s^2 + 2s + 1} \times \frac{1}{s}$$

将上式展开成部分分式表达式

$$U_c(s) = \frac{1}{s} - \frac{1}{(s+1)^2} - \frac{1}{s+1}$$

取拉氏反变换，得微分方程的解为

$$y = 1 - t\mathrm{e}^{-t} - \mathrm{e}^{-t}$$

2.3　传　递　函　数

前面讨论的系统动态微分方程式，是系统的时域数学模型。在输入量及初始条件已知的情况下，求解系统微分方程就可以得到系统输出量的时域表达式。这种方法的优点是比较直观、准确，但是对于高阶系统，不论用经典法还是拉氏变换法解微分方程都比较费时，虽然这一缺点由于计算机的普及得到一定的克服，然而，如果解得的结果不能令人满意，需改变参数以改善系统性能时，较难确定如何改变才好。因为某一参数的改变可能同时影响方程的几个系数，而且参数重新确定以后，需重新建立并求解系统的方程，因而使系统分析的工作量增大，很不方便。

传递函数是数学模型的另一种表达形式。它比微分方程简单明了、运算方便，是自动控制中最常见的数学模型，在控制系统的分析和设计中，几乎离不开传递函数的概念。

2.3.1　传递函数的定义

设描述系统或元件的微分方程的一般表示形式为

$$a_n \frac{\mathrm{d}^n}{\mathrm{d}t^n} c(t) + a_{n-1} \frac{\mathrm{d}^{n-1}}{\mathrm{d}t^{n-1}} c(t) + \cdots + a_1 \frac{\mathrm{d}}{\mathrm{d}t} c(t) + a_0 c(t)$$

$$= b_m \frac{\mathrm{d}^m}{\mathrm{d}t^m} r(t) + b_{m-1} \frac{\mathrm{d}^{m-1}}{\mathrm{d}t^{m-1}} r(t) + \cdots + b_1 \frac{\mathrm{d}}{\mathrm{d}t} r(t) + b_0 r(t)$$

式中，$r(t)$ 为系统的输入量；$c(t)$ 为系统的输出量；a_0、a_1、$\cdots$、a_n 及 b_0、b_1、$\cdots$、b_m 是与系统或元件的结构、参数有关的常数。

为了便于分析系统，规定控制系统的初始状态为零，即在 $t = 0^-$ 时系统的输出：

$$c(0^-) = c'(0^-) = c''(0^-) = \cdots = 0$$

这表明，在外作用加于系统的瞬时 $(t = 0)$ 之前，系统是相对静止的，被控量及其各阶导数相对于平衡工作点的增量为零。

所以，在初始条件为零时，对微分方程的一般表示式两边进行拉氏变换：

$$a_n s^n C(s) + a_{n-1} s^{n-1} C(s) + \cdots + a_1 s C(s) + a_0 C(s)$$

$$= b_m s^m R(s) + b_{m-1} s^{m-1} R(s) + \cdots + b_1 s R(s) + b_0 R(s)$$

即

$$(a_n s^n + a_{n-1} s^{n-1} + \cdots + a_1 s + a_0) C(s)$$

$$= (b_m s^m + b_{m-1} s^{m-1} + \cdots + b_1 s + b_0) R(s)$$

则有

$$\frac{C(s)}{R(s)} = \frac{b_m s^m + b_{m-1} s^{m-1} + \cdots + b_1 s + b_0}{a_n s^n + a_{n-1} s^{n-1} + \cdots + a_1 s + a_0}$$

令 $G(s) = \dfrac{C(s)}{R(s)}$，称为系统或元件的传递函数，则可得传递函数的定义为：在初始条件为零时，输出量的拉氏变换式与输入量的拉氏变换式之比，即

$$传递函数\ G(s) = \frac{输出量的拉氏变换}{输入量的拉氏变换} = \frac{C(s)}{R(s)}$$

由以上可见，在零初始条件下，只要将微分方程中微分项算符 $\dfrac{\mathrm{d}^i}{\mathrm{d}t_i}$ 换成相应的 s^i，即可得到系统的传递函数。上式为传递函数的一般表达式。

2.3.2　传递函数的求取

1. 直接计算法

对于系统或元件，首先建立描述元件或系统的微分方程式，然后在零初始条件下，对方程式进行拉氏变换，即可按传递函数的定义求出系统的传递函数。

例 8　试求取图 2 - 3 所示直流电动机的转速与输入电压之间的传递函数。

解：对求取的直流电动机的微分方程式进行拉氏变换后可得

$$\tau_m \tau_d s^2 N(s) + \tau_m s N(s) + N(s) = \frac{1}{K_e \Phi} U_d(s)$$

根据传递函数的定义，则其传递函数为

$$G(s) = \frac{N(s)}{U_d(s)} = \frac{\dfrac{1}{K_e \Phi}}{\tau_m \tau_d s^2 + \tau_m s + 1}$$

2. 阻抗法

求取无源网络或电子调节器的传递函数，采用阻抗法较为方便。

电路中的电阻、电感、电容元件的复域模型电路如图 2 - 4 所示。

其传递函数分别为

电阻元件　　$G(s) = \dfrac{U(s)}{I(s)} = R$

电感元件　　$G(s) = \dfrac{U(s)}{I(s)} = Ls$

电容元件　　$G(s) = \dfrac{U(s)}{I(s)} = \dfrac{1}{Cs}$

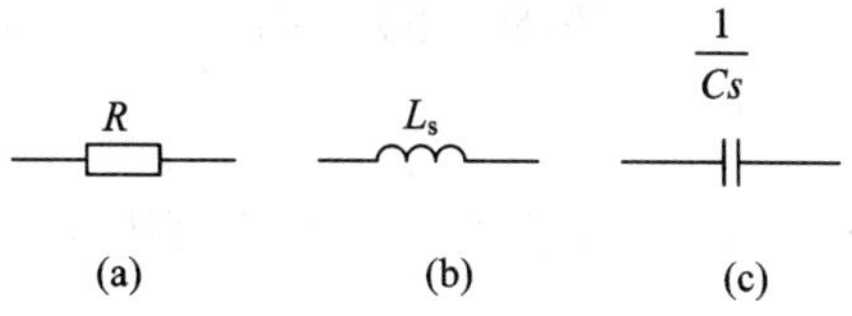

图 2 - 4　R、L、C 元件的复域模型

例 9　试求图 2 - 5(a)所示电路的传递函数，u_o 为输出量，u_i 为输入量。

解：图 2 - 5(a)所示电路的复域电路如图 2 - 5(b)所示。由基尔霍夫定律得

$$U_o(s) = \frac{\dfrac{1}{Cs}}{R + Ls + \dfrac{1}{Cs}} U_i(s)$$

经整理得到系统的传递函数

$$G(s) = \frac{U_o(s)}{U_i(s)} = \frac{1}{LCs^2 + RCs + 1}$$

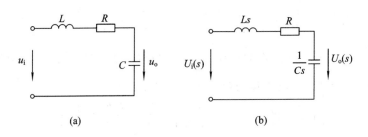

图 2-5 RLC 串联电路

例 10 试求取图 2-6(a)所示电路的传递函数，u_o 为输出量，u_i 为输入量。

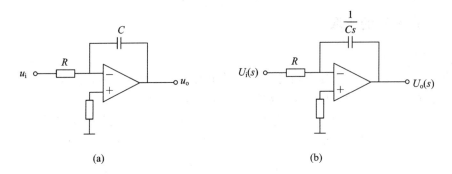

图 2-6 积分调节器

解：图 2-6(a)所示电路的复域电路如图 2-6(b)所示。由电子技术知识可得

$$G(s) = \frac{U_o(s)}{U_i(s)} = -\frac{1}{RCs}$$

3. 利用动态结构图求取传递函数

对于较复杂的系统，应先求出元件的传递函数，再利用动态结构图和框图运算法则，可方便地求出系统的传递函数。该方法将在后面的内容中讨论。

2.3.3 传递函数的性质

(1) 传递函数是由微分方程变换得来的，它和微分方程之间存在着对应的关系。对于一个确定的系统(输入量与输出量也已经确定)，则它的微分方程是唯一的，所以，其传递函数也是唯一的。

(2) 传递函数是复变量 $s(s = \sigma + j\omega)$ 的有理分式，s 是复数，而分式中的各项系数 a_n，a_{n-1}，$\cdots$，a_1，a_0 及 b_m，b_{m-1}，$\cdots$，b_1，b_0 都是实数，它们由组成系统的元件结构、参数决定，而与输入量、扰动量等外部因素无关。因此传递函数代表了系统的固有特性，是一种用象函数来描述系统的数学模型，称为系统的复数域模型。

(3) 传递函数是一种运算函数。由 $G(s) = \dfrac{C(s)}{R(s)}$ 可得 $C(s) = G(s)R(s)$。此式表明，若已知一个系统的传递函数 $G(s)$，则对任何一个输入量 $r(t)$，只要以 $R(s)$ 乘以 $G(s)$，即可得到输出量的象函数 $C(s)$，再以拉氏反变换，就可得到输出量 $c(t)$。由此可见，$G(s)$ 起着从输入到输出的传递作用，故名传递函数。

(4) 传递函数的分母是它所对应的微分方程的特征方程多项式，即传递函数的分母是

特征方程 $a_n s^n + a_{n-1} s^{n-1} + \cdots + a_1 s + a_0 = 0$ 的等号左边部分。而以后的分析表明：特征方程的根反映了系统的动态过程的性质，所以由传递函数可以研究系统的动态特性。特征方程的阶次 n 即为系统的阶次。

（5）传递函数的分子多项式的阶次总是低于分母多项式的阶次，即 $m \leqslant n$。这是由于系统总是含有惯性元件以及受到系统能源的限制的原因。

2.4　控制系统的动态结构图

由前面讲述可知，为了求取控制系统的传递函数，可以先列写其动态微分方程式，然后在零初始条件下，对微分方程进行拉氏变换，求得系统的传递函数。这种方法，原则上说对任何复杂系统都是可行的，但它是一个复杂费时的过程。因此，对于复杂系统，一般是利用动态结构图，从元件或环节的传递函数直接求出系统的传递函数。

系统的动态结构图，类似方框图，所不同的是在动态结构图中，方框中不是填写元件的名称或功能，而是写入元件或环节的传递函数。控制系统的动态结构图（简称结构图）就是将系统所有元件用方框表示，在方框中标明元件的传递函数，再按信号传递方向把各方框依次连接起来的一种图形。系统的动态结构图描述了系统中各组成元件或环节间信号传递的数学变换关系，即表示了环节或系统的输入量与输出量之间的因果运算关系，可以说动态结构图就是系统的图形化数字模型。

利用动态结构图求取系统的传递函数，具有简明直观、运算方便的优点，任何复杂的系统都可以分解为若干个环节，逐个求出环节的传递函数，绘制出系统的结构图，然后通过等效变换，把结构图化简为单一的方框，就可求得系统的传递函数，所以动态结构图在分析自动控制系统中获得了广泛的应用。

2.4.1　动态结构图的组成

动态结构图一般由信号线、引出点、综合点和功能框等部分组成。它们的图形如图 2-7 所示。现分别介绍如下：

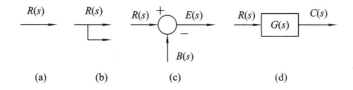

图 2-7　结构图的基本元素

（1）信号线。信号线表示流通的途径和方向，用带箭头的直线表示。一般在线上标明该信号的拉氏变换式，如图 2-7(a) 所示。

（2）引出点。引出点又称为分离点，如图 2-7(b) 所示，它表示信号线由该点取出。从同一信号线上取出的信号，其大小和性质完全相同。

（3）综合点。综合点又称为比较点，完成两个以上信号的加减运算。"+"表示相加；"−"表示相减。通常"+"可省略不写。如图 2-7(c) 所示。

（4）功能框。功能框表示系统或元件，如图 2-7(d) 所示。框左边向内的箭头为输入量

（拉氏变换式），框右边向外箭头为输出量（拉氏变换式）。框图为系统中一个相对独立的单元的传递函数 $G(s)$。它们间的关系为 $C(s)=G(s)R(s)$。

2.4.2 系统动态结构图的建立

建立系统动态结构图的一般步骤是：

（1）列写系统各元件的微分方程。

（2）对各元件的微分方程进行拉氏变换，求取其传递函数，标明输入量和输出量。

（3）按照系统中各量的传递顺序，依次将各元件的结构图连接起来，输入量置于左端，输出量置于右端，便得到系统的动态结构图。

例 11 试绘出图 2-1 所示电路的动态结构图。

解：以 u_r 为输入量，u_c 为输出量。

由基尔霍夫定律，列写方程：

$$u_r = u_R + u_c$$
$$u_R = Ri$$
$$i = C\frac{\mathrm{d}u_c}{\mathrm{d}t}$$

对以上各式进行拉氏变换得

$$U_r(s) = U_R(s) + U_c(s)$$
$$U_R(s) = RI(s)$$
$$I(s) = CsU_c(s)$$

由上面各式可分别画出如图 2-8 所示（a）、（b）、（c）的结构图。

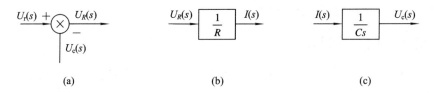

图 2-8 RC 电路结构图的建立过程

根据系统中信号的传递关系及方向，可画出系统的动态结构图，如图 2-9 所示。

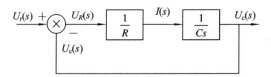

图 2-9 RC 电路结构图

例 12 建立图 2-2 所示电路的动态结构图。u_r 为输入量，u_{c_2} 为输出量。

解：由基尔霍夫定律，列写方程

$$u_r = u_{R_1} + u_{c_1}$$
$$u_{c_1} = u_{R_2} + u_{c_2}$$
$$i_1 = i_2 + i_{c_1}$$

$$u_{R_1} = R_1 i_1$$

$$u_{R_2} = R_2 i_2$$

$$i_{c_1} = C_1 \frac{du_{c_1}}{dt}$$

$$i_2 = C_2 \frac{du_{c_2}}{dt}$$

对以上各式进行拉氏变换得

$$U_r(s) = U_{R_1}(s) + U_{c_1}(s)$$

$$U_{c_1}(s) = U_{R_2}(s) + U_{c_2}(s)$$

$$I_1(s) = I_2(s) + I_{c_1}(s)$$

$$U_{R_1}(s) = R_1 I_1(s)$$

$$U_{R_2}(s) = R_2 I_2(s)$$

$$I_{c_1}(s) = C_1 s U_{c_1}(s)$$

$$I_2(s) = C_2 s U_{c_2}(s)$$

由以上各式可画出 2 - 10(a)、(b)、(c)、(d)、(e)、(f)、(g)所示的结构图。

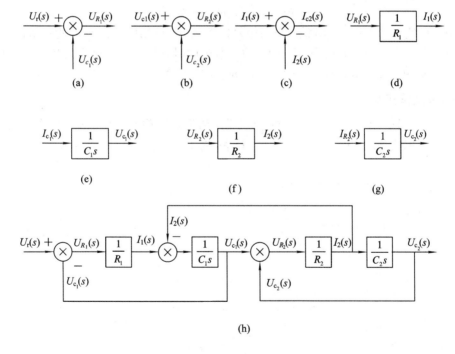

图 2 - 10 两级 RC 电路结构图的建立过程

根据系统中信号的传递关系及方向,可画出系统的动态结构图,如图 2 - 10(h)所示。

由例题可看出,该电路不是两个单独的 RC 电路的简单叠加,后一级电路对前一级电路的电流有一定的影响,这就是所谓的负载效应,在分析问题时必须给予考虑。

2.4.3 动态结构图的等效变换及化简

自动控制系统的传递函数通常是利用框图的变换来求取的。为了能方便地求出系统的传递函数,通常需要对结构图进行等效变换。结构图等效变换的规则是:变换后与变换前的输入量和输出量都保持不变。

1. 串联变换规则

传递函数分别为 $G_1(s)$ 和 $G_2(s)$ 的两个方框,若 $G_1(s)$ 的输出量作为 $G_2(s)$ 输入量,则称 $G_1(s)$ 和 $G_2(s)$ 串联,如图 2-11(a)所示。(注意:两个串联的方框所代表的元件之间无负载效应。)

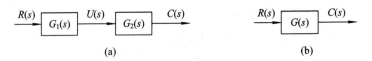

图 2-11 串联结构图的等效变换

由图 2-11(a)有

$$U(s)=G_1(s)R(s)$$
$$C(s)=G_2(s)U(s)$$

则

$$C(s)=G_1(s)G_2(s)R(s)=G(s)R(s)$$

式中,$G(s)=G_1(s)G_2(s)$,是串联方框的等效传递函数,可用图 2-11(b)所示结构图表示。

由此可知,当系统中有两个(或以上)的环节串联时,其等效传递函数为各串联环节的传递函数的乘积。这个结论可推广到 n 个串联连接的方框。

2. 并联变换规则

传递函数分别为 $G_1(s)$ 和 $G_2(s)$ 的两个方框,若它们有相同的输入量,而输出量等于两个方框输出量的代数和,则 $G_1(s)$ 和 $G_2(s)$ 为并联连接,如图 2-12(a)所示。

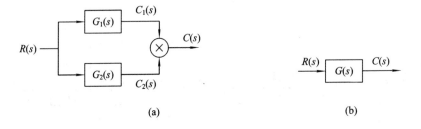

图 2-12 并联结构图的等效变换

由图 2-12(a)有

$$C_1(s)=G_1(s)R(s)$$
$$C_2(s)=G_2(s)R(s)$$
$$C(s)=C_1(s)\pm C_2(s)$$

则

$$C(s)=[G_1(s)\pm G_2(s)]R(s)=G(s)R(s)$$

式中,$G(s)=G_1(s)\pm G_2(s)$,是并联方框的等效传递函数,可用图 2-12(b)所示结构图表示。

由此可知,当系统中两个(或两个以上)环节并联时,其等效传递函数为各并联环节的传递函数的代数和。这个结论可推广到 n 个并联连接的方框。

3. 反馈联接变换规则

若传递函数分别为 $G(s)$ 和 $H(s)$ 的两个方框，如图 2-13(a)所示形式连接，则称为反馈联接。"＋"为正反馈，表示输入信号与反馈信号相加；"－"为负反馈，表示输入信号与反馈信号相减。

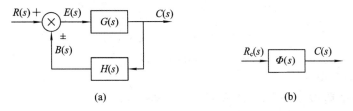

图 2-13　反馈结构图的等效变换

由图 2-13(a)有

$$E(s)=R(s)\pm B(s)$$
$$B(s)=H(s)C(s)$$
$$C(s)=G(s)E(s)$$

则

$$C(s)=\frac{G(s)}{1\pm G(s)H(s)}R(s) \quad \text{或} \quad \varPhi(s)=\frac{C(s)}{R(s)}=\frac{G(s)}{1\pm G(s)H(s)}$$

式中，$G(s)$ 为前向通道传递函数；$H(s)$ 为反馈通道传递函数；$\varPhi(s)$ 为反馈联接的等效传递函数，一般称它为闭环传递函数。式中分母中的加号，对应于负反馈，减号对应于正反馈。

4. 引出点和比较点的移动规则

移动规则的出发点是等效原则，即移动前后的输入量和输出量保持不变。

1) 引出点的移动

(1) 引出点的前移，如图 2-14 所示。

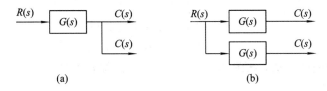

图 2-14　引出点前移

(a) 移动前；(b) 移动后

(2) 引出点的后移，如图 2-15 所示。

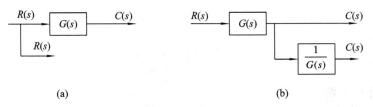

图 2-15　引出点后移

(a) 移动前；(b) 移动后

（3）相邻引出点之间互移，如图2-16所示。相邻的引出点之间互移引出量不变。

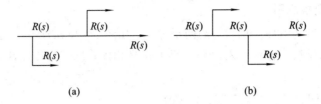

(a)　　　　　　　　　(b)

图2-16　引出点之间的移动

（a）移动前；（b）移动后

2）综合点的移动

（1）综合点的前移，如图2-17所示。

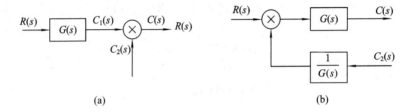

(a)　　　　　　　　　(b)

图2-17　综合点前移

（a）移动前；（b）移动后

（2）综合点的后移，如图2-18所示。

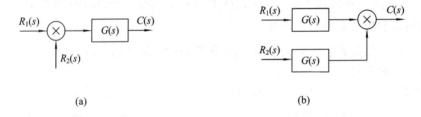

(a)　　　　　　　　　(b)

图2-18　综合点后移

（a）移动前；（b）移动后

（3）综合点之间的互移，如图2-19所示。相邻的综合点之间可以互移。

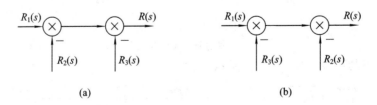

(a)　　　　　　　　　(b)

图2-19　综合点之间的移动

（a）移动前；（b）移动后

5．等效单位反馈

若系统为反馈系统，可通过等效变换将其转换为单位反馈系统，如图2-20所示。

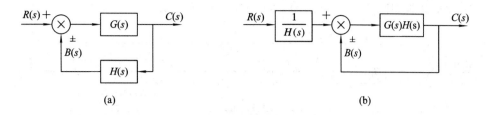

图 2 - 20 等效单位反馈

例 13 用结构图的等效变换，求图 2 - 21(a)所示系统的传递函数 $G(s) = \dfrac{C(s)}{R(s)}$。

解： 由于此系统有相互交叉的回路，所以先要通过引出点或综合点的移动来消除相互交叉的回路，然后再应用串、并联和反馈连接等变换规则求取其等效传递函数。化简过程如图 2 - 21(b)、(c)、(d)所示。

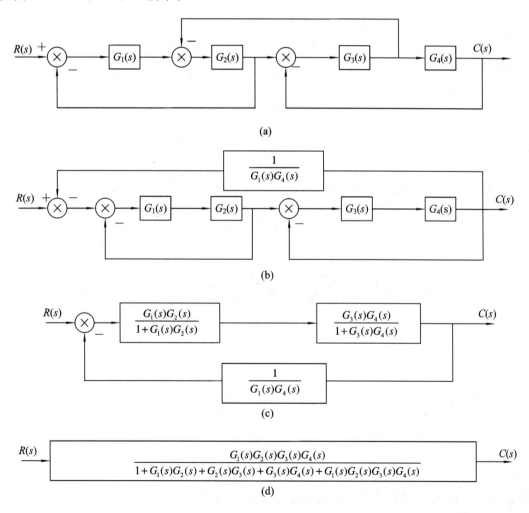

图 2 - 21 交叉多回路系统的化简

例 14 用结构图的等效变换，求图 2 - 22(a)所示系统的传递函数 $G(s) = \dfrac{C(s)}{R(s)}$。

解：化简过程如图 2 - 22(b)、(c)、(d)、(e)、(f)所示。

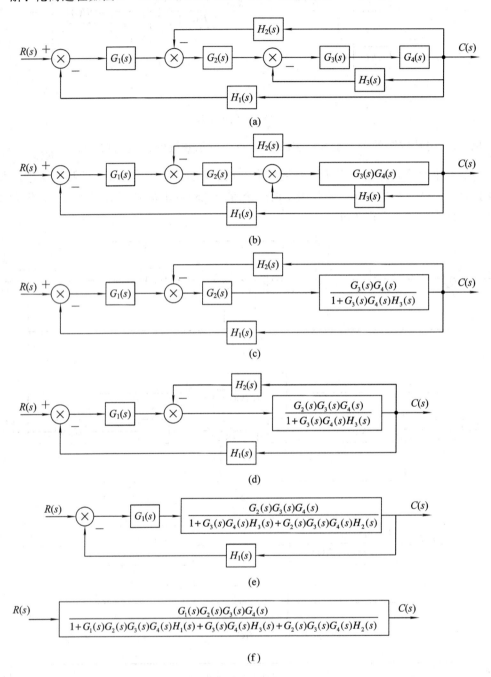

图 2 - 22　交叉多回路系统的化简

2.4.4　用梅逊公式法求相关多回路系统的传递函数

应用梅逊公式可直接写出系统的传递函数，这里只给出公式，不作证明。

梅逊公式的一般表示形式为

$$\Phi(s) = \frac{\sum\limits_{k=1}^{n} P_k \Delta_k}{\Delta}$$

式中，$\Phi(s)$ 为系统等效传递函数；Δ 为特征式，有 $\Delta = 1 - \sum L_a + \sum L_a L_b - \sum L_a L_b L_c + \cdots$；$\sum L_a$ 为系统中，所有回路的回路传递函数之和；$\sum L_a L_b$ 为系统中，所有两个互不接触回路的回路传递函数之和；$\sum L_a L_b L_c$ 为系统中，所有三个互不接触的回路传递函数之和；P_k 为从输入端至输出端的第 k 条前向通路的传递函数；Δ_k 为与第 k 条前向通路不接触部分的 Δ 值，称为第 k 条前向通路的余因子。

回路传递函数是指反馈回路的前向通路和反馈通路的传递函数的乘积，并包含代表反馈极性的正、负号。

例 15　利用梅逊公式求图 2-23 所示系统的传递函数。

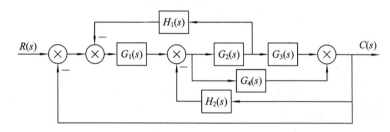

图 2-23　系统结构图

解： 由图 2-23 可知，系统前向通路有两条，$k=2$。各前向通路传递函数分别为

$$P_1 = G_1(s)G_2(s)G_3(s)$$
$$P_2 = G_1(s)G_4(s)$$

系统有 5 个反馈回路，各回路的传递函数分别为

$$L_1 = -G_1(s)G_2(s)H_1(s)$$
$$L_2 = -G_2(s)G_3(s)H_2(s)$$
$$L_3 = -G_1(s)G_2(s)G_3(s)$$
$$L_4 = -G_4(s)H_2(s)$$
$$L_5 = -G_1(s)G_4(s)$$

所以

$$\sum L_a = L_1 + L_2 + L_3 + L_4 + L_5$$
$$= -G_1(s)G_2(s)H_1(s) - G_2(s)G_3(s)H_2(s) - G_1(s)G_1(s)G_3(s)$$
$$- G_4(s)H_2(s) - G_1(s)G_4(s)$$

系统的所有回路都相互接触，故特征式为

$$\Delta = 1 - \sum L_a$$
$$= 1 + G_1(s)G_2(s)H_1(s) + G_2(s)G_3(s)H_2(s)$$
$$+ G_1(s)G_2(s)G_3(s) + G_4(s)H_2(s) + G_1(s)G_4(s)$$

两条前向通路均与所有回路有接触，故其余子式为

$$\Delta_1 = 1$$

$$\Delta_2 = 1$$

所以，由梅逊公式得系统的传递函数为

$$G(s) = \frac{P_1\Delta_1 + P_2\Delta_2}{\Delta}$$

$$= \frac{G_1(s)G_2(s)G_3(s) + G_1(s)G_4(s)}{1 + G_1(s)G_2(s)H_1(s) + G_2(s)G_3(s)H_2(s) + G_1(s)G_2(s)G_3(s) + G_4(s)H_2(s) + G_1(s)G_4(s)}$$

例 16 利用梅逊公式求图 2-21 所示系统的传递函数。

解： 从图 2-21 可以看出，系统前向通路有一条，其前向通路的传递函数为

$$P_1 = G_1(s)G_2(s)G_3(s)G_4(s)$$

反馈回路有 3 个，各回路的传递函数分别为

$$L_1 = -G_1(s)G_2(s)$$
$$L_2 = -G_2(s)G_3(s)$$
$$L_3 = -G_3(s)G_4(s)$$

所以

$$\sum L_a = L_1 + L_2 + L_3$$
$$= -G_1(s)G_2(s) - G_2(s)G_3(s) - G_3(s)G_4(s)$$

而且，回路Ⅰ与Ⅲ互不接触，所以

$$\sum L_a L_b = G_1(s)G_2(s)G_3(s)G_4(s)$$

其特征式为

$$\Delta = 1 - \sum L_a + \sum L_a L_b$$
$$= 1 + G_1(s)G_2(s) + G_2(s)G_3(s) + G_3(s)G_4(s) + G_1(s)G_2(s)G_3(s)G_4(s)$$

两个回路均与前向通道 P_1 接触，故其余子式为

$$\Delta_1 = 1$$

由梅逊公式得系统的传递函数为

$$G(s) = \frac{P_1\Delta_1}{\Delta} = \frac{G_1(s)G_2(s)G_3(s)G_4(s)}{1 + G_1(s)G_2(s) + G_2(s)G_3(s) + G_3(s)G_4(s) + G_1(s)G_2(s)G_3(s)G_4(s)}$$

2.5 典型环节的数学模型及阶跃响应

2.5.1 典型环节的数学模型

自动控制系统是由若干元部件按一定形式组合而成的。这些元部件，可以是机械的、电子的、液压的或其它类型的装置。若从结构和工作原理来分，则种类繁多，但从描述它的动态特性的数学模型来分，却只有几种类型，即几种典型环节。不管具体元部件的物理属性如何，只要具有相同的传递函数，就同属于一类环节。这样划分，能方便且确切地揭示元部件传递信号的特性，及其对系统的影响。掌握这些典型环节的特点，可以方便地分析较复杂系统内部各单元间的关系。

常见的典型环节有比例环节、积分环节、惯性环节、微分环节、振荡环节等，现分别介

绍如下。

1. 比例环节

比例环节的特点是输出量与输入量成正比，无失真和延时，其微分方程为

$$c(t) = Kr(t)$$

比例环节是自动控制系统中遇到最多的一种典型环节。例如电子放大器、杠杆机构、永磁式发电机、电位器等，如图 2-24 所示。

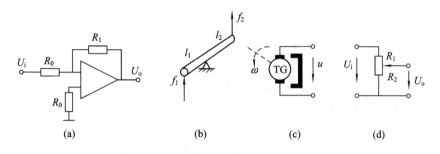

图 2-24　比例环节实例

2. 积分环节

积分环节的特点是输出量为输入量的积分，当输入量消失后，输出量具有记忆功能。其微分方程为

$$c(t) = \frac{1}{T} \int_0^t r(t)\,\mathrm{d}t$$

式中，T 为积分时间常数。

积分环节的特点是它的输出量为输入量对时间的积累。因此，凡是输出量对输入量有储存和积累特点的元件一般都含有积分环节。如电容的电量与电流等。积分环节也是自动控制系统中遇到的最多环节之一。如图 2-25 所示为积分环节的例子。

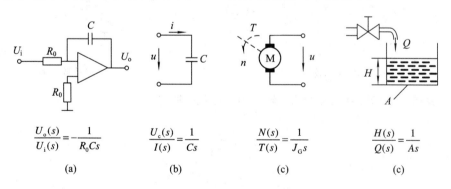

$$\frac{U_o(s)}{U_i(s)} = -\frac{1}{R_0 Cs} \qquad \frac{U_c(s)}{I(s)} = \frac{1}{Cs} \qquad \frac{N(s)}{T(s)} = \frac{1}{J_G s} \qquad \frac{H(s)}{Q(s)} = \frac{1}{As}$$

　　　(a)　　　　　　　　(b)　　　　　　　　(c)　　　　　　　　(c)

图 2-25　积分环节实例

3. 理想微分环节

微分环节的特点是输出量是输入量的微分，输出量能预示输入量的变化趋势。理想微分环节的微分方程为

$$c(t) = \tau \frac{\mathrm{d}r(t)}{\mathrm{d}t}$$

式中，τ 为微分时间常数。

理想微分环节的输出量与输入量之间的关系恰好与积分环节相反，传递函数互为倒数，因此，积分环节(如图 2-25 所示)的实例的逆过程就是理想微分。如电感元件的电流与电压之间的关系即为一理想微分环节。

4. 惯性环节

惯性环节含有一个储能元件，因而对输入量不能立即响应，但输出量不发生振荡现象，其微分方程为

$$T \frac{\mathrm{d}c(t)}{\mathrm{d}t} + c(t) = r(t)$$

式中，T 为惯性环节的时间常数。

惯性环节实例 1：电阻、电容电路(RC 网络)，如图 2-26 所示。

由基尔霍夫定律可得电路的微分方程为

$$u_r(t) = Ri(t) + u_c(t)$$

$$i(t) = C \frac{\mathrm{d}u_c(t)}{\mathrm{d}t}$$

则

$$\tau \frac{\mathrm{d}u_c(t)}{\mathrm{d}t} + u_c(t) = u_r(t)$$

式中，$\tau = RC$。

惯性环节实例 2：惯性调节器，如图 2-27 所示。

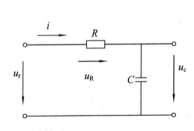

图 2-26　RC 无源网络

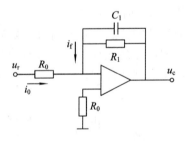

图 2-27　惯性调节器

因运算放大器的开环增益很大，输入阻抗很高，所以

$$i_0 = -i_f$$

$$i_0 = \frac{u_r(t)}{R_0}$$

$$i_f = \frac{u_c(t)}{R_1} + C_1 \frac{\mathrm{d}u_c(t)}{\mathrm{d}t}$$

于是有

$$-\left[\frac{u_c(t)}{R_1} + C_1 \frac{\mathrm{d}u_c(t)}{\mathrm{d}t} \right] = \frac{u_r(t)}{R_0}$$

经整理得

$$\tau \frac{\mathrm{d}u_c(t)}{\mathrm{d}t} + u_c(t) = -K u_r(t)$$

式中，$K = \dfrac{R_1}{R_0}$，$\tau = R_1 C_1$。

　　惯性环节实例 3：弹簧-阻尼系统。如图 2-28 所示，其中阻尼力 $f_1 = B \dfrac{\mathrm{d}x_o(t)}{\mathrm{d}t}$，式中 B 为黏性阻尼系数。

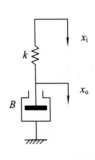

　　分析系统所遵循的物理规律，得出系统的弹簧力为

$$f_2 = k[x_i(t) - x_o(t)]$$

　　由于系统的阻尼力与弹簧力两力相等，即 $f_1 = f_2$，于是有

$$B \frac{\mathrm{d}x_o(t)}{\mathrm{d}t} = k[x_i(t) - x_o(t)]$$

图 2-28　弹簧-阻尼系统

经整理得

$$\tau \frac{\mathrm{d}x_o(t)}{\mathrm{d}t} + x_o(t) = x_i(t)$$

式中，$\tau = \dfrac{B}{k}$，k 为弹性系数。

5. 比例微分环节

　　比例微分环节又称为一阶微分环节，其微分方程为

$$c(t) = \tau \frac{\mathrm{d}r(t)}{\mathrm{d}t} + r(t)$$

式中，τ 为微分时间常数。

　　如图 2-29 所示为一比例微分调节器。

　　由系统所遵循的物理规律，可列写出其微分方程为

$$i_0 = -i_f$$
$$i_f = \frac{u_c(t)}{R_1}$$
$$i_0 = \frac{u_r(t)}{R_0} + C_0 \frac{\mathrm{d}u_r(t)}{\mathrm{d}t}$$

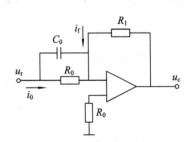

于是有

$$\frac{u_c(t)}{R_1} = -\left[\frac{u_r(t)}{R_0} + C_0 \frac{\mathrm{d}u_r(t)}{\mathrm{d}t} \right]$$

图 2-29　比例微分调节器

经整理得

$$u_c(t) = -K\left[u_r(t) + \tau_0 \frac{\mathrm{d}u_r(t)}{\mathrm{d}t} \right]$$

6. 振荡环节

　　振荡环节包含两个储能元件，能量在两个元件之间相互转换，因而其输出出现振荡现象。其微分方程为

$$T^2 \frac{\mathrm{d}c(t)}{\mathrm{d}t^2} + 2T\xi \frac{\mathrm{d}c(t)}{\mathrm{d}t} + c(t) = r(t)$$

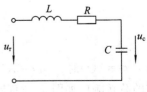

　　直流电动机的数学模型就是一个振荡环节，我们在前面已经作过介绍。再如图 2-30 所示的 RLC 串联电路，其输入电压为 u_r，输出电压为 u_c。

图 2-30　RLC 串联电路

由基尔霍夫定律有

$$u_r(t) = Ri(t) + L\frac{di(t)}{dt} + u_c(t)$$

$$i(t) = C\frac{du_c(t)}{dt}$$

整理成标准形式后，其微分方程为

$$LC\frac{d^2u_c(t)}{dt^2} + RC\frac{du_c(t)}{dt} + u_c(t) = u_r(t)$$

7．延迟环节

延迟环节也是一个线性环节，其特点是输出量在延迟一定的时间后复现输入量。其微分关系为

$$c(t) = r(t - \tau_0)$$

式中，τ_0 为延迟时间。

如在晶闸管整流电路中，当控制角由 α_1 变到 α_2 时，若晶闸管已导通，则要等到下一个自然换相点以后才起作用。这样，晶闸管整流电路的输出电压较控制电压的改变延迟了一段时间。

若延迟时间为 τ_0，触发整流电路的输入电压为 $u_i(t)$，整流器的输出电压为 $u_o(t)$，则

$$u_o(t) = u_i(t - \tau_0)$$

2.5.2 典型环节的传递函数及阶跃响应

1．比例环节

1）微分方程

$$c(t) = Kr(t)$$

2）传递函数

$$G(s) = K$$

其功能框如图 2-31(a)所示。

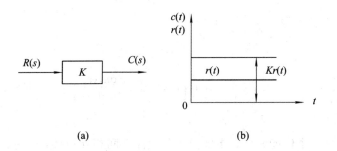

图 2-31 比例环节

(a) 功能框图；(b) 阶跃响应

3）动态响应

当 $r(t) = 1(t)$ 时，$c(t) = K1(t)$，表明比例环节能立即成比例地响应输入量的变化，比例环节的阶跃响应如图 2-31(b)所示。

2. 积分环节

1) 微分方程

$$c(t) = \frac{1}{T} \int_0^t r(t) \, \mathrm{d}t$$

式中，T 为积分时间常数。

2) 传递函数

$$G(s) = \frac{1}{Ts}$$

其功能框如图 2-32(a)所示。

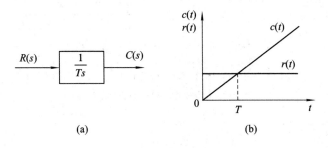

图 2-32　积分环节

(a) 功能框图；(b) 阶跃响应

3) 动态响应

若 $r(t) = 1(t)$ 时，$R(s) = \dfrac{1}{s}$，则

$$C(s) = G(s)R(s) = \frac{1}{Ts} \cdot \frac{1}{s} = \frac{1}{Ts^2}$$

所以

$$c(t) = \frac{1}{T} t$$

其阶跃响应曲线如图 2-32(b)所示。由图可见，输出量随着时间的增长而不断增加，增长的斜率为 $1/T$。

3. 理想微分环节

1) 微分方程

$$c(t) = \tau \frac{\mathrm{d}r(t)}{\mathrm{d}t}$$

式中，τ 为微分时间常数。

2) 传递函数

$$G(s) = \tau s$$

其功能框如图 2-33(a)所示。

3) 动态响应

若 $r(t) = 1(t)$ 时，$R(s) = \dfrac{1}{s}$，则

$$C(s) = G(s)R(s) = \tau s \cdot \frac{1}{s} = \tau$$

所以

$$c(t) = \tau\delta(t)$$

$\delta(t)$为单位脉冲函数，其阶跃响应曲线如图 2-33(b)所示。

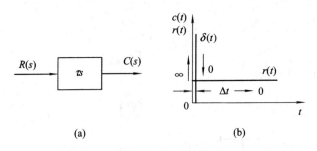

(a)　　　　　　　　　(b)

图 2-33　微分环节

(a) 功能框图；(b) 阶跃响应

4. 惯性环节

1) 微分方程

$$T\frac{\mathrm{d}c(t)}{\mathrm{d}t} + c(t) = r(t)$$

2) 传递函数

$$G(s) = \frac{1}{Ts+1}$$

其功能框如图 2-34(a)所示。

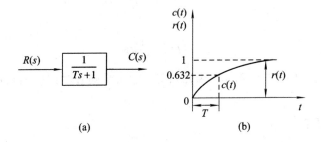

(a)　　　　　　　　　(b)

图 2-34　惯性环节

(a) 功能框图；(b) 阶跃响应

3) 动态响应

若 $r(t) = 1(t)$时，$R(s) = \frac{1}{s}$，则

$$C(s) = G(s)R(s) = \frac{1}{Ts+1} \cdot \frac{1}{s} = \frac{1}{s} - \frac{T}{Ts+1}$$

所以

$$c(t) = 1 - \mathrm{e}^{-\frac{t}{T}}$$

惯性环节的阶跃响应曲线如图 2-34(b)所示。由图可见，当输入信号发生突变时，输出量

不能突变，只能按指数规律逐渐变化，这就反映了该环节具有惯性。

5. 比例微分环节

1）微分方程

$$c(t) = \tau \frac{\mathrm{d}r(t)}{\mathrm{d}t} + r(t)$$

2）传递函数

$$G(s) = \tau s + 1$$

式中，τ 为微分时间常数。比例微分环节的功能框图如图 2-35(a)所示。

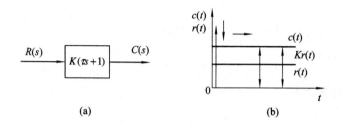

(a)　　　　　　　　(b)

图 2-35　比例微分环节

(a) 功能框图；(b) 阶跃响应

3）动态响应

比例微分环节的阶跃响应为比例与微分环节的阶跃响应的叠加，如图 2-35(b)所示。

6. 振荡环节

1）微分方程

$$T^2 \frac{\mathrm{d}c(t)}{\mathrm{d}t^2} + 2T\xi \frac{\mathrm{d}c(t)}{\mathrm{d}t} + c(t) = r(t)$$

2）传递函数

$$G(s) = \frac{1}{T^2 s^2 + 2T\xi s + 1} = \frac{\omega_\mathrm{n}^2}{s^2 + 2\xi\omega_\mathrm{n}s + \omega_\mathrm{n}^2}$$

式中，$\omega_\mathrm{n} = \dfrac{1}{T}$，称为无阻尼自然振荡频率；$\xi$ 称为阻尼系数。振荡环节的功能框图如图 2-36(a)所示。

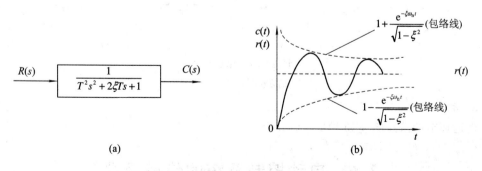

(a)　　　　　　　　(b)

图 2-36　振荡环节

(a) 功能框图；(b) 阶跃响应

3）动态响应

当 $\xi = 0$ 时，$c(t)$ 为等幅振荡，其振荡频率为 ω_n。ω_n 称为无阻尼自然振荡频率。

当 $0 < \xi < 1$ 时，$c(t)$ 为减幅振荡，其振荡频率为 ω_d。ω_d 称为阻尼振荡频率。

$$c(t) = 1 - \frac{e^{-\xi \omega_n t}}{\sqrt{1 - \xi^2}} \sin(\omega_d t + \varphi)$$

式中，$\omega_d = \omega_n \sqrt{1 - \xi^2}$，$\varphi = \arctan \frac{\sqrt{1 - \xi^2}}{\xi}$。其阶跃响应曲线如图 2-36(b) 所示。

7. 延迟环节

1）微分方程

$$c(t) = r(t - \tau_0)$$

式中，τ_0 为延迟时间。

2）传递函数

由拉氏变换转换可得

$$G(s) = e^{-\tau_0 s} = \frac{1}{e^{\tau_0 s}}$$

若将 $e^{\tau_0 s}$ 按泰勒级数展开，则

$$e^{\tau_0 s} = 1 + \tau_0 s + \frac{\tau_0^2 s^2}{2!} + \frac{\tau_0^3 s^3}{3!} + \cdots$$

由于 τ_0 很小，所以可只取前两项，$e^{\tau_0 s} \approx 1 + \tau_0 s$，于是有

$$G(s) = \frac{1}{e^{\tau_0 s}} \approx \frac{1}{\tau_0 s + 1}$$

上式表明，在延迟时间很小的情况下，延迟环节可用一个小惯性环节来代替。延迟环节的功能框图如图 2-37(a) 所示。

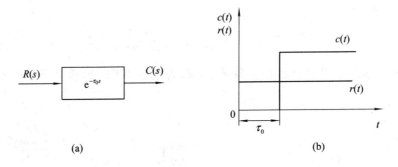

(a) (b)

图 2-37 延迟环节

(a) 功能框图；(b) 阶跃响应

3）动态响应

延迟环节的阶跃响应如图 2-37(b) 所示。

2.6　自动控制系统的传递函数

自动控制系统的典型框图如图 2-38 所示。系统的输入量包括给定信号和干扰信号。

对于线性系统，可以分别求出给定信号和干扰信号单独作用下系统的传递函数。当两信号同时作用于系统时，可以应用叠加原理，求出系统的输出量。为了便于分析系统，下面我们给出系统的几种传递函数表示法。

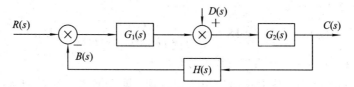

图 2-38　自动控制系统的一般形式

1. 闭环系统的开环传递函数

我们定义闭环系统的开环传递函数为

$$G_0(s) = \frac{B(s)}{R(s)} = G_1(s)G_2(s)H(s)$$

注意：$G_0(s)$ 为闭环系统的开环传递函数，这里是指断开主反馈通路（开环）而得到的传递函数，而不是开环系统的传递函数。

2. 系统的闭环传递函数

1）在输入量 $R(s)$ 作用下的闭环传递函数和系统的输出

若仅考虑输入量 $R(s)$ 作用，则可暂略去扰动量 $D(s)$。则由图 2-38 可得输出量 $C(s)$ 对输入量的闭环传递函数 $G_R(s)$ 为

$$G_R(s) = \frac{C_R(s)}{R(s)} = \frac{G_1(s)G_2(s)}{1 + G_1(s)G_2(s)H(s)}$$

此时系统的输出量 $C_R(s)$ 为

$$C_R(s) = G_R(s)R(s) = \frac{G_1(s)G_2(s)}{1 + G_1(s)G_2(s)H(s)} \cdot R(s)$$

2）在扰动量 $D(s)$ 作用下的闭环传递函数和系统的输出

若仅考虑扰动量 $D(s)$ 作用，则可暂略去输入信号 $R(s)$。图 2-38 可化简为如图 2-39 所示的形式。

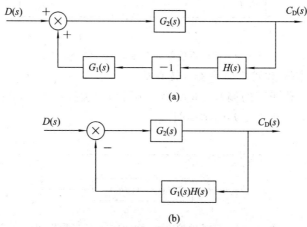

(a)

(b)

图 2-39　扰动量作用时的框图

（a）仅考虑扰动量作用时的一般形式；（b）仅考虑扰动量作用时的等效框图

因此，得输出量 $C(s)$ 对输入量的闭环传递函数 $G_D(s)$ 为

$$G_D(s) = \frac{C_D(s)}{D(s)} = \frac{G_2(s)}{1 + G_1(s)G_2(s)H(s)}$$

此时系统的输出量 $C_D(s)$ 为

$$C_D(s) = G_D(s)D(s) = \frac{G_2(s)}{1 + G_1(s)G_2(s)H(s)} \cdot D(s)$$

3）在 $R(s)$ 和 $D(s)$ 共同作用下，系统的总输出

设此系统为线性系统，因此可以应用叠加定理：即当输入量和扰动量同时作用时，系统的输出可看成两个作用量分别作用的叠加。于是有

$$C(s) = C_R(s) + C_D(s)$$
$$= \frac{G_1(s)G_2(s)}{1 + G_1(s)G_2(s)H(s)}R(s) + \frac{G_2(s)}{1 + G_1(s)G_2(s)H(s)}D(s)$$

由以上分析可见，由于给定量和扰动量的作用点不同，即使在同一个系统中，输出量对不同作用量的闭环传递函数一般是不相同的。

3. 闭环控制系统的偏差传递函数

在对自动控制系统的分析中，除了要了解输出量的变化规律外，还要考虑误差的变化规律。控制误差的大小，也就达到了控制系统精度的目的。而偏差与误差之间存在一一对应的关系。因此通过偏差可达到分析误差的目的。

我们暂且规定，系统的偏差 $e(t)$ 为被控量 $c(t)$ 的测量信号 $b(t)$ 和给定信号 $r(t)$ 之差，即

$$e(t) = r(t) - b(t)$$

则

$$E(s) = R(s) - B(s)$$

$E(s)$ 为综合点的输出量的拉氏变换式。则如图 2-40 所示，可定义偏差传递函数如下。

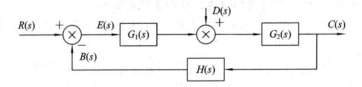

图 2-40　闭环系统的误差传递函数的一般形式

1）只有输入量 $R(s)$ 作用下的偏差传递函数

若求输入量 $R(s)$ 作用下的偏差传递函数，则可暂略去扰动量 $D(s)$ 的影响。如图 2-41 所示为在输入量 $R(s)$ 作用下偏差的结构图。

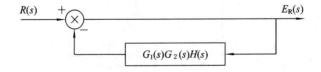

图 2-41　仅考虑输入量时的偏差传递函数框图

由图有

$$G_{ER}(s) = \frac{E_R(s)}{R(s)} = \frac{1}{1 + G_1(s)G_2(s)H(s)} = \frac{1}{1 + G_0(s)}$$

2）只有扰动量 $D(s)$ 作用下的偏差传递函数

若求在扰动量 $D(s)$ 作用下的偏差传递函数，同理，可暂略去输入量 $R(s)$ 的影响，如图 2 - 42 所示。

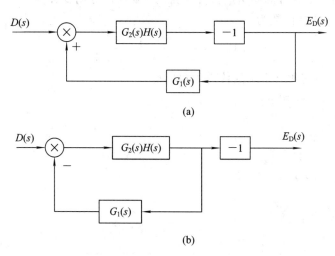

图 2 - 42　仅考虑扰动量作用时的误差传递函数框图

（a）仅考虑扰动量作用时的框图；（b）仅考虑扰动量作用时的等效框图

由图有

$$G_{ED}(s) = \frac{E_D(s)}{D(s)} = \frac{-G_2(s)H(s)}{1 + G_1(s)G_2(s)H(s)} = \frac{-G_2(s)H(s)}{1 + G_0(s)}$$

3）$R(s)$ 和 $D(s)$ 同时作用下的偏差

若在 $R(s)$ 和 $D(s)$ 同时作用下，则其偏差就为两者偏差之和，即

$$E(s) = E_R(s) + E_D(s)$$

$$= \frac{1}{1 + G_1(s)G_2(s)H(s)}R(s) - \frac{G_2(s)H(s)}{1 + G_1(s)G_2(s)H(s)}D(s)$$

2.7　MATLAB 中数学模型的表示

在进行控制系统分析之前，首先要建立控制系统的数学模型。MATLAB 命令中可以建立三种控制系统数学模型：传递函数模型（TF 模型）、零点模型（ZPK 模型）和状态模型（SS 模型）。各模型之间要由转换函数相互转换，以满足不同的使用需求。对结构图表示的系统可以用反馈函数、并联函数、串联函数实现系统数学模型的建立。

2.7.1　传递函数模型（TF 模型）

线性定常控制系统的传递函数一般可表示为

$$\frac{C(s)}{R(s)} = \frac{b_0 s^m + b_1 s^{m-1} + \cdots + b_{m-1}s + b_m}{a_0 s^n + a_1 s^{n-1} + \cdots + a_{n-1}s + a_n}$$

式中，a_i 和 b_j 均为常数。在 MATLAB 中可以用分子、分母系数向量 num、den 来表示传递

函数 $G(s)$，实现函数为 tf()，其调用格式如下：

$$\text{num} = [b_0, b_1, \cdots, b_{m-1}, b_m]$$
$$\text{den} = [a_0, a_1, \cdots, a_{n-1}, a_n]$$
$$\text{sys} = \text{tf(num, den)}$$

注意：构成分子、分母的向量应按降幂排列，缺项部分用 0 补齐。

例 17 系统的传递函数为

$$G(s) = \frac{s^2 + 2s + 3}{2s^3 + 3s^2 + 2s + 1}$$

试用 MATLAB 中语句建立系统的传递函数模型。

解：MATLAB 程序如下：

```
%example 17
num=[1, 2, 3];
den=[2, 3, 2, 1];
sys=tf(num, den)
执行结果：
Transfer function：
s^2 + 2s +3
————————————————————————————
2s^3 + 3 s^2 + 2 s + 1
```

例 18 系统的传递函数为

$$G(s) = \frac{10(s+1)}{s^2(s+3)(s^2+6s+10)}$$

试在 MATLAB 中生成系统的传递函数模型。

解：MATLAB 程序如下：

```
%example 18
num=[10, 10];
den=conv([1, 0, 0], conv([1, 3], [1, 6, 10]));
sys=tf(num, den)
执行结果：
Transfer function：
        10 s + 10
————————————————————————————
s^5 + 9 s^4 + 28 s^3 + 30 s^2
```

2.7.2 控制系统的零极点模型(ZPK 模型)

控制系统的数学表达式可表示为零极点形式：

$$G(s) = \frac{C(s)}{R(s)} = \frac{K_g(s-z_1)(s-z_2)\cdots(s-z_m)}{(s-p_1)(s-p_2)\cdots(s-p_n)}$$

式中，K_g 为根轨迹增益；$z_i(i=0, 1, \cdots, m)$ 为系统的 m 零点；$p_j(j=0, 1, \cdots, n)$ 为系统的 n 极点。在 MATLAB 中可以用 K_g、z_i、p_j 来表示传递函数 $G(s)$，实现函数为 zpk()，其调用格式如下：

$$sys = zpk(z, p, k)$$

例 19　已知系统的数学模型为

$$G(s) = \frac{2s^2 + 18s + 40}{s^3 + 6s^2 + 11s + 6}$$

试用 MATLAB 语句建立系统的零极点模型。

解：MATLAB 程序如下：

```
%example 19
num=[2, 18, 40];
den=[1, 6, 11, 6];
%传递函数模型转换为零极点模型
[z, p, k]=tf2zp(num, den);
sys=zpk(z, p, k)
```

执行结果：

```
Zero/pole/gain:
2 (s+5) (s+4)
————————————————————
(s+3) (s+2) (s+1)
```

上题也可以用下面程序(执行结果同上)：

```
%example 2 —19
num=[2, 18, 40];
den=[1, 6, 11, 6];
%传递函数模型转换为零极点模型
sys=tf(num, den);
syszpk=zpk(sys)
```

2.7.3　传递函数的特征根及零极点图

1. 特征根函数 roots()

特征方程的根是一个非常重要的参数，因为它与控制系统的暂态响应和稳定性密切相关。在 MATALB 中可以用函数 roots() 求得特征方程的根。roots() 调用格式如下：

$$roots(c)$$

其中，c 为特征多项式的系数向量，按降幂排列，空项补 0。

例 20　设系统的特征方程为

$$s^4 + 2s^3 + 3s^2 + 4s + 5 = 0$$

试求特征根。

解：MATLAB 程序如下：

```
%example20
p=[1 2 3 4 5];
r=roots(p)
```

执行结果：

```
r =
    0.2878 + 1.4161i
```

$$0.2878 - 1.4161i$$
$$-1.2878 + 0.8579i$$
$$-1.2878 - 0.8579i$$

2. 绘制系统零点图函数 pzmap()

传递函数在复平面上的零、极点图，可用函数 pzmap() 来实现，零点用"°"表示，极点用"x"表示，其调用格式如下：

$$pzmap(sys)$$

$$[p, z] = pzmap()$$

例 21 系统的开环传递函数为

$$G(s) = \frac{0.2s^2 + 0.3s + 1}{s^2 + 0.4s + 1}$$

试绘制其零极点图。

解：MATLAB 程序如下：

```
%example 21
num=[0.2 0.3 1];
den=[1 0.4 1];
sys=tf(num, den);
pzmap(sys)
```

执行结果如图 2-43 所示。

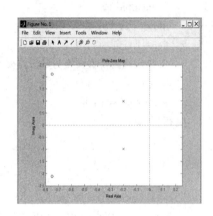

图 2-43 例 21 题系统的零极点图

2.7.4 控制系统模型的连接

利用 MATLAB 函数可以将各部分的传递函数连接起来构成一个闭环系统。通常可以通过串联、并联、反馈等环节等效变换的方法来实现。MATLAB 提供了相关的函数，现介绍如下。

1. 系统的串联函数 series()

series() 函数的调用格式如下：

$$sys = series(sys1, sys2)$$

其中，输入变量 sys1 与 sys2 均为串联模型对象的句柄变量；返回变量 sys 为串联后系统句柄变量。

2. 系统的并联连接函数 parallel()

parallel() 函数的调用格式如下：

$$sys = parallel(sys1, sys2)$$

其中，输入变量 sys1 与 sys2 均为并联模型对象的句柄变量；返回变量 sys 为并联后系统句柄变量。

3. 系统反馈连接函数 feedback()

feedback() 函数的调用格式如下：

$$sys = feedback(sys1, sys2, sign)$$

其中，输入变量 sign=1 为正反馈，sign=-1 为负反馈，sign 的默认值为-1。

例 22　已知系统的结构图如图 2 - 44 所示,试求闭环系统的数学模型。

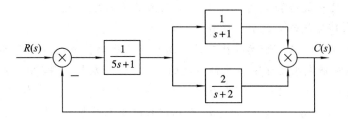

图 2 - 44　系统结构图

解：MATLAB 程序如下：

```
%example 22
%合并两并联部分
g1=tf(1,[1,1]);
g2=tf[2,[1,2]];
gg1=parallel(g1,g2);
%合并后与左边部分串联
g3=tf(1,[5,1]);
gg2=series(gg1,g3);
%加反馈部分生成系统
g4=-1;
sys=feedback(gg2,g4)
```

执行结果：

Transfer function：

$$\frac{4\ s^3 + 8\ s^2 + 7\ s + 2}{10\ s^4 + 37\ s^3 + 44\ s^2 + 20\ s + 4}$$

本 章 小 结

1. 微分方程是自动控制系统的最基本的数学模型,也是系统的时域数学模型。对一个实际系统来说,系统微分方程的列写应从输入端入手,根据有关的物理定律,依次写出各元件或环节的微分方程,然后消去中间变量,并将方程整理成标准形式。

2. 传递函数是系统或环节在初始条件为零时输出量的拉氏变换与输入量的拉氏变换之比。传递函数只与系统(或环节)的内部结构、参数有关,而与参考输入量、扰动量等外界因素无关,它表征的是系统(或环节)的固有特性,是自动控制系统中的复域模型,也是自动控制系统中最常用的数学模型。

3. 对于同一个系统,若选取的输入量和输出量不同,则其对应的微分方程和传递函数也不同。

4. 自动控制系统的框图是一种图形化的数学模型,它直观地显示了系统的结构特点、各参变量和作用量在系统中的地位,清楚地表明了各环节间的相互关系。

5. 控制系统框图可用框图代数或控制系统常用的传递函数简化公式来简化。

6. 传递函数 $G_0(s)$ 用来描述系统的固有特性，$G_R(s)$ 用来描述系统的跟随特性，$G_D(s)$ 用来描述系统的抗干扰性能，$G_{ER}(s)$ 用来研究系统输出跟随输入变化过程中的误差（偏差），$G_{ED}(s)$ 用来研究扰动量所引起的误差（偏差）。

7. 闭环系统具有抗干扰能力，扰动的抑制只能从扰动信号引入点前的环节入手解决。闭环控制系统虽然能克服主通道上元件参数的变化，但对反馈元件（测量元件）的误差或参数的变化引起的误差或扰动却无能为力。

8. 当系统进入稳态后，若 $E(s)=0$，则称该系统为无差系统；若 $E(s)\neq0$，则称该系统为有差系统。

习 题 2

2-1 什么是数学模型？常见的数学模型有哪些？

2-2 什么是时域模型，时域模型用什么表示？

2-3 什么是复域模型，复域模型用什么表示？

2-4 试建立图 2-45 所示电路的微分方程。

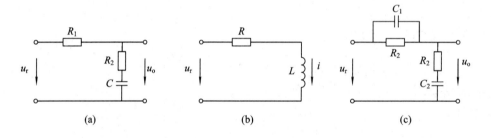

(a)　　　　　　　　(b)　　　　　　　　(c)

图 2-45 习题 2-4 图

2-5 试求图 2-46 所示电路的传递函数。

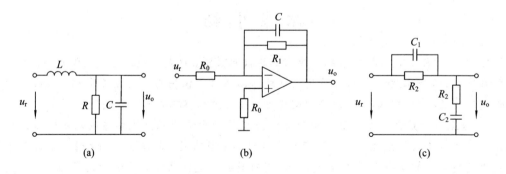

(a)　　　　　　　　(b)　　　　　　　　(c)

图 2-46 习题 2-5 图

2-6 已知某系统零初始条件下的单位阶跃响应为 $c(t)=1-e^{-10t}$，试求系统的传递函数。

2-7 化简如图 2-47 所示系统的结构图，并求其传递函数。

2-8 化简图 2-48 所示系统的结构图，并求其传递函数。

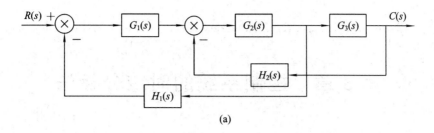

(a)

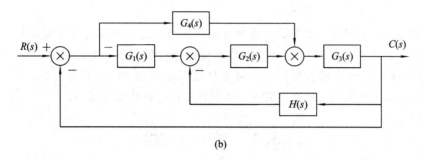

(b)

图 2 - 47　习题 2 - 7 图

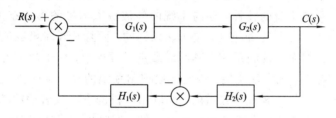

图 2 - 48　习题 2 - 8 图

第 3 章　控制系统的时域分析法

　　控制系统的数学模型一旦建立，就可运用适当的方法分析系统的控制性能。常用的分析方法主要有时域分析法、频域分析法、根轨迹法等。每种方法均有它们的适用范围和对象。时域分析法是一种直接在时间域中对系统进行分析的方法，具有直观、准确的优点，并且可以提供系统时间响应的全部信息。本章将首先讨论时域分析法。

3.1　概　　述

　　控制系统的动态性能，可以通过在输入信号作用下系统的过渡过程来评价。系统的过渡过程不仅取决于系统本身的特性，还与系统的外加输入信号的形式有关。一般情况下，控制系统的外加输入信号具有随机性，是无法预知的，而且其瞬时函数关系往往又不能以解析形式来表达。例如火炮控制系统在其跟踪敌机的过程中，由于敌机可以作任意的机动飞行，以致其飞行规律事先无法确定，因此火炮控制系统的输入为一随机信号。只有在某些特殊的情况下输入信号才是预先知道的，可以用解析的方法或者曲线来表示。例如，机床切削的控制过程。为了便于分析和设计控制系统，同时也为了便于比较各种控制系统的性能，我们假定一些基本的输入函数形式，即典型输入信号。

3.1.1　典型输入信号及其时间响应

　　典型输入信号是对众多复杂的实际信号的一种近似和抽象，它的选择不仅应使数学运算简单，而且应便于用实验来验证。控制系统常采用的典型输入信号有阶跃信号、斜坡信号、抛物线信号、脉冲信号、正弦信号等。典型时间响应是指初始状态为零的系统，在典型输入信号作用下输出量的动态响应。

1. 单位阶跃信号及其时间响应

　　单位阶跃信号表示输入量的瞬间突变过程，如图 3 - 1 所示。

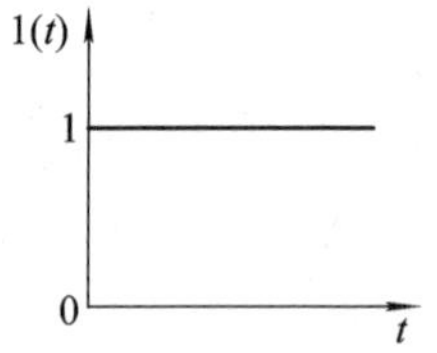

　　它的数学表达式为

$$1(t) = \begin{cases} 1 & t \geqslant 0 \\ 0 & t < 0 \end{cases}$$

其拉氏变换为

$$L[1(t)] = L[1] = \frac{1}{s}$$

图 3 - 1　单位阶跃信号

　　在时域分析中，阶跃信号用得最为广泛。如实际应用中电源的突然接通、负载的突变、指令的突然转换等均可近似看做阶跃信号。

控制系统在单位阶跃信号作用下的时间响应称为单位阶跃响应。

设系统的闭环传递函数为 $\Phi(s)$，则单位阶跃响应的拉氏变换式为

$$C(s) = \Phi(s) \cdot R(s) = \Phi(s) \cdot \frac{1}{s}$$

故其时间响应为

$$c(t) = L^{-1}\left[\Phi(s) \cdot \frac{1}{s}\right]$$

2. 单位斜坡信号及其时间响应

单位斜坡信号也称等速度函数，它表示由零值开始随时间 t 线性增长的信号，如图 3-2 所示。

它的数学表达式为

$$t \cdot 1(t) = \begin{cases} t & t \geqslant 0 \\ 0 & t < 0 \end{cases}$$

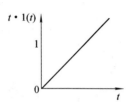

图 3-2　单位斜坡信号

其拉氏变换为

$$L[t \cdot 1(t)] = L[t] = \frac{1}{s^2}$$

随动系统中恒速变化的位置指令信号、数控机床加工斜面时的进给指令、大型船闸匀速升降时主拖动系统发出的位置信号等都是斜坡函数信号的实例。

系统在单位斜坡函数信号作用下的时间响应称为单位斜坡响应。

按照同样的方法，可得单位斜坡响应为

$$C(s) = \Phi(s) \cdot R(s) = \Phi(s) \cdot \frac{1}{s^2}$$

$$c(t) = L^{-1}\left[\Phi(s) \cdot \frac{1}{s^2}\right]$$

3. 单位抛物线信号及其时间响应

单位抛物线信号亦称等加速度信号，它表示随时间以等加速度增长的信号，如图 3-3 所示。

其数学表达式为

$$r(t) = \begin{cases} \dfrac{1}{2}t^2 & t \geqslant 0 \\ 0 & t < 0 \end{cases}$$

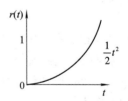

图 3-3　单位抛物线信号

其拉氏变换为

$$L[r(t)] = L\left[\frac{t^2}{2}\right] = \frac{1}{s^3}$$

抛物线信号可模拟以恒定加速度变化的物理量。系统在单位抛物线信号作用下的时间响应称为单位抛物线响应。按照同样的方法，可得单位抛物线响应为

$$C(s) = \Phi(s) \cdot R(s) = \Phi(s) \cdot \frac{1}{s^3}$$

$$c(t) = L^{-1}\left[\varPhi(s) \cdot \frac{1}{s^3}\right]$$

4. 单位脉冲信号及其时间响应

脉冲信号可看做一个持续时间极短的信号，如图 3 - 4(a)所示。

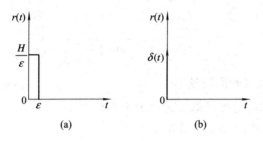

图 3 - 4　脉冲信号

（a）脉冲信号；（b）单位理想脉冲信号

它的数学表达式为

$$r(t) = \begin{cases} 0 & t < 0, \, t > \varepsilon \\ \dfrac{H}{\varepsilon} & 0 \leqslant t \leqslant \varepsilon \end{cases}$$

当 $H=1$ 时，记为 $\delta_\varepsilon(t)$。若令脉宽 $\varepsilon \to 0$，则称其为单位理想脉冲函数，见图 3 - 4(b)，并用 $\delta(t)$ 表示，即

$$\delta(t) = \lim_{\varepsilon \to 0}\delta_\varepsilon(t) = \begin{cases} 0 & t \neq 0 \\ \infty & t = 0 \end{cases}$$

其面积（又称脉冲强度）为

$$\int_{-\infty}^{+\infty} \delta(t)\mathrm{d}t = 1$$

其拉氏变换为

$$L[\delta(t)] = 1$$

在自动控制系统中，单位脉冲函数相当于一个瞬时的扰动信号。如脉动电压信号、冲击力、阵风或大气湍流等，均可近似为脉冲作用。

系统在单位脉冲信号作用下的时间响应称为单位脉冲响应。按照同样的方法，可得单位脉冲响应为

$$C(s) = \varPhi(s) \cdot R(s) = \varPhi(s) \cdot 1$$
$$c(t) = L^{-1}[\varPhi(s) \cdot 1] = L^{-1}[\varPhi(s)]$$

由上述可知，四种响应之间的关系可描述为：单位阶跃响应对时间的积分为单位斜坡响应，单位斜坡响应对时间的导数就是单位阶跃响应函数；单位阶跃响应对时间的导数即为单位脉冲响应，单位脉冲响应对时间的积分即为单位阶跃响应；单位抛物线响应对时间的导数即为单位斜坡响应，单位斜坡响应对时间的积分即为单位抛物线响应。因此，根据三种响应之间的关系，我们在以后对系统的分析时，只讨论其中一种响应就可以了。

5. 正弦信号及其时间响应

正弦信号的数学表达式为

$$r(t) = \begin{cases} 0 & t < 0 \\ A \sin\omega t & t \geqslant 0 \end{cases}$$

其拉氏变换为

$$L[r(t)] = L[A \sin\omega t] = \frac{A\omega}{s^2 + \omega^2}$$

正弦信号主要用于求系统的频率响应。在实际控制过程中，电源及振动的噪声、海浪对船舶的扰动力等，均可近似为正弦信号作用。正弦信号波形及系统在正弦信号作用下的时间响应将在以后频率特性的有关章节中讨论。

3.1.2　阶跃响应的性能指标

在典型输入信号作用下，任何一个控制系统的时间响应，从时间顺序上，可以划分为动态过程和稳态过程两部分。动态过程又称为过渡过程或瞬态过程，是指系统从初始状态到接近最终状态的响应过程。稳态过程是指时间 t 趋于无穷时系统的输出状态。稳态过程又称稳态响应，表征系统输出量最终复现输入量的程度，提供系统有关稳态误差的信息。稳态过程用稳态性能描述。

稳定是控制系统能够运行的首要条件，因此只有当动态过程收敛时，研究系统的动态性能才有意义。在稳定状态下研究系统的时间响应，必须对动态和稳态两个过程的特点和性能以及有关指标加以探讨。一般认为，阶跃输入对控制系统来说是最严峻的工作状态。如果控制系统在阶跃函数作用下的动态性能满足要求，那么控制系统在其他形式的函数作用下，其动态性能也是令人满意的。

描述稳定的控制系统在单位阶跃函数作用下，动态过程随时间 t 的变化情况的指标称为动态性能指标。为了便于分析和比较，假定控制系统在单位阶跃输入信号作用前处于静止状态，即处于零初始状态，其输出量及各阶导数均等于零，则对于如图 3-5 所示单位阶跃响应 $c(t)$，其动态性能指标通常描述如下。

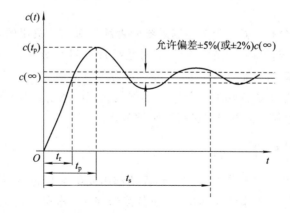

图 3-5　阶跃响应的性能指标曲线

1. 上升时间 t_r

上升时间 t_r 是指系统的单位阶跃响应曲线从 0 开始第一次上升到稳态值所需的时间。t_r 越小，表明系统动态响应越快。

2. 峰值时间 t_p

峰值时间 t_p 是指系统的单位阶跃响应曲线由 0 开始，越过稳态值，第一次到达峰值所需的时间。t_p 同 t_r 一样，也反映的是系统响应初始阶段的快速性。

3. 最大超调量 $\sigma\%$

最大超调量 $\sigma\%$ 是指系统的单位阶跃响应曲线超出稳态值的最大偏离量占稳态值的百分比，即

$$\sigma\% = \frac{c(t_p) - c(\infty)}{c(\infty)} \times 100\%$$

若 $c(t_p) < c(\infty)$，则响应无超调。$\sigma\%$ 反映的是系统响应过程中平稳性的状况。

4. 调整时间 t_s

调整时间 t_s 是指系统的单位阶跃响应曲线达到并保持在稳态值的 $\pm 5\%$（或 $\pm 2\%$）误差范围内，即输出响应进入并保持在 $\pm 5\%$（或 $\pm 2\%$）误差带之内所需的时间。t_s 越小，表示系统动态响应过程越短，系统快速性越好。

5. 振荡次数 N

振荡次数 N 指在调节时间 t_s 内，系统输出量在稳态值上下摆动的次数。次数越少，表明系统稳定性越好。

6. 稳态误差 e_{ss}

稳态误差 e_{ss} 指响应的稳态值与期望值之差。对复现单位阶跃输入信号的系统而言，常取

$$e_{ss} = 1 - c(\infty)$$

3.2　系统稳定性分析

对控制系统进行分析，就是分析控制系统能否满足对它所提出的性能指标的要求，分析某些参数变化对系统性能的影响。工程上对系统性能进行分析的主要内容是稳定性分析、稳态性能分析和动态性能分析，即稳、快、准等各方面的分析。其中，最重要的性能是稳定性，这是因为工程上所使用的控制系统必须是稳定的系统，不稳定的系统根本无法工作。因此，分析研究系统时，首先要进行稳定性分析。

3.2.1　系统稳定性概念

系统的稳定性是指自动控制系统在受到扰动作用使平衡状态破坏后，经过调节，能重新达到平衡状态的性能。当系统受到扰动（如负载的变化、电网电压的变化等），偏离了原来的平衡状态，而当扰动消失后，系统又能够逐渐恢复到原来的平衡状态，则称系统是稳定的。否则，称系统是不稳定的，或具有不稳定性。稳定性是系统去掉扰动以后，自身的一种恢复能力，是系统的一种固有特性。这种固有的稳定性只取决于系统的结构和参数，而与系统的初始条件及外作用无关。如图 3-6(a) 所示的系统是不稳定的；如图 3-6(b) 所示的系统是稳定的。

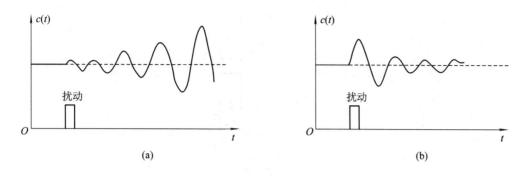

图 3 - 6　稳定系统与不稳定系统

（a）不稳定系统；（b）稳定系统

　　在自动控制系统中，造成系统不稳定的物理原因主要是因为系统中存在惯性或延迟环节（如机械惯性、电动机电路的电磁惯性、晶闸管的延迟、齿轮的间隙等），它们使系统中的信号产生时间上的滞后，使输出信号在时间上较输入信号滞后了 τ 时间。当系统设有反馈环节时，又将这种在时间上滞后的信号反馈到输入端，如图 3 - 7 所示。反馈量中出现了与输入量极性相同的部分，该同极性的部分便具有正反馈的作用，使系统具备了不稳定的因素。当滞后的相位过大，或系统放大倍数不适当（例如过大时），使正反馈的作用成为主导作用时，系统便会形成振荡而不稳定。例如，当滞后的相位为 180° 时，在所有时间上都成了正反馈，倘若系统的开环放大倍数又大于 1，则反馈量反馈到输入端，经放大后，又会产生更大的输出，如此循环，即使输入量消失，输出量的幅值也会愈来愈大，形成增幅振荡，成为如图 3 - 6(a)所示的不稳定状况。

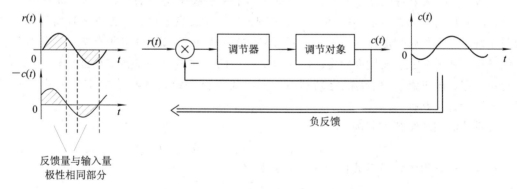

图 3 - 7　造成自动控制系统不稳定的物理原因

　　系统的稳定性概念又分绝对稳定性和相对稳定性两种。系统的绝对稳定性是指系统稳定（或不稳定）的条件，即形成如图 3 - 6(b)所示状况的充要条件。系统的相对稳定性是指稳定系统的稳定程度。例如，图 3 - 8(a)所示系统的相对稳定性就明显好于图 3 - 8(b)所示的系统。

3.2.2　线性系统稳定的充分必要条件

　　稳定是自动控制系统能够正常工作的首要条件。由图 3 - 8 所示可以看出，稳定的系统，其过渡过程是收敛的，也就是说，其输出量的动态分量必须渐趋于零。用数学的方法来研究控制系统的稳定性，可以得出系统稳定的充要条件是：其闭环系统特征方程的所有

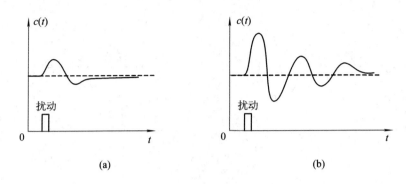

图 3 - 8　自动控制系统的相对稳定性

（a）相对稳定性好；（b）相对稳定性差

根必须具有负实部。也就是说，系统稳定的条件是闭环特征方程的所有根必须分布在 s 平面的左半开平面上。s 平面的虚轴则是稳定的边界。

　　由上述可知，系统稳定与否取决于特征方程的根，即取决于系统本身的结构和参数，而与输入信号的形式无关。

3.2.3　系统稳定性的代数判据

　　直接求解系统闭环特征方程的根，逐个检查是否具有负实部，以判定系统是否稳定，这种方法原则上是可行的，但实际上求解系统特征方程的工作是很费时的，特别是对高阶系统来说，尤为如此（当然，使用 MATLAB 软件也是可行的）。因此，工程上常采用间接的方法，即不直接求解特征方程的根，而用一些判定系统稳定与否的判据，来判定系统是否稳定，这些判据有代数稳定判据和频率稳定判据等。代数稳定判据是根据闭环特征方程的根与系统的关系，通过对特征方程各项的系数进行一定的运算，得出所有特征根具有负实部的条件，以此判定系统是否稳定。代数稳定判据的方法较多，如赫尔维兹稳定判据、劳斯稳定判据、林纳德-奇伯特稳定判据等。下面我们将介绍代数稳定判据的其中一种形式——劳斯稳定判据。

　　设系统的闭环特征方程为

$$a_0 s^n + a_1 s^{n-1} + \cdots + a_{n-1} s + a_n = 0$$

根据特征方程的各项系数排列成下列劳斯表：

s^n	a_0	a_2	a_4	a_6	$\cdots$
s^{n-1}	a_1	a_3	a_5	a_7	$\cdots$
s^{n-2}	b_1	b_2	b_3	b_4	$\cdots$
s^{n-3}	c_1	c_2	c_3		$\cdots$
$\vdots$					
s^2	d_1	d_2	d_3		
s^1	e_1	e_2			
s^0	f_1				

　　表中

$$b_1 = \frac{a_1 a_2 - a_0 a_3}{a_1}, \quad b_2 = \frac{a_1 a_4 - a_0 a_5}{a_1}, \quad b_3 = \frac{a_1 a_6 - a_0 a_7}{a_1} \cdots$$

$$c_1 = \frac{b_1 a_3 - a_1 b_2}{b_1}, \quad c_2 = \frac{b_1 a_5 - a_1 b_3}{b_1}, \quad c_3 = \frac{b_1 a_7 - a_1 b_4}{b_1} \cdots$$

$$\vdots$$

$$f_1 = \frac{e_1 d_2 - d_1 e_2}{e_1}$$

以此类推,可求出 $n+1$ 行的各系数。在上述计算各系数的过程中,为了简化数值计算,可以将一行中的各系数均乘(或除)一个正整数,这并不影响稳定性判断。

1. 劳斯稳定判据的一般情况

若特征方程式的各项系数均大于 0(必要条件),且劳斯表中第一列元素均为正值,则系统所有的特征根均位于 s 左半平面(所有特征根均具有负实部),相应的系统是稳定的。否则,系统是不稳定的,且第一列元素符号改变的次数等于特征方程正实部根的个数。

例 1　设系统的特征方程为

$$s^4 + 2s^3 + 3s^2 + 4s + 5 = 0$$

试用劳斯稳定判据判断该系统的稳定性。

解:列写该系统的劳斯表为

s^4	1	3	5
s^3	2	4	0
s^2	$\dfrac{(2\times3)-(1\times4)}{2}=1$	5	
s^1	$\dfrac{(1\times4)-(2\times5)}{1}=-6$		
s^0	5		

由上表看到,劳斯表的第一列系数有两次变号,故该系统不稳定,且有两个正实部根。

例 2　某单位负反馈系统的开环传递函数为

$$G(s) = \frac{K}{s(0.1s+1)(0.25s+1)}$$

试确定系统稳定时 K 值的范围。

解:该单位负反馈系统闭环特征方程为

$$s(0.1s+1)(0.25s+1) + K = 0$$

整理得

$$0.025s^3 + 0.35s^2 + s + K = 0$$

系统稳定的必要条件 $a_i > 0$,则要求 $K > 0$。

列劳斯表

s^3	0.025	1
s^2	0.35	K
s^1	$\dfrac{0.35 - 0.025K}{0.35}$	
s^0	K	

使

$$\frac{0.35 - 0.025K}{0.35} > 0$$

得

$$K < 14$$

因此，当系统增益 $0<K<14$ 时，系统才稳定。

2. 劳斯稳定判据的特殊情况

1）劳斯表中某行的第一列项为零，而其余各项不为零或不全为零

这时可用一个很小的正数 ε 来代替这个数，从而可使计算工作继续进行下去（否则下一行将出现 ∞）。

例 3 已知某系统的特征方程为

$$s^4 + 3s^3 + s^2 + 3s + 1 = 0$$

试判断该系统的稳定性。

解：系统劳斯表为

$$
\begin{array}{cccc}
s^4 & 1 & 1 & 1 \\
s^3 & 3 & 3 & \\
s^2 & \varepsilon & 1 & \\
s^1 & 3-\dfrac{3}{\varepsilon} & & \\
s & 1 & &
\end{array}
$$

由于 ε 很小，$(3-3/\varepsilon)<0$，所以劳斯表的第一列系数变号两次，可见该系统是不稳定的，且有两个正实部根。

2）劳斯表中出现全零行

这种情况表明特征方程中存在大小相等、符号相反的特征根。此时，可用全零行上一行的系数构造一个辅助方程 $F(s)=0$，并将辅助方程对 s 求导，用所得导数方程的系数取代全零行，这样便可继续运算下去，直至得到完整的劳斯计算表。

例 4 某控制系统的特征方程为

$$s^5 + 3s^4 + 12s^3 + 24s^2 + 32s + 48 = 0$$

试判断系统的稳定性。

解：系统劳斯表为

$$
\begin{array}{cccc}
s^5 & 1 & 12 & 32 \\
s^4 & 3 & 24 & 48 \\
s^3 & 4 & 16 & \\
s^2 & 12 & 48 & \\
s^1 & 0 & 0 &
\end{array}
$$

劳斯表无法往下排列。此时可用全零行上一行的系数构造一个辅助方程 $F(s)=0$，即

$$F(s) = 12s^2 + 48 = 0$$

并将辅助方程对 s 求导，得

$$\frac{\mathrm{d}F(s)}{\mathrm{d}s} = 24s = 0$$

用系数 24 取代全零行，并将劳斯表排完。

s^5	1	12	32
s^4	3	24	48
s^3	4	16	
s^2	12	48	
s^1	24		
s^0	48		

由上表知，该系统特征方程在 s 右半平面上没有特征根，但 s^1 行为全零行，表明特征方程中存在大小相等、符号相反的特征根。由辅助方程 $F(s) = 0$ 可得根为 $\pm\mathrm{j}2$，显然系统处于临界稳定状态。

3）系统闭环特征方程式的各项系数不全为正数

当系统的特征方程出现各项系数不全为正数的情况时，说明该系统不符合特征方程式的各项系数均大于 0 的必要条件，此系统属于不稳定的系统（结构不稳定系统）。此类系统若要稳定，必须改变其结构，也就是说，要改变其特征方程。

3.2.4　代数判据的 MATLAB 实现

虽然笔算求解高次方程的根不是很容易的事，但在当今计算机信息时代，解决此问题并不难。求解控制系统闭环特征方程的根，在 MATLAB 里是很容易用函数 roots() 实现的。

求多项式根的函数 roots() 的调用格式为

$$\text{roots(p)}$$

函数输入参量 p 是降幂排列多项式系数向量，输出即为求出的根。在自动控制的稳定性分析中，p 就是系统闭环特征多项式降幂排列的系数向量。若能够求得 p，则其根就可以求出，并进而判断所有根的实部是否小于零。若系统闭环特征方程的所有根的实部都小于零，则系统闭环是稳定的，只要有一个根的实部不小于零，则系统闭环不稳定。

例 5　在例 1 中，试用 MATLAB 实现的代数稳定判据判别该系统的稳定性。

解：输入以下 MATLAB 语句段：

```
p=[1  2  3  4  5];
roots(p)
```

语句段执行结果为

```
ans=
    0.2878+1.4161i
    0.2878-1.4161i
   -1.2878+0.8579i
   -1.2878-0.8579i
```

计算结果表明，特征根中有 2 个根的实部为正值，所以闭环系统是不稳定的，此结果与例 1 结论相符。

例 6　在例 3 中，试用 MATLAB 实现的代数稳定判据判别该系统的稳定性。

解：输入以下 MATLAB 语句段：

p=[1　3　1　3　1];

roots(p)

语句段执行结果为

ans=

−2.9656

0.1514+0.9885i

0.1514−0.9885i

−0.3372

计算结果表明，特征根中有 2 个根的实部为正值，所以闭环系统是不稳定的，此结果与例 3 结论相符。

例 7　在例 4 中，试用 MATLAB 实现的代数稳定判据判别该系统的稳定性。

解：输入以下 MATLAB 语句段：

p=[1　3　12　24　32　48];

roots(p)

语句段执行结果为

ans=

−2.0000

−0.5000+2.3979i

−0.5000+2.3979i

−0.0000+2.0000i

−0.0000+2.0000i

计算结果表明，特征根中有一对根位于虚轴上，故系统处于临界稳定状态，此结果与例 4 结论相符。

3.3　一阶系统动态性能分析

3.3.1　一阶系统的数学模型

当控制系统的数学模型为一阶微分方程式时，称其为一阶系统，它是控制系统的最简形式。在物理上，这个系统可以表示为一个 RC 电路，也可以表示为一个热系统、直流发电机、单容水位系统等。如图 3-9 所示为一阶 RC 电路。

一阶系统的微分方程为

$$T\frac{\mathrm{d}c(t)}{\mathrm{d}t}+c(t)=r(t)$$

式中，T 为时间常数，是表征一阶系统惯性的重要参数。

在零初始条件下，对一阶系统的微分方程式进行拉氏变换，得

$$C(s) = \frac{1}{Ts} \cdot [R(s) - C(s)]$$

由此可画出其闭环结构图如图 3-10 所示。

由结构图可知一阶系统的闭环传递函数为

$$\Phi(s) = \frac{C(s)}{R(s)} = \frac{1}{Ts+1}$$

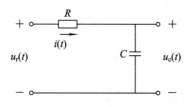

图 3-9　一阶 RC 电路

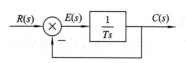

图 3-10　一阶系统的动态结构图

3.3.2　一阶系统动态性能的时域分析

当 $r(t)=1(t)$ 时，有

$$R(s) = \frac{1}{s}$$

则

$$C(s) = \Phi(s) \cdot R(s) = \frac{1}{Ts+1} \cdot \frac{1}{s} = \frac{1}{s} - \frac{T}{Ts+1}$$

$$= \frac{1}{s} - \frac{1}{s+1/T}$$

对上式进行拉氏反变换，得一阶系统的单位阶跃响应式为

$$c(t) = 1 - e^{-t/T} \quad t \geqslant 0$$

式中，第一项为系统输出量的稳态分量，第二项为系统输出量的动态分量。

一阶系统的单位阶跃响应曲线如图 3-11 所示。它是一条按指数规律从零开始单调上升的曲线，而且稳态值为 1。由一阶系统的单位阶跃响应式可看出，输出响应的初始值等于 0，而最终将变成 1。当 $t=T$ 时，$c(t)=0.632$，这表明输出响应达到稳态值的 63.2% 时所需的时间就是一阶系统的时间常数。系统的时间常数越小，响应就越快。另外，一阶系统的单位阶跃响应没有振荡，也就没有超调。减小时间

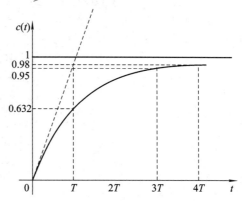

图 3-11　一阶系统的单位阶跃响应曲线

常数可提高系统响应的速度。因为没有超调，系统的动态性能指标主要是调节时间 t_s。从响应曲线可知：

$t=3T$ 时，$c(t)=0.95$，故 $t_s=3T$（按 $\pm 5\%$ 误差带）；

$t=4T$ 时，$c(t)=0.98$，故 $t_s=4T$（按 $\pm 2\%$ 误差带）。

例8 已知某一阶系统开环传递函数为

$$G(s) = \frac{10}{s}$$

试求该系统单位阶跃响应的调整时间 t_s。

解： 系统闭环传递函数为

$$\Phi(s) = \frac{\dfrac{10}{s}}{1 + \dfrac{10}{s}} = \frac{1}{0.1s + 1}$$

可知 $T = 0.1(\mathrm{s})$，所以，$t_s = 3T = 0.3(\mathrm{s})(\pm 5\%$ 误差带$)$ 或 $t_s = 4T = 0.4(\mathrm{s})(\pm 2\%$ 误差带$)$。

例9 已知某元部件的传递函数为

$$G(s) = \frac{10}{0.2s + 1}$$

欲采用如图 3-12 所示引入负反馈的办法，将调节时间 t_s 减至原来的 0.1 倍，但总放大倍数保持不变，试选择 K_h 和 K_0 的值。

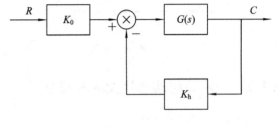

图 3-12 例题 9 图

解： 根据题意，将调节时间 t_s 减至原来的 0.1 倍，也即将 T 减至原来的 0.1 倍。所以系统最终的闭环传递函数应为

$$\Phi(s) = \frac{10}{\dfrac{0.2}{10}s + 1}$$

由结构图可知

$$\Phi(s) = \frac{K_0 G(s)}{1 + K_h G(s)} = \frac{10K_0}{0.2s + 1 + 10K_h} = \frac{\dfrac{10K_0}{1 + 10K_h}}{\dfrac{0.2}{1 + 10K_h}s + 1} = \frac{10}{\dfrac{0.2}{10}s + 1}$$

可得

$$\begin{cases} \dfrac{10K_0}{1 + 10K_h} = 10 \\ 1 + 10K_h = 10 \end{cases}$$

故

$$\begin{cases} K_h = 0.9 \\ K_0 = 10 \end{cases}$$

3.4 二阶系统动态性能分析

3.4.1 二阶系统的数学模型

由二阶微分方程描述的系统称为二阶系统。例如，他励直流电动机控制系统、RLC 电路等都是二阶系统的实例。在控制工程中，不仅二阶系统的典型应用极为普遍，而且不少

高阶系统的特性在一定条件下可用二阶系统的特性来表征。因此，着重研究二阶系统的分析和计算方法具有较大的实际意义。如图 3 - 13 所示为 RLC 串联电路表示的二阶系统。

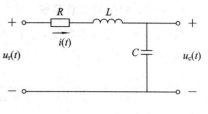

图 3 - 13 RLC 串联电路

二阶系统微分方程的一般形式为

$$\frac{\mathrm{d}^2 c(t)}{\mathrm{d}t^2} + 2\xi\omega_\mathrm{n}\frac{\mathrm{d}c(t)}{\mathrm{d}t} + \omega_\mathrm{n}^2 c(t) = \omega_\mathrm{n}^2 r(t)$$

式中，ω_n 为系统的自然振荡频率，单位为 rad/s；ξ 为系统的阻尼比，常系数。

对二阶系统微分方程式进行拉氏变换并整理，得

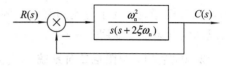

图 3 - 14 典型的二阶系统结构图

$$C(s) = \frac{\omega_\mathrm{n}^2}{s(s + 2\xi\omega_\mathrm{n})} \cdot \left[R(s) - C(s) \right]$$

由此可画出二阶系统的典型结构如图 3 - 14 所示。

根据图 3 - 14，可求出二阶系统的开环传递函数为

$$G(s) = \frac{\omega_\mathrm{n}^2}{s(s + 2\xi\omega_\mathrm{n})}$$

因此，典型二阶系统的闭环传递函数为

$$\Phi(s) = \frac{\omega_\mathrm{n}^2}{s^2 + 2\xi\omega_\mathrm{n}s + \omega_\mathrm{n}^2}$$

3.4.2 二阶系统的稳定性分析

由二阶系统的闭环传递函数式可知，典型二阶系统的特征方程为

$$s^2 + 2\xi\omega_\mathrm{n}s + \omega_\mathrm{n}^2 = 0$$

系统特征方程的两个根为

$$s_{1,2} = -\xi\omega_\mathrm{n} \pm \omega_\mathrm{n}\sqrt{\xi^2 - 1}$$

由此可见，二阶系统的动态特性可以用 ξ 和 ω_n 这两个参数加以描述。由系统特征方程的两个根看出，二阶系统特征根的性质取决于 ξ 值的大小。

当 $\xi = 0$ 时，系统有一对纯虚根，此时，系统的阶跃响应为持续的等幅振荡，即系统处于稳定边界，称为零阻尼状态。

当 $0 < \xi < 1$ 时，系统有一对实部为负的共轭复根，系统的阶跃响应是衰减振荡过程，即系统稳定，称为欠阻尼状态。

当 $\xi = 1$ 时，系统有一对相等的负实根，系统的阶跃响应是非周期地趋于稳态值，称为临界阻尼状态。

当 $\xi > 1$ 时，系统有两个不相等的负实根，称为过阻尼状态。系统的阶跃响应也是非周期地趋于稳态值。

当 $\xi < 0$ 时，系统有正根出现，其响应表达式的各指数项均变为正指数，故随着时间 $t \to \infty$，其输出 $c(t) \to \infty$，其单位阶跃响应是发散的，系统是不稳定，称为负阻尼状态。

下面简单分析一下二阶系统在几种状况下的稳定性情况。

1. $\xi=0$，零阻尼二阶系统

当 $\xi=0$ 时，称为零阻尼，二阶系统的特征根为一对纯虚根。

当 $r(t)=1(t)$ 时，有

$$C(s) = \frac{\omega_n^2}{s^2+\omega_n^2} \cdot \frac{1}{s} = \frac{1}{s} - \frac{s}{s^2+\omega_n^2}$$

取拉氏反变换，得

$$c(t) = 1 - \cos\omega_n t \quad t \geqslant 0$$

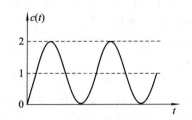

响应曲线如图 3-15 所示，系统为无阻尼等幅振荡，处于稳定边界，该种情况的实际系统不能用。

图 3-15 零阻尼二阶系统单位阶跃响应曲线

2. $0<\xi<1$，欠阻尼二阶系统

当 $0<\xi<1$ 时，称为欠阻尼，二阶系统的特征根为一对具有负实部的共轭复根，即

$$s_{1,2} = -\xi\omega_n \pm j\omega_n\sqrt{1-\xi^2} = \sigma \pm j\omega_d$$

式中：$\sigma=-\xi\omega_n$；$\omega_d=\omega_n\sqrt{1-\xi^2}$，$\omega_d$ 称为阻尼振荡频率。

当 $r(t)=1(t)$ 时，有

$$\begin{aligned}
C(s) &= \frac{\omega_n^2}{s^2+2\xi\omega_n s+\omega_n^2} \cdot \frac{1}{s} = \frac{\omega_n^2}{(s+\xi\omega_n)^2+\omega_d^2} \cdot \frac{1}{s} \\
&= \frac{1}{s} + \frac{-(s+2\xi\omega_n)}{(s+\xi\omega_n)^2+\omega_d^2} \\
&= \frac{1}{s} - \frac{s+\xi\omega_n}{(s+\xi\omega_n)^2+\omega_d^2} - \frac{\xi\omega_n}{(s+\xi\omega_n)^2+\omega_d^2}
\end{aligned}$$

取拉氏反变换，得

$$c(t) = 1 - e^{-\xi\omega_n t}\cos\omega_d t - \frac{\xi}{\sqrt{1-\xi^2}}e^{-\xi\omega_n t}\sin\omega_d t \quad t \geqslant 0$$

将上式整理，可得

$$c(t) = 1 - \frac{e^{-\xi\omega_n t}}{\sqrt{1-\xi^2}}\sin(\omega_d t + \varphi) \quad t \geqslant 0$$

式中，$\omega_d=\omega_n\sqrt{1-\xi^2}$；$\varphi=\arctan\dfrac{\sqrt{1-\xi^2}}{\xi}$。

响应曲线如图 3-16 所示。系统的响应为衰减振荡波形，系统有超调。

3. $\xi=1$，临界阻尼二阶系统

当 $\xi=1$ 时，称为临界阻尼，二阶系统的特征根是两个重根。

当 $r(t)=1(t)$ 时，有

$$C(s) = \frac{\omega_n^2}{(s+\omega_n)^2} \cdot \frac{1}{s} = \frac{1}{s} - \frac{\omega_n}{(s+\omega_n)^2} - \frac{1}{s+\omega_n}$$

对上式进行拉氏反变换，得

$$c(t) = 1 - \omega_n t e^{-\omega_n t} - e^{-\omega_n t} \quad t \geqslant 0$$

其响应曲线如图 3-17 所示，由图可见，系统没有超调。

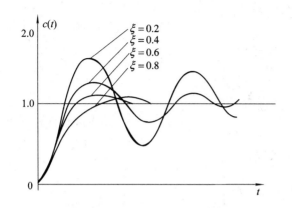

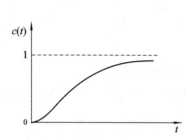

图 3 - 16　欠阻尼二阶系统单位阶跃响应曲线　　图 3 - 17　临界阻尼二阶系统单位阶跃响应曲线

4. $\xi > 1$，过阻尼二阶系统

当 $\xi > 1$ 时，称为过阻尼，二阶系统的特征根是两个负实根。当 $r(t) = 1(t)$ 时，其响应曲线如图 3 - 18 所示，系统没有超调，但过渡过程时间较临界阻尼时长。

5. $\xi < 0$，负阻尼二阶系统

当 $\xi < 0$ 时，称为负阻尼，二阶系统的特征根是两个正实根或一对具有正实部的共轭复根。响应曲线如图 3 - 19 所示，系统不稳定。

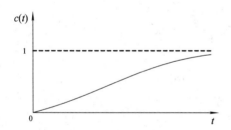

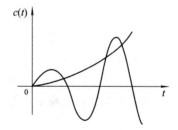

图 3 - 18　过阻尼二阶系统单位阶跃响应曲线　　图 3 - 19　负阻尼二阶系统的发散振荡响应

3.4.3　二阶系统动态性能的时域分析

当 $0 < \xi < 1$ 时，二阶系统的单位阶跃响应是以 ω_d 为角频率的衰减振荡过程。随着 ξ 的减小，其振荡幅度加大。实际工程中的控制系统，大多数都是衰减振荡过程。因此，研究二阶系统最重要的是研究 $0 < \xi < 1$，即欠阻尼的情况。下面根据图 3 - 5 所示性能指标的定义，推导欠阻尼情况下，二阶系统各项性能指标的计算公式。

1. 上升时间 t_r

根据 t_r 的定义，有

$$c(t_r) = 1 - \frac{\mathrm{e}^{-\xi \omega_n t_r}}{\sqrt{1 - \xi^2}} \sin(\omega_d t_r + \varphi) = 1$$

由于 $\mathrm{e}^{-\xi \omega_n t_r} \neq 0$，所以

$$\sin(\omega_d t_r + \varphi) = 0$$

于是

$$\omega_d t_r + \varphi = n\pi$$

取 $n=1$，得

$$t_r = \frac{\pi - \varphi}{\omega_d}$$

2. 峰值时间 t_p

根据 t_p 的定义，可采用求极值的方法来求取 t_p。

$$\frac{dc(t_p)}{dt} = \frac{d}{dt}\left[1 - \frac{e^{-\xi\omega_n t_p}}{\sqrt{1-\xi^2}} \sin(\omega_d t_p + \varphi)\right]$$

$$= \frac{\xi\omega_n}{\sqrt{1-\xi^2}} e^{-\xi\omega_n t_p} \sin(\omega_d t_p + \varphi) - \frac{\omega_d}{\sqrt{1-\xi^2}} e^{-\xi\omega_n t} \cos(\omega_d t_p + \varphi) = 0$$

整理上式可得

$$\frac{\xi}{\sqrt{1-\xi^2}} \sin(\omega_d t_p + \varphi) = \cos(\omega_d t_p + \varphi)$$

则

$$\tan(\omega_d t_p + \varphi) = \frac{\sqrt{1-\xi^2}}{\xi}$$

取反正切得

$$\omega_d t_p + \varphi = \arctan\frac{\sqrt{1-\xi^2}}{\xi} + n\pi$$

那么

$$\omega_d t_p = n\pi \quad (n = 0, 1, 2, \cdots, n)$$

因为峰值时间定义在第一个峰值，所以 $n=1$，因此

$$t_p = \frac{\pi}{\omega_d}$$

3. 最大超调量 $\sigma\%$

因为最大超调量 $\sigma\%$ 发生在峰值时间上，所以根据最大超调量 $\sigma\%$ 的定义，将 $t_p = \pi/\omega_d$ 代入二阶系统欠阻尼时的响应式中，可得

$$\sigma\% = -\frac{e^{-\xi\omega_n\left(\frac{\pi}{\omega_d}\right)}}{\sqrt{1-\xi^2}} \sin(\pi + \varphi) = e^{-\frac{\xi\pi}{\sqrt{1-\xi^2}}} \times 100\%$$

由上式可见，最大超调量 $\sigma\%$ 仅与阻尼比 ξ 有关，ξ 越大，$\sigma\%$ 越小。

4. 调整时间 t_s

用近似的方法求取调整时间，即以 $c(t)$ 的包络线进入允许误差带来近似求取调整时间。

按进入 5% 误差带计算，有

$$\frac{e^{-\xi\omega_n t_s}}{\sqrt{1-\xi^2}} = 5\%$$

则

$$t_s = \frac{-\ln 0.05 - \ln \sqrt{1-\xi^2}}{\xi\omega_n}$$

当 ξ 较小时，有

$$t_s \approx \frac{-\ln 0.05}{\xi\omega_n} \approx \frac{3}{\xi\omega_n}$$

同理，若欠阻尼二阶系统进入 $\pm 2\%$ 的误差范围，则

$$t_s \approx \frac{4}{\xi\omega_n}$$

3.5　稳态性能的时域分析

　　控制系统在输入信号作用下，其输出量一般都包含着两个分量，一个是稳态分量，另一个是暂态分量。暂态分量反映了控制系统的动态性能。对于稳定的系统，暂态分量随着时间的推移，将逐渐减小并最终趋向于零。稳态分量反映系统的稳态性能，即反映控制系统跟踪输入信号和抑制扰动信号的能力和准确度。稳态性能的优劣一般是根据系统反应某些典型输入信号的稳态误差来评价的。稳态误差始终存在于系统的稳态工作状态之中，一般说来，系统长时间的工作状态是稳态，因此在设计系统时，除了首先要保证系统能稳定运行外，其次就是要求系统的稳态误差小于规定的允许值。

3.5.1　系统误差与稳态误差

　　以图 3-20 所示的典型系统来说明系统误差的概念。

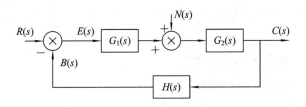

图 3-20　典型系统框图

　　系统误差一般定义为期望值与实际值之差，用 $e(t)$ 表示。理论上既可从输出端定义系统误差，也可从输入端定义系统误差。但由于系统的输出量形式复杂，数值很大并且难以测量，因此通常在输入端定义系统误差，即

$$e(t) = r(t) - b(t)$$

　　在上式中，希望值就是输入信号 $r(t)$，而实际值为反馈量 $b(t)$。通常 $H(s)$ 是测量装置的传递函数，因此这里的误差 $e(t)$，就是测量装置的输出 $b(t)$ 与输入信号 $r(t)$ 之差。当反馈通道 $H(s)=1$，即单位反馈时，则定义为：$e(t)=r(t)-c(t)$。

　　对误差的定义式取拉氏变换，得

$$E(s) = R(s) - B(s) = R(s) - H(s)C(s)$$

　　输入信号 $r(t)$ 引起的误差称为跟随误差 $e_r(t)$，扰动信号 $n(t)$ 引起的误差称为扰动误差 $e_n(t)$。对于线性系统，系统的总误差应为跟随误差和扰动误差的代数和，即

$$e(t) = e_r(t) + e_n(t)$$

其拉氏变换式为

$$E(s) = E_r(s) + E_n(s)$$

根据第 2 章研究过的控制系统的传递函数，系统误差的计算式为

$$E(s) = \Phi_{er}(s)R(s) + \Phi_{en}(s)N(s)$$

$$= \frac{1}{1 + G_1(s)G_2(s)H(s)}R(s) + \frac{-G_2(s)H(s)}{1 + G_1(s)G_2(s)H(s)}N(s)$$

则

$$e(t) = L^{-1}\left[E(s)\right]$$

对稳定的系统，当 $t \to \infty$ 时，$e(t)$ 的极限值即为稳态误差 e_{ss}，用数学式表示为

$$e_{ss} = \lim_{t \to \infty} e(t)$$

3.5.2　稳态误差的计算

利用拉氏变换的终值定理计算稳态误差，有

$$e_{ss} = \lim_{t \to \infty} e(t) = \lim_{s \to 0} sE(s)$$

所以，系统稳态误差的计算式为

$$e_{ss} = \lim_{s \to 0} sE(s) = \lim_{s \to 0} s\Phi_{er}(s)R(s) + \lim_{s \to 0} s\Phi_{en}(s)N(s)$$

$$= \lim_{s \to 0} s \cdot \frac{1}{1 + G_1(s)G_2(s)H(s)} \cdot R(s) + \lim_{s \to 0} s \cdot \frac{-G_2(s)H(s)}{1 + G_1(s)G_2(s)H(s)} \cdot N(s)$$

$$= e_{ssr} + e_{ssn}$$

式中，e_{ssr} 为 $r(t)$ 引起的系统稳态误差，称跟随稳态误差；e_{ssn} 为 $n(t)$ 引起的系统稳态误差，称扰动稳态误差。

1. 输入信号 $r(t)$ 作用下的稳态误差

设系统开环传递函数的一般表达式为

$$G(s)H(s) = \frac{K\prod_{i=1}^{m}(\tau_i s + 1)}{s^v \prod_{j=1}^{n-v}(T_j s + 1)} \qquad n \geqslant m$$

式中，v 为积分环节的个数，工程上称为系统的型别，或无静差度。

若 $v=0$，称为 0 型系统（又称零阶无静差）；若 $v=1$，称为 I 型系统（又称一阶无静差）；若 $v=2$，称为 II 型系统（又称二阶无静差）。

由于含有两个以上积分环节的系统不易稳定，所以很少采用 II 型以上的系统。

不同类型系统，在不同输入信号作用下的稳态误差是不同的。下面分别加以研究。

1）输入为阶跃信号

设 $r(t) = r_0 \cdot 1(t)$，r_0 为常数，表示阶跃量的大小，则

$$R(s) = \frac{r_0}{s}$$

所以

$$e_{\mathrm{ssr}} = \lim_{s \to 0} s \cdot \frac{1}{1 + G_1(s)G_2(s)H(s)} \cdot R(s) = \lim_{s \to 0} s \cdot \frac{1}{1 + G(s)H(s)} \cdot \frac{r_0}{s}$$

$$= \lim_{s \to 0} \frac{r_0}{1 + G(s)H(s)} = \frac{r_0}{1 + K_p}$$

式中，$K_p = \lim_{s \to 0} G(s)H(s) = \lim_{s \to 0} \frac{r_0}{s^v}$，$K_p$ 称为静态位置误差系数。

对于 0 型系统：$K_p = K$，$e_{\mathrm{ssr}} = \dfrac{r_0}{1 + K}$；对于 I 型系统：$K_p = \infty$，$e_{\mathrm{ssr}} = 0$；对于 II 型系统：$K_p = \infty$，$e_{\mathrm{ssr}} = 0$。

由此可知，0 型系统对阶跃输入信号的响应存在误差，增大开环放大倍数 K，可减小系统的稳态误差。若要使系统对阶跃信号的响应没有误差，则系统至少要有一个积分环节。

2）输入为斜坡信号

设 $r(t) = V_0 t \cdot 1(t)$，V_0 为速度系数，则

$$R(s) = \frac{V_0}{s^2}$$

所以

$$e_{\mathrm{ssr}} = \lim_{s \to 0} s \cdot \frac{1}{1 + G_1(s)G_2(s)H(s)} \cdot R(s) = \lim_{s \to 0} s \cdot \frac{1}{1 + G(s)H(s)} \cdot \frac{V_0}{s^2}$$

$$= \lim_{s \to 0} \frac{V_0}{sG(s)H(s)} = \frac{V_0}{K_v}$$

式中，$K_v = \lim_{s \to 0} sG(s)H(s) = \lim_{s \to 0} \frac{V_0}{s^{v-1}}$，$K_v$ 称为静态速度误差系数。

对于 0 型系统：$K_v = 0$，$e_{\mathrm{ssr}} = \infty$；对于 I 型系统：$K_v = K$，$e_{\mathrm{ssr}} = \dfrac{V_0}{K}$；对于 II 型系统：$K_v = \infty$，$e_{\mathrm{ssr}} = 0$。

由此可知，0 型系统不能正常跟踪斜坡输入信号；I 型系统可以跟踪斜坡输入信号，但是存在稳态误差，增大开环放大倍数 K，可减小系统的稳态误差；若要使系统对斜坡信号的响应没有误差，则系统至少要有两个积分环节。

3）输入为等加速度信号

设 $r(t) = \dfrac{1}{2} a_0 t^2 \cdot 1(t)$，$a_0$ 为加速度常数，则

$$R(s) = \frac{a_0}{s^3}$$

所以

$$e_{\mathrm{ssr}} = \lim_{s \to 0} s \cdot \frac{1}{1 + G_1(s)G_2(s)H(s)} \cdot R(s) = \lim_{s \to 0} s \cdot \frac{1}{1 + G(s)H(s)} \cdot \frac{a_0}{s^3}$$

$$= \lim_{s \to 0} \frac{a_0}{s^2 G(s)H(s)} = \frac{a_0}{K_a}$$

式中，$K_a = \lim_{s \to 0} s^2 G(s) H(s) = \lim_{s \to 0} \dfrac{a_0}{s^{v-2}}$，$K_a$ 称为静态加速度误差系数。

对于 0 型系统：$K_a = 0$，$e_{ssr} = \infty$；对于 Ⅰ 型系统：$K_a = 0$，$e_{ssr} = \infty$；对于 Ⅱ 型系统：$K_a = K$，$e_{ssr} = \dfrac{a_0}{K}$。

由此可知，0 型、Ⅰ 型系统不能正常跟踪加速度输入信号；Ⅱ 型系统可以跟踪，但是存在稳态误差，增大开环放大倍数 K，可减小系统的稳态误差，若要使系统对加速度信号的响应没有误差，则系统至少要有三个积分环节。

误差系数与系统型别一样，从系统本身的结构特性上体现了系统消除稳态误差的能力，反映了系统跟踪典型输入信号的精度。表 3-1 列出了系统型别、静态误差系数和输入信号形式之间的关系。

表 3-1　输入信号作用下的稳态误差

系统型别	静态误差系数			阶跃输入 $r(t) = r_0 \cdot 1(t)$	斜坡输入 $r(t) = V_0 t \cdot 1(t)$	加速度输入 $r(t) = \frac{1}{2} a_0 t^2 \cdot 1(t)$
	K_p	K_v	K_a	位置误差 $e_{ss} = \dfrac{r_0}{1+K_p}$	速度误差 $e_{ss} = \dfrac{V_0}{K_v}$	加速度误差 $e_{ss} = \dfrac{a_0}{K_a}$
0	K	0	0	$\dfrac{r_0}{1+K}$	∞	∞
Ⅰ	∞	K	0	0	$\dfrac{V_0}{K}$	∞
Ⅱ	∞	∞	K	0	0	$\dfrac{a_0}{K}$

例 10　已知某单位负反馈系统的开环传递函数为 $G(s) = \dfrac{20(s+2)}{s(s+4)(s+5)}$，当输入信号 $r(t) = 2 + 2t + t^2$ 时，试求系统的稳态误差。

解：首先判断系统的稳定性。

系统的特征方程为

$$D(s) = s(s+4)(s+5) + 20(s+2) = s^3 + 9s^2 + 40s + 40 = 0$$

列劳斯表

$$
\begin{array}{cc}
s^3 & 1 \quad\quad 40 \\
s^2 & 9 \quad\quad 40 \\
s^1 & \dfrac{320}{9} \\
s^0 & 40
\end{array}
$$

劳斯表第一列没有符号变化，故系统稳定。

因为系统开环传递函数中积分环节的个数为 1，所以系统为 Ⅰ 型系统，故 $K_p = \infty$，$K_v = K = 2$，$K_a = 0$。

由于输入信号是由阶跃、斜坡、加速度信号组成的复合信号，根据叠加原理，系统的总误差将是各个信号单独作用下的误差之和。因此，所求稳态误差为

$$e_{ss} = \frac{2}{1+K} + \frac{2}{K_v} + \frac{2}{K_a} = \frac{2}{1+\infty} + \frac{2}{2} + \frac{2}{0} = 0 + 1 + \infty = \infty$$

结果表明，该系统不能跟踪给定的复合信号。

2. 扰动信号 $n(t)$ 作用下的稳态误差

任何实际的系统都避免不了扰动信号的作用，诸如负载变化、电源波动都会影响系统的输出响应，使系统产生误差。实际上，扰动信号单独作用下的系统输出就是扰动误差。它的大小反映了系统的抗扰能力。

计算扰动信号 $N(s)$ 作用下的稳态误差时，可令 $R(s)=0$，因此有

$$E_n(s) = -\frac{G_2(s)H(s)}{1+G_1(s)G_2(s)H(s)}N(s)$$

根据终值定理，可求得在扰动作用下的稳态误差为

$$e_{ssn} = \lim_{s \to 0} sE_n(s) = -\lim_{s \to 0} \frac{sG_2(s)H(s)}{1+G_1(s)G_2(s)H(s)}N(s)$$

由于输入信号和扰动信号作用于系统的不同位置，因此即使系统对于某种形式输入信号作用的稳态误差为零，但对于同一形式的扰动信号作用，其稳态误差未必为零。

例 11　试求如图 3 - 21 所示系统的稳态误差。已知输入信号 $r(t)=t$，扰动信号 $n(t)=1(t)$。

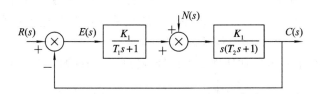

图 3 - 21　例题 3 - 8 图

解：因为

$$e_{ss} = e_{ssr} + e_{ssn}$$

其中

$$e_{ssr} = \lim_{s \to 0} s \cdot \frac{1}{1+G_1(s)G_2(s)H(s)} \cdot R(s) = \lim_{s \to 0} \frac{s}{1 + \dfrac{K_1 K_2}{s(T_1 s+1)(T_2 s+1)}} \cdot \frac{1}{s^2}$$

$$= \lim_{s \to 0} \frac{s(T_1 s+1)(T_2 s+1)}{s(T_1 s+1)(T_2 s+1) + K_1 K_2} \cdot \frac{1}{s} = \frac{1}{K_1 K_2}$$

$$e_{ssn} = -\lim_{s \to 0} \frac{sG_2(s)H(s)}{1+G_1(s)G_2(s)H(s)}N(s) = -\lim_{s \to 0} \frac{s\dfrac{K_2}{s(T_2 s+1)}}{1 + \dfrac{K_1 K_2}{s(T_1 s+1)(T_2 s+1)}} \cdot \frac{1}{s}$$

$$= -\lim_{s \to 0} \frac{K_2(T_1 s+1)}{s(T_1 s+1)(T_2 s+1) + K_1 K_2} = -\frac{1}{K_1}$$

所以

$$e_{ss} = e_{ssr} + e_{ssn} = \frac{1}{K_1 K_2} - \frac{1}{K_1} = \frac{1-K_2}{K_1 K_2}$$

3.5.3 稳态误差曲线的绘制

控制系统稳态误差曲线的绘制，是基于响应曲线的稳态值与期望值之差的。MATLAB 提供了用 step()函数来求解控制系统的单位阶跃响应。在单位阶跃信号作用下的输出响应，其稳态误差曲线应为阶跃响应 $c(t)$ 的稳态值与期望值 1 之差。另外几个最常用的信号，例如单位斜坡信号与等加速度信号作用下的系统稳态误差也可以按这个思路进行计算。

MATLAB 里没有求斜坡响应的函数，为了计算其稳态误差，可用 step()函数求系统的单位斜坡响应，其计算方法如下。

将系统闭环传递函数除以拉氏算子"s"，再使用 step()函数计算就得出系统单位斜坡响应。在 MATLAB 程序中，只要在系统闭环传递函数的分母多项式乘以"s"，或在闭环传递函数分母多项式数组最末位补一个"0"即可。另外，在绘制系统单位斜坡响应曲线时，还需绘制出单位斜坡输入信号的曲线，两者之差才是稳态误差。单位斜坡信号的曲线就是函数 $y=t$ 的曲线，很容易画出。

MATLAB 里也没有求等加速度信号输出响应的函数，为了计算其稳态误差，按照求斜坡响应的办法，还可用 step()函数求其系统的响应。

将系统闭环传递函数除以拉氏算子"s^2"，再使用 step()函数，求出的则是系统等加速度输入信号的响应。在 MATLAB 程序中，只要在系统闭环传递函数的分母多项式乘以"s^2"，或在其分母多项式数组最右端补两位"0"即可。

注意：还需在绘制系统等加速度输入信号响应曲线的同时，绘制出等加速度信号的曲线，两者之差才是稳态误差。等加速信号 $r(t) = \frac{1}{2}t^2$ 可用单位冲激函数 impulse()来绘制。

例 12 雷达跟踪系统采用单位负反馈控制方式，其开环传递函数为

$$G(s) = \frac{316.2(0.1s+1)}{s^2(0.01s+1)}$$

试利用 MATLAB 绘制出该系统的等加速信号输入响应及其稳态误差响应曲线，并计算其响应的稳态误差。

解：(1) 首先对系统判稳。根据已知条件，调用 roots()命令的程序如下：

```
n1=[31.62  316.2];
d1=conv([1  0  0],[0.01  1]);
s1=tf(n1,d1);
sys=feedback(s1,1);
roots(sys.den{1})
```

语句执行结果如下：

```
ans=

    -47.2088
    -31.5858
    -21.2054
```

系统闭环全部特征根的实部都是负值，说明闭环系统稳定。

（2）求系统等加速度信号输入响应与其稳态误差响应。

根据题目要求，调用 step() 及其相关函数命令的程序如下：

```
clear
n1=[31.62  316.2];    d1=conv([1  0  0],[0.01  1]);
s1=tf(n1,d1); sys=feedback(s1,1);
t=[0:0.001:0.4];
num1=sys.num{1};    den1=[sys.den{1},0,0];
sys1=tf(num1,den1); y1=step(sys1,t);
num2=1;    den2=[1  0  0];
sys2=tf(num2,den2);    y2=impulse(sys2,t);
subplot(121),plot(t,[y2  y1]),grid
subplot(122),es=y2-y1;
plot(t,es),grid
ess=es(length(es))
```

执行程序后的响应曲线和误差曲线如图 3-22 所示。

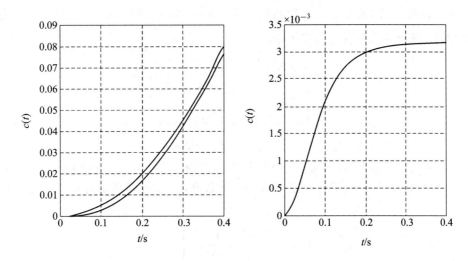

图 3-22　等加速度输入信号响应曲线与单位等加速度输入稳态误差响应曲线

由于题中给定系统为 Ⅱ 型系统，故等加速度信号响应的稳态误差应为

$$e_{ss} = \frac{1}{316.2} \approx 0.0032$$

程序运行的结果是 $e_{ss} = 0.0032$。

以上分析表明，可利用 MATLAB 方便地计算控制系统的稳态误差及绘制稳态误差曲线。

本 章 小 结

1. 时域分析是通过直接求解系统在典型输入信号作用下的时域响应来分析系统的性能的。通常是以系统阶跃响应的超调量、调节时间和稳态误差等性能指标来评价系统性能的优劣的。

2. 一阶系统和二阶系统是时域分析法重点分析的两类系统。一般的高阶系统的动态过程都可用一阶和二阶系统来近似处理。

3. 二阶系统在欠阻尼时的响应虽有振荡，但只要阻尼 ξ 取值适当（如 $\xi=0.707$ 左右），则系统既有响应的快速性，又有过渡过程的平稳性，因而在控制系统中常把二阶系统设计为欠阻尼。

4. 稳定是系统能正常工作的首要条件。线性定常系统的稳定是系统固有特性，它取决于系统的结构和参数，与外施信号的形式和大小无关。不用求根而能直接判断系统稳定性的方法，称为稳定判据。劳斯稳定判据只回答特征方程式的根在 s 平面上的分布情况，而不能确定根的具体数值。

5. 稳态误差是系统控制精度的度量，也是系统的一个重要性能指标。系统的稳态误差既与其结构和参数有关，也与控制信号的形式、大小和作用点有关。

习 题 3

3-1 如图 3-23 所示的某二阶系统，其中 $\xi=0.5$，$\omega_n=4\ \text{rad/s}$。当输入信号为单位阶跃信号时，试求系统的动态响应指标。

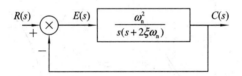

图 3-23 习题 3-1 某二阶系统方框图

3-2 如图 3-24 所示系统，在单位阶跃函数输入下，欲使系统的最大超调量等于 20%，峰值时间 $t_p=1\ \text{s}$，试确定增益 K 和 K_h 的数值，并求此时系统的上升时向 t_r 和调节时间 t_s。

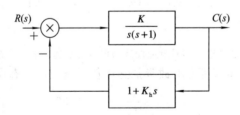

图 3-24 习题 3-2 系统框图

3-3 设系统的单位阶跃响应为

$$c(t) = 8(1 - e^{-0.3t})$$

试求系统的过渡过程时间。

3-4 闭环系统的特征方程如下，试用代数判据判断系统的稳定性。

(1) $s^3 + 20s^2 + 9s + 100 = 0$

(2) $s^4 + 2s^3 + 8s^2 + 4s + 3 = 0$

(3) $s^5 + 12s^4 + 44s^3 + 48s^2 + 5s + 1 = 0$

3-5　系统的结构如图 3-25 所示。求当 $n_1(t) = n_2(t) = 1(t)$ 时，系统的稳态误差。

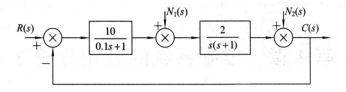

图 3-25　习题 3-5 图

3-6　设系统结构如图 3-26 所示，其中

$$G_1(s) = \frac{10}{s+5}, \quad G_2(s) = \frac{5}{3s+1}, \quad H(s) = \frac{2}{s}$$

又设

$$r(t) = 2t, \quad n(t) = 0.5 \times 1(t)$$

求系统的稳态误差。

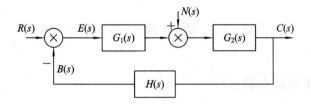

图 3-26　习题 3-6 图

第4章　控制系统的频域分析法

频域分析法是通过系统开环频率特性的图形来分析闭环系统性能的方法，是控制理论中常用的一种图解分析法。频率特性可由微分方程或传递函数求得，还可以通过实验方法得到，对于某些难以采用分析法写出系统动态模型的控制系统，具有很大的实用意义。本章将介绍频率特性的基本概念、典型环节的伯德图、控制系统开环频率特性的绘制、控制系统稳定性和动态性能的频域分析以及 MATLAB 仿真等。

4.1　频率特性的概念

4.1.1　频率特性的基本概念

频率特性又称频率响应，是控制系统对不同频率正弦输入信号的响应特性。

设某控制系统结构图如图 4-1 所示。若在该系统的输入端加上一正弦信号 $r(t) = A\sin\omega t$，如图 4-2(a)所示，则其输出响应为 $c(t) = MA\sin(\omega t + \varphi)$，即振幅增加了 M 倍，相位超前了 φ 角。响应曲线如图 4-2(b)所示。

图 4-1　系统结构图

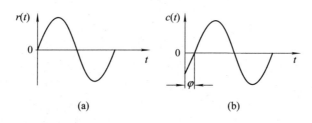

(a)　　　　　　　　　　(b)

图 4-2　线性系统的输入输出曲线

这些特性表明，当线性系统输入信号为正弦量时，其稳态输出信号也将是同频率的正弦量，只是其幅值和相位均不同于输入量，并且其幅值和相位都是频率 ω 的函数。对于一个稳定的线性系统，其输出量的幅值与输入量的幅值对频率 ω 的变化称幅值频率特性，用 $A(\omega)$ 表示；其输出相位与输入相位对频率 ω 的变化称相位频率特性，用 $\varphi(\omega)$ 表示。两者统称为频率特性。

对于线性定常系统，也可定义系统的稳态输出量与输入量的幅值之比为幅频特性；定义输出量与输入量的相位差为相频特性。即

幅值频率特性：$A(\omega) = |G(j\omega)|$

相位频率特性：$\varphi(\omega) = \angle G(j\omega)$

将幅值频率特性和相位频率特性两者写在一起，可得频率特性或幅相频率特性为

$$G(j\omega) = A(\omega)e^{j\varphi(\omega)} = |G(j\omega)|e^{j\angle G(j\omega)}$$

频率特性是一个复数，可以表示为指数、直角坐标和极坐标等几种形式。频率特性的几种表示方法如下：

$$G(j\omega) = U(\omega) + jV(\omega) \qquad (直角坐标表示式)$$
$$= |G(j\omega)|e^{j\angle G(j\omega)} \qquad (极坐标表示式)$$
$$= A(\omega)e^{j\varphi(\omega)} \qquad (指数表示式)$$

上式中，$U(\omega)$ 称为实频特性；$V(\omega)$ 称为虚频特性；$A(\omega)$ 称为幅频特性；$\varphi(\omega)$ 称为相频特性；$G(j\omega)$ 称为幅相频率特性。其中：

$$A(\omega) = |G(j\omega)| = \sqrt{U^2(\omega) + V^2(\omega)}$$

$$\varphi(\omega) = \angle G(j\omega) = \arctan\frac{V(\omega)}{U(\omega)}$$

4.1.2　由传递函数求频率特性

对于同一系统（或元件），频率特性与传递函数之间存在着确切的对应关系。若系统（或元件）的传递函数为 $G(s)$，则其频率特性为 $G(j\omega)$。也就是说，只要将传递函数中的复变量 s 用纯虚数 $j\omega$ 代替，就可以得到频率特性。即

$$G(s)\big|_{s=j\omega} = G(j\omega)$$

例 1　已知 RC 电路的传递函数为 $G(s) = \dfrac{1}{RCs+1}$，求该电路的频率特性。

解：令 $RC=T$，可得 $G(s) = \dfrac{1}{Ts+1}$

令 $s=j\omega$，则频率特性为

$$G(j\omega) = \frac{1}{j\omega T + 1} = \frac{1}{1 + (\omega T)^2} - j\frac{\omega T}{1 + (\omega T)^2}$$

幅值频率特性为

$$A(\omega) = |G(j\omega)| = \frac{1}{\sqrt{1 + (\omega T)^2}}$$

相位频率特性为

$$\varphi(\omega) = \angle G(j\omega) = -\arctan\omega T$$

4.1.3　频率特性的几点说明

① 频率特性只适用于线性系统，且在假定线性微分方程是稳定的条件下推导出来的。

② 频率特性包含了系统或元部件的全部结构和参数。

③ 频率特性和微分方程及传递函数一样，也是系统或元件的动态数学模型。

④ 利用频率特性法可以根据系统的开环频率特性分析闭环系统的性能。

⑤ 频率特性可以通过实验的方法测得。

4.1.4 频率特性的图形表示方法

1. 幅相频率特性曲线

幅相频率特性曲线又称为极坐标图或奈魁斯特(Nyquist)曲线。它是根据频率特性的表达式 $G(j\omega) = |G(j\omega)| \cdot e^{\angle G(j\omega)} = A(\omega)\angle\varphi(\omega) = A(\omega)e^{j\varphi(\omega)}$，计算出当 ω 从 $0\rightarrow\infty$ 变化时，对应于每一个 ω 值的幅值 $A(\omega)$ 和相位 $\varphi(\omega)$，将 $A(\omega)$ 和 $\varphi(\omega)$ 同时表示在复平面上所得到的图形。惯性环节的幅相频率特性曲线如图 4-3 所示。

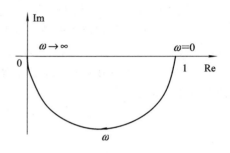

图 4-3 惯性环节的幅相频率特性曲线

2. 对数频率特性曲线

对数频率特性曲线又称为伯德(Bode)图，由对数幅频特性和对数相频特性曲线两部分组成。在介绍对数频率特性曲线之前，先给出对数频率特性的定义。

1) 对数频率特性的定义

将幅频 $A(\omega)$ 取常用对数后再乘以 20，称之为对数幅频特性 $20\lg A(\omega)$，用 $L(\omega)$ 表示。

$$\begin{cases} L(\omega) = 20\lg A(\omega) = 20\lg|G(j\omega)| \\ \varphi(\omega) \end{cases}$$

2) 伯德图

对数幅相特性曲线的纵轴为 $L(\omega)$，以等分坐标来标定，单位为分贝(dB)，其值为 $20\lg A(\omega)$。

对数幅频特性曲线的横轴标为 ω，但实际表示的是 $\lg\omega$。$\lg\omega$ 和 ω 间存在如下关系：$\lg\omega$ 每变化一个单位长度，ω 将变化 10 倍(称为十倍频程，记为 dec)。横轴对 $\lg\omega$ 是等分的，对 ω 是对数的(不均匀的)，两者的对应关系见图 4-4 的横轴对照表。例如 $\omega=1$，对应 $\lg\omega=0$；$\omega=10$，对应 $\lg\omega=1$……

$L(\omega)$ 和 $A(\omega)$ 的对应关系如图 4-4 所示。

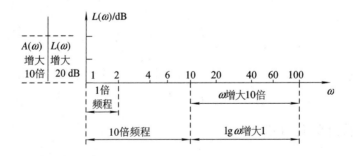

图 4-4 伯德图的横坐标和纵坐标

4.2 典型环节的伯德图

4.2.1 比例环节

比例环节又称放大环节,其传递函数为

$$G(s) = K$$

则频率特性

$$G(\mathrm{j}\omega) = K$$

对数频率特性

$$\begin{cases} L(\omega) = 20\lg K(\mathrm{dB}) \\ \varphi(\omega) = 0° \end{cases}$$

根据对数频率特性可知,比例环节的对数幅频特性 $L(\omega)$ 是高度为 $20\lg K$ 的水平直线;对数相频特性 $\varphi(\omega)$ 为与横轴重合的水平直线。其对数频率特性曲线如图 4-5 所示。任何一个环节的传递函数若多乘一个常数 K(相当于串联一个比例环节),则 $L(\omega)$ 曲线只需要上($K>0$)、下($K<0$)平移 $20\lg K(\mathrm{dB})$ 值,对 $\varphi(\omega)$ 曲线无影响。

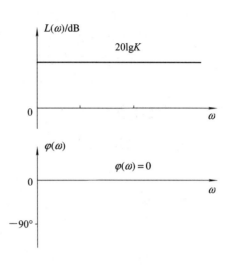

图 4-5 比例环节的伯德图

4.2.2 积分环节

积分环节的传递函数为

$$G(s) = \frac{1}{s}$$

其频率特性为

$$G(\mathrm{j}\omega) = \frac{1}{\mathrm{j}\omega}$$

对数频率特性为

$$\begin{cases} L(\omega) = 20\lg \dfrac{1}{\omega} = -20\lg\omega(\mathrm{dB}) \\ \varphi(\omega) = -\dfrac{\pi}{2} = -90° \end{cases}$$

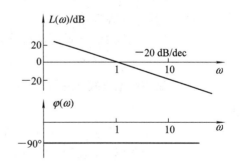

图 4-6 积分环节的伯德图

由对数频率特性可知,积分环节的对数幅频特性 $L(\omega)$ 为斜率是 $-20\ \mathrm{dB/dec}$ 的斜直线;对数相频特性 $\varphi(\omega)$ 为一条 $-90°$ 的水平直线。其伯德图如图 4-6 所示。

4.2.3 微分环节

微分环节的传递函数为

$$G(s) = s$$

频率特性为

$$G(j\omega) = j\omega$$

对数频率特性为

$$
\begin{cases}
L(\omega) = 20\ \lg\omega\ (\text{dB}) \\
\varphi(\omega) = \dfrac{\pi}{2} = 90°
\end{cases}
$$

微分环节的对数频率特性与积分环节相比，两者仅差一个负号，可知微分环节的对数频率特性曲线与积分环节的对数频率特性曲线关于横轴对称。所以微分环节的对数幅频特性曲线为斜率是 $+20$ dB/dec 的斜直线；对数相频特性 $\varphi(\omega)$ 为一条 $+90°$ 水平直线。伯德图如图 4-7 所示。

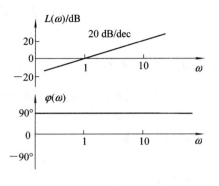

图 4-7 微分环节的伯德图

4.2.4 惯性环节

惯性环节的传递函数为

$$G(s) = \frac{1}{Ts+1}$$

频率特性为

$$G(j\omega) = \frac{1}{jT\omega+1}$$

对数频率特性为

$$
\begin{cases}
L(\omega) = 20\ \lg\dfrac{1}{\sqrt{T^2\omega^2+1}} = -20\ \lg\sqrt{T^2\omega^2+1} \\
\varphi(\omega) = -\arctan T\omega
\end{cases}
$$

由此可以看出惯性环节的对数幅频特性是一条曲线，若逐点描绘将很繁琐，通常采用近似的绘制方法。方法如下：

① 先绘制低频渐近线：低频渐近线是指当 $\omega\to 0$ 时的 $L(\omega)$ 图形（一般认为 $\omega\ll 1/T$）。此时有 $L(\omega) = -20\ \lg\sqrt{T^2\omega^2+1} \approx -20\ \lg 1 = 0$，因此惯性环节的低频渐近线为零分贝线。

② 再绘制高频渐近线：高频渐近线是指当 $\omega\to\infty$ 时的 $L(\omega)$ 图形（一般认为 $\omega\gg 1/T$）。此时有 $L(\omega) = -20\ \lg\sqrt{T^2\omega^2+1} \approx -20\ \lg T\omega$，因此惯性环节的高频渐近线为在 $\omega=1/T$ 处过零分贝线的、斜率为 -20 dB/dec 的斜直线。

③ 计算交接频率：交接频率是指高、低频渐近线交接处的频率。高、低频渐近线的幅值均为零时，$\omega=1/T$，因此交接频率为 $\omega=1/T$。

④ 计算修正量（又称误差）：以渐近线近似表示 $L(\omega)$，必然存在误差，分析表明，其最大误差发生在交接频率 $\omega=1/T$ 处。在该频率处 $L(\omega)$ 的实际值为 $L(\omega)\big|_{\omega=1/T} = -20\ \lg\sqrt{T^2\omega^2+1}\big|_{\omega=1/T} = -20\ \lg\sqrt{2} = -3.03$ dB。

所以其最大误差（亦即最大修正量）约为 -3 dB。由此可见，若以渐近线取代实际曲线，引起的误差是不大的。

综上所述，惯性环节的对数幅频特性曲线可用两条渐近线近似，低频部分为零分贝线，高频部分为斜率为 -20 dB/dec 的斜直线，两条直线相交于 $\omega=1/T$ 的地方。

惯性环节的对数相频特性曲线也采用近似的作图方法。当 $\omega \to 0$ 时，$\varphi(\omega) \to 0$，因此，其低频渐近线为 $\varphi(\omega) = 0$ 的水平线；当 $\omega \to \infty$ 时，$\varphi(\omega) = -\arctan T\omega \to -\pi/2$，因此，其高频渐近线为 $\varphi(\omega) = -\pi/2$ 水平线；当 $\omega = 1/T$ 时，$\varphi(\omega) = \arctan T\omega \big|_{\omega=\frac{1}{T}} = -\frac{\pi}{4} = -45°$。

惯性环节的伯德图如图 4-8 所示。

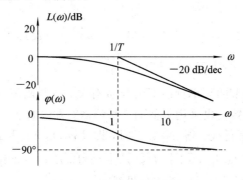

图 4-8　惯性环节的伯德图

4.2.5　一阶微分环节

传递函数为

$$G(s) = \tau s + 1$$

频率特性为

$$G(j\omega) = j\tau\omega + 1$$

对数频率特性为

$$\begin{cases} L(\omega) = 20 \lg \sqrt{\tau^2\omega^2 + 1} \\ \varphi(\omega) = \arctan\tau\omega \end{cases}$$

一阶微分环节与惯性环节的对数幅频特性和对数相频特性仅相差一个负号，这意味着它们的图形也是对称于横轴的。因而，可采用绘制惯性环节对数频率特性的方法，绘制出一阶微分环节的对数频率特性曲线，如图 4-9 所示。

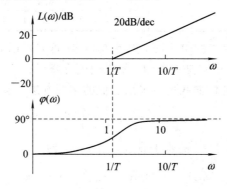

图 4-9　一阶微分环节的伯德图

4.2.6　振荡环节

振荡环节的传递函数为

$$G(s) = \frac{1}{T^2 s^2 + 2\xi T s + 1}$$

频率特性为

$$G(s) = \frac{1}{T^2 (j\omega)^2 + 2\xi T(j\omega) + 1}$$

对数频率特性为

$$
\begin{cases}
L(\omega) = -20\lg \sqrt{(1 - T^2\omega^2)^2 + (2\xi T\omega)^2} \\
\varphi(\omega) = -\arctan \dfrac{2\xi T\omega}{1 - T^2\omega^2}
\end{cases}
$$

由上式可见，振荡环节的频率特性不仅与 ω 有关，还与阻尼比 ξ 有关。同惯性环节一样，振荡环节的对数幅频特性也采用近似的方法绘制。方法如下。

① 首先求出其低频渐近线：当 $\omega \ll 1/T$ 时，即 $T\omega \ll 1$，$1 - T^2\omega^2 \approx 1$，于是

$$L(\omega) = -20\lg \sqrt{(1 - T^2\omega^2)^2 + (2\xi T\omega)^2} \approx -20\lg\sqrt{1} = 0$$

振荡环节的 $L(\omega)$ 的低频渐近线是一条零分贝线。

② 再求出其高频渐近线：当 $\omega \gg 1/T$ 时，即 $T\omega \gg 1$，$1 - T^2\omega^2 \approx -T^2\omega^2$，于是

$$L(\omega) = -20\lg \sqrt{(1 - T^2\omega^2)^2 + (2\xi T\omega)^2} \approx -20\lg \sqrt{(T^2\omega^2)[T^2\omega^2 + (2\xi)^2]}$$

当 $T\omega \gg 1$，且 $0 < \xi < 1$ 时，显然，$T\omega \gg 2\xi$，$[T\omega^2 + (2\xi)^2] \approx T^2\omega^2$。于是

$$L(\omega) \approx -20\lg \sqrt{(T^2\omega^2)^2} = -40\lg T\omega$$

可见，振荡环节的 $L(\omega)$ 的高频渐近线是一条在 $\omega = 1/T$ 处过零分贝线的、斜率为 $-40\ \text{dB/dec}$ 的斜直线。

③ 计算交接频率：当 $\omega = 1/T$，高、低频渐近线的 $L(\omega)$ 均为零，即两直线在此相接。

④ 修正量：当 $\omega = 1/T$ 时，$L(\omega) = -20\lg \sqrt{(2\xi)^2} = -20\lg(2\xi)$。

由此可见，在 $\omega = 1/T$ 时，$L(\omega)$ 的实际值与阻尼系数 ξ 有关。$L(\omega)$ 在 $\omega = 1/T$ 时的实际值见表 4-1。

表 4-1　振荡环节对数幅频特性最大误差和 ξ 的关系

ξ	0.1	0.15	0.2	0.25	0.3	0.4	0.5	0.6	0.7	0.8	1.0
最大误差	+14.0	+10.4	+8	+6	+4.4	+2.0	0	-1.6	-3.0	-4.0	-6.0

由表 4-1 可知，当 $0.4 < \xi < 0.7$ 时，误差 $< 3\ \text{dB}$，这时可以允许不对渐近线进行修正。但当 $\xi < 0.4$ 或 $\xi > 0.7$ 时，误差是很大的，就必须进行修正。

振荡环节的对数相频特性曲线也可采用近似的作图方法。当 $\omega = 0$ 时

$$\varphi(\omega) = \arctan \frac{-2\xi T\omega}{1 - T^2\omega^2} = 0$$

即其低频渐近线是一条 $\varphi(\omega) = 0$ 的水平直线；当 $\omega \to \infty$ 时

$$\varphi(\omega) = \arctan \frac{-2\xi T\omega}{1 - T^2\omega^2} \to (-\pi)$$

即其高频渐近线是一条 $\varphi(\omega) = -\pi = -180°$ 的水平直线；当 $\omega = 1/T$ 时

$$\varphi(\omega) = \arctan \frac{-2\xi T\omega}{1 - T^2\omega^2} = -\frac{\pi}{2} = -90°$$

振荡环节的伯德图如图 4-10 所示。

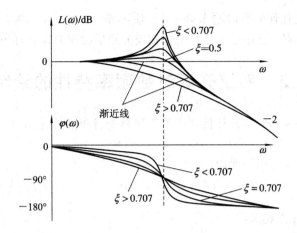

图 4-10 振荡环节的伯德图

4.2.7 一阶不稳定环节

传递函数为

$$G(s) = \frac{1}{Ts-1}$$

频率特性为

$$G(\mathrm{j}\omega) = \frac{1}{T\mathrm{j}\omega - 1}$$

对数频率特性为

$$\begin{cases} L(\omega) = 20\lg A(\omega) = -20\lg \sqrt{(T\omega)^2 + 1} \\ \varphi(\omega) = -\arctan \dfrac{T\omega}{-1} \end{cases}$$

由上式可知，其对数幅频特性与惯性环节的对数幅频特性完全相同，但相频特性大不一样，当 ω 由 $0 \to \infty$ 时，一阶不稳定环节的相频特性由 $-\pi$ 趋向 $-\pi/2$。伯德图如图 4-11 所示。

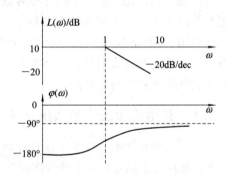

图 4-11 一阶不稳定环节的伯德图

4.2.8 延迟环节

延迟环节的传递函数为

$$G(s) = \mathrm{e}^{-\tau s}$$

式中，τ 为延迟时间。

频率特性为

$$G(\mathrm{j}\omega) = \mathrm{e}^{-\mathrm{j}\tau\omega}$$

对数频率特性为

$$\begin{cases} L(\omega) = 20\lg A(\omega) = 20\lg 1 = 0 \text{ dB} \\ \varphi(\omega) = -\tau\omega(\mathrm{rad}) \end{cases}$$

延迟环节伯德图如图 4-12 所示，延迟环

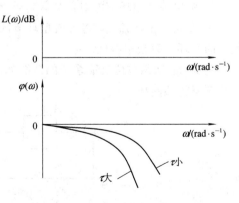

图 4-12 延迟环节伯德图

节可以不失真的复现任何频率的输入信号，但输出滞后于输入，τ 越大，则滞后角 $\varphi(\omega)$ 就越大，对控制系统不利。因此要尽量避免含有较大滞后时间的延迟环节。

4.3　系统开环对数频率特性的绘制

对于单位负反馈系统，其开环传递函数为回路中各串联传递函数的乘积，即

$$G(s) = G_1(s)G_2(s)\cdots G_n(s)$$

以 $j\omega$ 代替 s，则其开环频率特性为

$$G(j\omega) = G_1(j\omega)G_2(j\omega)\cdots G_n(j\omega) = A_1(\omega)e^{j\varphi_1(\omega)}A_2(\omega)e^{j\varphi_2(\omega)}\cdots A_n(\omega)e^{j\varphi_n(\omega)}$$

$$= \prod_{i=1}^{n}A_i(\omega) \cdot e^{j\sum_{i=1}^{n}\varphi_i(\omega)}$$

所以，系统的幅频特性 $A(\omega) = \prod_{i=1}^{n}A_i(\omega)$；相频特性 $\varphi(\omega) = \sum_{i=1}^{n}\varphi_i(\omega)$。故系统的对数幅频特性为

$$L(\omega) = 20\lg A(\omega) = 20\lg\prod_{i=1}^{n}A_i(\omega) = \sum_{i=1}^{n}20\lg A_i(\omega)$$

由此可以看出，系统总的开环对数幅频特性等于各环节对数幅频特性之和；总的开环相频特性等于各环节相频特性之和。

运用"对数化"，变乘法为加法，且各典型环节的对数幅频特性可近似表示为直线，对数相频特性又具有奇对称性，再考虑到曲线的平移和互为镜像等特点，故系统的开环对数频率特性是比较容易绘制的。

4.3.1　利用叠加法绘制系统开环对数频率特性曲线

由上述分析表明，串联环节的对数频率特性，为各串联环节的对数频率特性的叠加。因此，叠加法绘制对数频率特性图的步骤如下：

① 首先写出系统的开环传递函数；

② 将开环传递函数写成各个典型环节乘积的形式；

③ 画出各典型环节的对数幅频特性和相频特性曲线；

④ 在同一坐标轴下，将各典型环节的对数幅频特性和相频特性曲线相叠加，即可得到系统的开环对数频率特性。

例 2　已知某单位反馈系统的框图如图 4-13 所示，试利用叠加法绘制该系统的开环对数频率特性曲线。

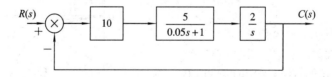

图 4-13　某单位反馈系统框图

解：由图 4-13 可见，系统的开环传递函数为

$$G(s) = 10 \times \frac{5}{0.05s+1} \times \frac{2}{s} = \frac{100}{s(0.05s+1)}$$

由上式可见,该系统包含有三个典型环节,分别为

比例环节

$$G_1(s) = 100$$

积分环节

$$G_2(s) = \frac{1}{s}$$

惯性环节

$$G_3(s) = \frac{1}{0.05s+1}$$

先分别绘制出以上三个典型环节的对数幅频特性曲线和对数相频特性曲线,如图 4-14 中的①②③所示,然后,将以上环节的幅频和相频特性曲线相叠加,即可得到系统的开环对数频率特性曲线,如图 4-14 中的 $L(\omega)$ 和 $\varphi(\omega)$ 所示。

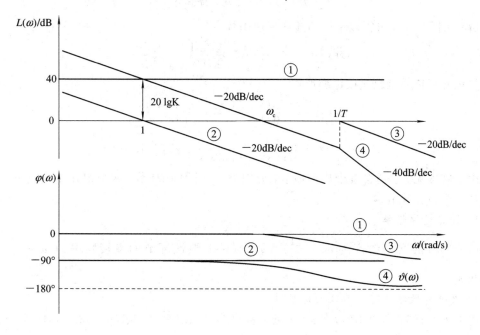

图 4-14　例 2 的对数频率特性曲线

4.3.2　对数频率特性曲线的简便画法

利用叠加法绘制系统开环对数频率特性图时,要先绘制出典型环节的对数频率特性,再进行叠加,比较麻烦。

下面介绍一种简便画法,其步骤如下:

① 根据系统的开环传递函数分析系统是由哪些典型环节串联组成的,将这些典型环节的传递函数都化成标准形式。

② 计算各典型环节的交接频率,将各交接频率按由小到大的顺序进行排列。

③ 根据比例环节的 K 值,计算 $20\lg K$。

④ 低频段，找到横坐标为 $\omega=1$、纵坐标为 $L(\omega)=20\lg K$ 的点，过该点作斜率为 $-\gamma 20\ \text{dB/dec}$ 的斜线，其中 γ 为积分环节的数目。

⑤ 从低频渐近线开始，每经过一个转折频率，按下列原则依次改变 $L(\omega)$ 的斜率。

经过惯性环节的交接频率，斜率减去 $20\ \text{dB/dec}$；

经过微分环节的交接频率，斜率增加 $20\ \text{dB/dec}$；

经过振荡环节的交接频率，斜率减去 $40\ \text{dB/dec}$。

如果需要，可对渐近线进行修正，以获得较精确的对数幅频特性曲线。

例 3 已知某随动系统框图如图 4-15 所示，试画出该系统的伯德图。

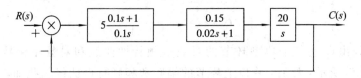

图 4-15　某随动系统框图

解：由图 4-15 可得该系统的开环传递函数为

$$G(s)=5\,\frac{0.1s+1}{0.1s}\times\frac{0.15}{0.02s+1}\times\frac{20}{s}$$

将该开环传递函数化成标准形式

$$G(s)=\frac{5\times0.15\times20}{0.1}\times\frac{0.1s+1}{s^2(0.02s+1)}$$

$$=150\times\frac{1}{s^2}\times\frac{1}{0.02s+1}\times(0.1s+1)$$

由上式可见，它包含五个典型环节，分别为：一个比例环节、两个积分环节、一个惯性环节和一个微分环节。

1）计算交接频率

微分环节的交接频率为 $\omega_1=\dfrac{1}{0.1}=10\ \text{rad/s}$；惯性环节的交接频率为 $\omega_2=\dfrac{1}{0.02}=50\ \text{rad/s}$。

2）绘制对数幅频特性曲线的低频段

由于 $K=150$，所以 $L(\omega)$ 在 $\omega=1$ 处的高度为 $20\lg K=20\lg150=43.2\ \text{dB}$；系统含有含两个积分环节，故其低频段斜率为 $2\times(-20\ \text{dB/dec})=-40\ \text{dB/dec}$。因此低频段的 $L(\omega)$ 为过点 $\omega=1$，$L(\omega)=43.2\ \text{dB}$，斜率为 $-40\ \text{dB/dec}$ 的斜线。

3）中、高频段对数幅频特性曲线的绘制

在 $\omega_1=10$ 处，遇到了微分环节，因此将对数幅频特性曲线的斜率增加 $20\ \text{dB/dec}$，即 $-40\ \text{dB/dec}+20\ \text{dB/dec}=-20\ \text{dB/dec}$，成为 $-20\ \text{dB/dec}$ 的斜线；在 $\omega_2=50$ 处，又遇到了惯性环节，则应将对数幅频特性曲线的斜率降低 $20\ \text{dB/dec}$，即 $-20\ \text{dB/dec}-20\ \text{dB/dec}=-40\ \text{dB/dec}$，于是 $L(\omega)$ 又成为斜率为 $-40\ \text{dB/dec}$ 的斜线。因此该系统的对数幅频特性如图 4-16(a)所示。

4）对数相频特性曲线的绘制

比例环节的相频特性为 $\varphi_1(\varphi)=0$；两个积分环节的相频特性为 $\varphi_2(\varphi)=-180°$；微分

环节的相频特性为 $\varphi_3(\omega) = \arctan 0.1\omega$，其低频段渐近线为 $\varphi(\omega) = 0$，高频渐近线为 $\varphi(\omega) = +90°$，在 $\omega = 10$ rad/s 处，$\varphi_3(\omega) = 45°$；惯性环节的相频特性为 $\varphi_4(\omega) = -\arctan 0.02\omega$，其低频段渐近线为 $\varphi(\omega) = 0$，高频渐近线为 $\varphi(\omega) = -90°$，在 $\omega = 50$ rad/s 处，$\varphi_4(\omega) = -45°$。以上环节的相频特性曲线分别如图 4 - 16 中的①②③④所示。该系统的对数相频特性 $\varphi(\omega)$ 为四者的叠加，即

$$\varphi(\omega) = \varphi_1(\omega) + \varphi_2(\omega) + \varphi_3(\omega) + \varphi_4(\omega)$$

故系统的相频特性曲线 $\varphi(\omega) = ① + ② + ③ + ④$ 图形的叠加，如图 4 - 16(b) 所示。

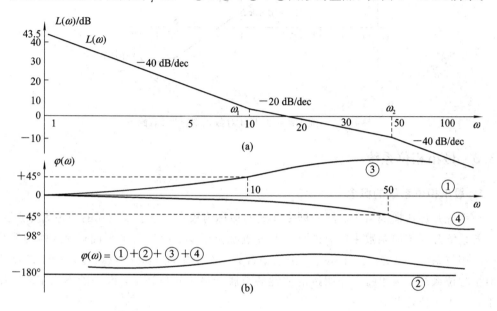

图 4 - 16 例 3 所示系统的开环对数频率特性(伯德图)

例 4 已知系统的开环传递函数为 $G(s) = \dfrac{10(0.2s+1)}{s(2s+1)}$，试绘制系统的开环对数幅频渐近特性。

解：系统的开环传递函数为 $G(s) = \dfrac{10(0.2s+1)}{s(2s+1)}$，将开环传递函数化成标准形式

$$G(s) = 10 \times \frac{1}{s} \times \frac{1}{2s+1} \times (0.2s+1)$$

由上式可见，它包含四个典型环节，分别为一个比例环节、一个积分环节、一个惯性环节和一个微分环节。

计算交接频率：微分环节的交接频率 $\omega_1 = \dfrac{1}{0.2} = 5$ rad/s，惯性环节的交接频率 $\omega_2 = \dfrac{1}{2} = 0.5$ rad/s。

对数幅频特性曲线的绘制：

由于 $K = 10$，所以 $L(\omega)$ 在 $\omega = 1$ 处的高度为 $20 \lg K = 20 \lg 10 = 20$ dB；系统含有一个积分环节，故其低频段斜率为 -20 dB/dec。因此低频段的 $L(\omega)$ 为过点 $\omega = 1$，$L(\omega) = 20$ dB 点，斜率为 -20 dB/dec 的斜线。

在 $\omega_1 = 0.5$ 处，遇到了惯性环节，因此要将对数幅频特性曲线的斜率降低 20 dB/dec，

成为 -40 dB/dec 的斜线；在 $\omega_2 = 5$ 处，又遇到微分环节，将对数幅频特性曲线的斜率增加 20 dB/dec，于是 $L(\omega)$ 又成为斜率为 -20 dB/dec 的斜线。因此该系统的对数幅频特性如图 4-17 所示。

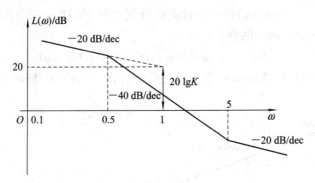

图 4-17　例 4 系统的开环对数频率特性(伯德图)

4.3.3　最小相位系统

1. 最小相位系统的概念

在系统开环传递函数中，其分母多项式的根称为极点，分子多项式的根称为零点。

若系统开环传递函数中所有的极点和零点都位于 s 平面的左半平面，则这样的系统称为最小相位系统。反之，若开环传递函数中含有 s 右半平面上的极点或零点的系统则称为非最小相位系统。例如前面介绍过的惯性环节属于最小相位环节，而一阶不稳定环节则是属于非最小相位环节。

2. 最小相位系统的特点

最小相位系统重要的一个特点就是：其对数幅频特性与对数相频特性之间存在着唯一的对应关系。也就是说，如果确定了系统的对数幅频特性，则其对应的对数相频特性也就被唯一的确定了，反之也一样。并且最小相位系统的相位角范围将是最小的。

例 5　已知控制系统的开环传递函数分别为 $G_1(s) = \dfrac{1+0.05s}{1+0.5s}$，$G_2(s) = \dfrac{1-0.05s}{1+0.5s}$，$G_3(s) = \dfrac{1+0.05s}{1-0.5s}$。求它们的对数幅频特性和对数相频特性。

解：由 $G_1(s)$、$G_2(s)$、$G_3(s)$ 可得它们的对数幅频特性为

$$A_1(\omega) = A_2(\omega) = A_3(\omega) = \frac{\sqrt{(0.05\omega)^2+1}}{\sqrt{(0.5\omega)^2+1}}$$

$$L_1(\omega) = L_2(\omega) = L_3(\omega) = 20\lg\sqrt{(0.05\omega)^2+1} - 20\lg\sqrt{(0.5\omega)^2+1}$$

其对数幅频特性曲线如图 4-18(a)所示。

它们的对数相频特性为

$$\varphi_1(\omega) = \arctan0.05\omega - \arctan0.5\omega$$

$$\varphi_2(\omega) = -\arctan0.05\omega - \arctan0.5\omega$$

$$\varphi_3(\omega) = \arctan0.05\omega + \arctan0.5\omega$$

对数幅相频特性曲线如图 4 - 18(b) 所示。

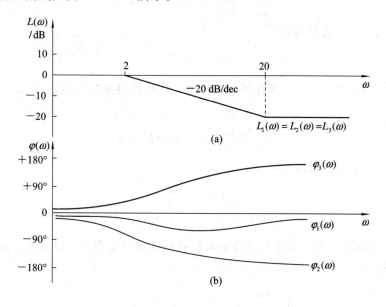

(a)

(b)

图 4 - 18　例 5 系统的伯德图

由图 4 - 18 可以看出，$G_1(s)$ 所代表的系统为最小相位系统，其 $\varphi_1(\omega)$ 最小。

例 6　已知图 4 - 19 为三个最小相位系统的伯德图，试写出各自的传递函数，其斜率分别为 -20 dB/dec、-40 dB/dec、-60 dB/dec，它们与零分贝线的交点均为 ω。

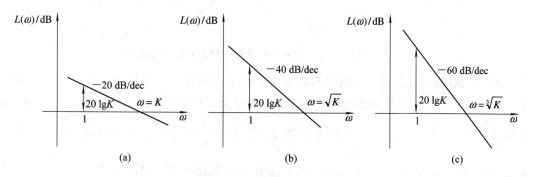

(a) (b) (c)

图 4 - 19　例 6 三个最小相位系统的伯德图

解：由图 4 - 19(a) 可知，这是一个积分环节，设其传递函数为 $G(s) = K/s$，K 可以由下式求出

$$\frac{0 - 20 \lg K}{\lg \omega - \lg 1} = -20 \Rightarrow K = \omega$$

即图 4 - 19(a) 的传递函数为

$$G(s) = \frac{\omega}{s}$$

图 4 - 19(b) 代表的是两个积分环节的串联，设其传递函数为 $G(s) = K/s^2$，K 可以由下式求出

$$\frac{0 - 20 \lg K}{\lg \omega - \lg 1} = -40 \Rightarrow K = \omega^2$$

即图 4 - 19(b)的传递函数为

$$G(s) = \frac{\omega^2}{s}$$

图 4 - 19(c)代表的是三个积分环节的串联，设其传递函数为 $G(s) = K/s^3$，K 可以由下式求出

$$\frac{0 - 20 \lg K}{\lg \omega - \lg 1} = -60 \Rightarrow K = \omega^3$$

即图 4 - 19(c)的传递函数为

$$G(s) = \frac{\omega^3}{s}$$

例 7 已知某最小相位系统的开环对数幅频特性曲线如图 4 - 20 所示。试写出系统的开环传递函数 $G(s)$。图中，$\omega_1 = 2$、$\omega_2 = 50$、$\omega_c = 5$。

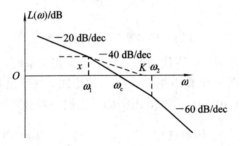

图 4 - 20　例 7 最小相位系统的开环对数频率特性(伯德图)

解： 根据 $L(\omega)$ 在低频段的斜率和高度，可知 $G(s)$ 中含有一个积分环节和一个比例环节，再根据 $L(\omega)$ 在 $\omega_1 = 2$ 处斜率由 -20 dB/dec 变为 -40 dB/dec，表明有惯性环节存在，且此惯性环节的时间常数为转折频率的倒数，即 $T_1 = \dfrac{1}{\omega_1} = \dfrac{1}{2} = 0.5$；$L(\omega)$ 在 $\omega_2 = 50$ 处斜率由 -40 dB/dec 变为 -60 dB/dec，表明还有一个惯性环节，时间常数 $T_2 = \dfrac{1}{\omega_2} = \dfrac{1}{50} = 0.02$。根据以上分析，$G(s)$ 可写成如下形式

$$G(s) = \frac{K}{s(0.5s + 1)(0.02s + 1)}$$

上式中开环增益 K 可用已知的截止频率 $\omega_c = 5$ 来求。在图上作低频渐近线的延长线与横轴交于一点，由例 6 可知，该点的坐标值即为 K。列出下列两式

$$\begin{cases} \dfrac{0 - 20 \lg x}{\lg \omega_c - \lg \omega_1} = -40 \\ \dfrac{0 - 20 \lg x}{\lg K - \lg \omega_1} = -20 \end{cases}$$

联立消去 x，可得 $K = \dfrac{\omega_c^2}{\omega_1} = \dfrac{5^2}{2} = 12.5$

故例 7 题中系统的开环传递函数为 $G(s) = \dfrac{12.5}{s(0.5s+1)(0.02s+1)}$

4.4　系统稳定性的频域分析

4.4.1　对数频率稳定判据

1. 对数频率稳定判据的基本概念

对数频率稳定判据，是根据开环对数幅频与相频曲线的相互关系来判别闭环系统的稳定性。

首先定义两个基本概念。

正穿越：在 $L(\omega) > 0$ dB 的频率范围内，其相频特性曲线 $\varphi(\omega)$ 由下往上穿过 $-\pi$ 线一次（相角向增加方向穿越），称为一个正穿越，正穿越用 N_+ 表示。从 $-\pi$ 线开始往上称为半个正穿越。

负穿越：在 $L(\omega) > 0$ dB 的频率范围内，其相频特性曲线 $\varphi(\omega)$ 由上往下穿过 $-\pi$ 线一次（相角向减小方向穿越），称为一个负穿越，负穿越用 N_- 表示。从 $-\pi$ 线开始往下称为半个负穿越。

当开环传递函数含有积分环节时，对应在对数相频曲线上 ω 为 0^+ 处，用虚线向上补画 $\nu \dfrac{\pi}{2}$ 角。在计算正、负穿越时，应将补上的虚线看成是对数相频曲线的一部分。

2. 对数频率稳定判据叙述

在开环对数幅频特性曲线 $L(\omega) > 0$ dB 的频率范围内，对应的开环对数相频特性曲线 $\varphi(\omega)$ 对 $-\pi$ 线的正、负穿越之差等于 $P/2$，则闭环系统稳定。即

$$N = N_+ - N_- = \frac{P}{2}$$

式中，P 为开环正极点的个数。

下面举例说明对数频率稳定判据的应用。

例 8　已知某系统结构图如图 4-21 所示，试判断该系统闭环的稳定性。

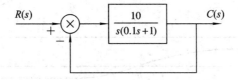

图 4-21　例 8 系统结构图

解：由传递函数绘制出系统的开环对数频率特性曲线如图 4-22 所示。由于系统开环传递函数中含有一个积分环节，所以，需要在相频曲线 $\omega = 0^+$ 处向上补画 $\dfrac{\pi}{2}$ 角。

由系统的开环传递函数可知，该系统开环正极点个数 $P = 0$。因此，由图 4-21 可看出，在 $L(\omega) > 0$ dB 的频率范围内，对应开环对数相频曲线 $\varphi(\omega)$ 对 $-\pi$ 线没有穿越。即 $N_+ = 0$，$N_- = 0$。则根据对数稳定判据

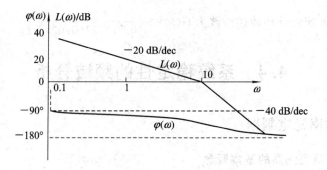

图 4 - 22 例 8 系统开环对数频率特性

$$N = N_+ - N_- = 0 - 0 = \frac{P}{2} = 0$$

所以系统闭环稳定。

例 9 已知系统开环传递函数为 $G(s) = \dfrac{100}{s(1+0.02s)(1+0.2s)}$，试利用对数稳定判据判断系统在闭环时的稳定性。

解： 由开环传递函数绘制出系统的开环对数频率特性如图 4 - 22 所示。由于系统的开环传递函数中含有一个积分环节，所以，需要在相频曲线 $\omega = 0^+$ 处向上补画 $\dfrac{\pi}{2}$ 角。

根据系统开环传递函数可知，该系统开环正极点个数 $P = 0$。因此，由图 4 - 23 可知，在 $L(\omega) > 0$ dB 的频率范围内，对应开环对数相频曲线 $\varphi(\omega)$ 对 $-\pi$ 线由上往下穿过 $-\pi$ 线一次（负穿越），没有正穿越。即 $N_+ = 0$，$N_- = 1$。则根据对数稳定判据

$$N = N_+ - N_- = 0 - 1 = -1 \neq \frac{P}{2}$$

故系统在闭环时不稳定。

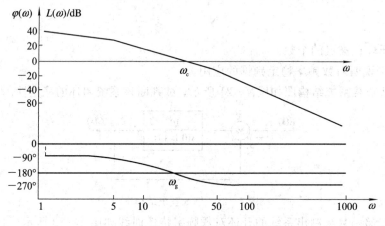

图 4 - 23 例 9 系统开环对数频率特性

4.4.2 稳定裕量

控制系统必须稳定，这是它赖以正常工作的必要条件。除此之外，系统还有相对稳定性的问题，即系统的稳定程度。系统的稳定程度利用稳定裕量来进行判断，稳定裕量是衡

量一个闭环系统稳定程度的指标。常用的稳定裕量有相位稳定裕量 γ 和幅值稳定裕量 K_{g}。这些指标是根据系统开环对数频率特性来定义的。

由对数稳定判据可知，若开环正极点的个数 $P=0$，则在开环对数幅频特性曲线 $L(\omega)>0$ dB 的频率范围内，对应的开环对数相频特性曲线 $\varphi(\omega)$ 对 $-\pi$ 线没有穿越或正、负穿越之差等于 0，则闭环系统稳定。如图 4 - 24 所示的系统均为稳定的系统。而图 4 - 25 所示系统则为不稳定的系统。

若系统的开环对数频率特性如图 4 - 26 所示，即在 $L(\omega)=0$ dB 时，对应的开环对数相频特性曲线 $\varphi(\omega)$ 正好穿越 $-\pi$ 线，则系统的稳定性又如何呢？我们说这种系统处于临界稳定状态。

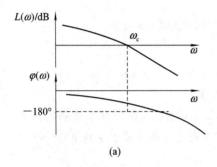
(a)

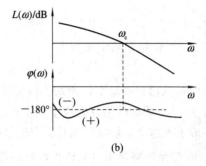
(b)

图 4 - 24　稳定系统分析图

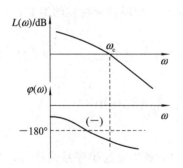

图 4 - 25　不稳定系统分析图

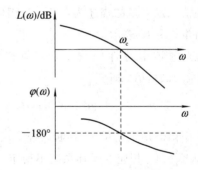

图 4 - 26　临界稳定系统示意图

1. 相位稳定裕量 γ

在开环对数频率特性曲线上，对应于幅值 $L(\omega)=0$ 的角频率 ω 称为穿越频率，或称剪切频率，也称为截止频率，用 ω_{c} 表示。

相位稳定裕量的描述为：当 ω 等于剪切频率 $\omega_{\mathrm{c}}(\omega_{\mathrm{c}}>0)$ 时，对数相频特性曲线距 $-180°$ 线的相位差叫做相位裕量，用 γ 表示。

图 4 - 27 所示为具有正相位裕量的系统。该系统不仅稳定，而且还有相当的稳定储备，它可以在 ω_{c} 的频率下，允许相位再增加 γ 度才达到临界稳定条件。

对于稳定的系统，$\varphi(\omega)$ 线必在伯德图 $-180°$ 线以上，这时称为正相位裕量；对于不稳定系统，$\varphi(\omega)$ 线必在伯德图 $-180°$ 线以下，这时称为负相位裕量。

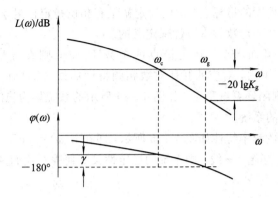

图 4 - 27　系统的相位稳定裕量和幅值稳定裕量

因此，相位裕量的定义为

$$\gamma = \varphi(\omega_c) - (-180°) = 180° + \varphi(\omega_c)$$

利用相位稳定裕量 γ 判断系统稳定性描述如下：

若 $\gamma < 0°$，相应的闭环系统不稳定；反之，$\gamma > 0°$，则相应的闭环系统稳定。

一般 γ 值越大，系统的相对稳定性越好。在工程中，通常要求 γ 在 $30° \sim 60°$ 之间。

2. 幅值稳定裕量 K_g（又称为增益裕量）

在开环对数频率特性曲线上，对应于幅值 $\varphi(\omega) = -180°$ 时的角频率 ω 称为相位交界频率，用 ω_g 表示。如图 4 - 26 所示。

幅值稳定裕量的描述为：当 ω 为相位交界频率 ω_g 时，开环幅频特性的倒数，称为幅值稳定裕量，用 K_g 表示。

在对数频率特性曲线上，幅值稳定裕量 K_g 相当于 $\angle\varphi(\omega_g) = -180°$ 时，幅频值 $20\lg A(\omega_g)$ 的负值，即

$$20\lg K_g = 20\lg\frac{1}{A(\omega_g)} = -20\lg A(\omega_g)\,\text{dB}$$

利用幅值稳定裕量 K_g 判断系统稳定性描述如下：

若 $K_g < 1$，相应的闭环系统不稳定；反之，$K_g > 1$，则相应的闭环系统稳定。工程中，一般要求幅值稳定裕量 K_g 大于 6 dB。

4.5　动态性能的频域分析

4.5.1　三频段的概念

在利用系统的开环频率特性分析闭环系统的性能时，通常将开环对数频率特性曲线分成低频段、中频段、高频段三个频段。三频段的划分并不是严格的，一般来说，第一个转折频率以前的部分称为低频段，穿越频率 ω_c 附近的区段称为中频段，中频段以后的部分（$\omega > 10\omega_c$）称为高频段。如图 4 - 28 所示。

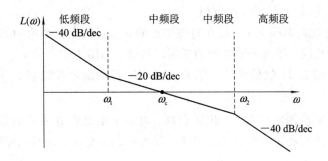

图 4 - 28　三频段示意图

1. 低频段

在伯德图中，低频段通常指 $L(\omega)$ 曲线在第一个转折频率以前的区段。这一频段特性完全由系统开环传递函数中串联积分环节的数目 ν 和开环增益 K 来决定。积分环节的数目（型别）确定了低频段的斜率，开环增益确定了曲线的高度。而系统的型别以及开环增益又与系统的稳态误差有关，因此低频段反映了系统的稳态性能。

由此，可写出对应的低频段的开环传递函数为

$$G(s) = \frac{K}{s^\nu}$$

则低频段对数幅频特性为

$$L(\omega) = 20\lg A(\omega) = 20\lg\frac{K}{\omega^\nu} = 20\lg k - \nu 20\lg\omega$$

ν 为不同值时，低频段对数幅频特性的形状如图 4 - 29 所示。曲线为一些斜率不等的直线，斜率值为 $\nu \cdot -20$ dB/dec。

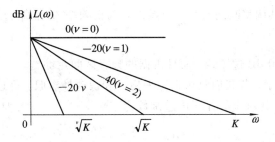

图 4 - 29　低频段对数幅频特性图

对于常见的 I 型系统，要求开环有一个积分环节串联，即 $\nu = 1$。同时，为了保证系统跟踪斜坡信号的精度，开环增益 K 应足够大，这就限定了低频段的斜率和高度，斜率应为 -20 dB，高度将由 K 值决定。

开环增益 K 和低频段高度的关系可以用多种方法确定。例如将低频段对数幅频的延长线交于 0 分贝线，则有

$$20\lg\frac{K}{\omega^\nu} = 0$$

故

$$K = \omega^\nu \text{ 或 } \omega = \sqrt[\nu]{K}$$

相交点的角频率即为 K 的 ν 次方根。

若 $\nu=1$，则交点频率等于 K。故在对数坐标的 0 分贝线上找数值为 K 的 ω 点，过此点作 -20 dB 斜率的直线，即为 I 型系统的低频段特性。如图 $4-28$ 所示。

II 型系统的 ν 值为 2，故低频段斜率为 -40 dB，低频段延长线与 0 分贝线的交点频率则为 $\sqrt{K}$。

可以看出，低频段的斜率愈小、位置愈高，对应于系统积分环节的数目愈多、开环增益愈大。故闭环系统在满足稳定性的条件下，其稳态误差愈小，动态响应的最终精度愈高。

2. 中频段

中频段是指开环对数幅频特性曲线在穿越频率 ω_c 附近（或 0 分贝线附近）的区段，该段特性集中反映了系统的平稳性和快速性。下面假定在闭环系统稳定的条件下，对两种极端情况进行分析。

(1) 中频段以 -20 dB 过零线，而且占据的频率区间足够宽。

如图 $4-29$(a)所示，我们只从系统平稳性和快速性着眼，可近似认为开环的整个特性为 -20 dB 的直线，其对应的开环传递函数为

$$G(s) \approx \frac{K}{s} = \frac{\omega_c}{s}$$

对于单位反馈系统，闭环传递函数为

$$\Phi(s) = \frac{G(s)}{1+G(s)} \approx \frac{\dfrac{\omega_c}{s}}{1+\dfrac{\omega_c}{s}} = \frac{1}{\dfrac{1}{\omega_c}s+1}$$

也就是说，其闭环传函相当于一阶系统，其阶跃响应按指数规律变化，没有振荡，即有较高的稳定程度。其调整时间 $t_s = \dfrac{3}{\omega_c}$，显然，截止频率 ω_c 愈高，t_s 愈小，系统的快速性愈好。

(2) 中频段以 -40 dB 过零线，而且占据的频率区间足够宽。

如图 $4-30$(b)所示，若我们只从系统平稳性和快速性着眼，可近似认为开环的整个特性为 -40 dB 的直线，其对应的开环传递函数为

$$G(s) \approx \frac{K}{s^2} = \frac{\omega_c^2}{s^2}$$

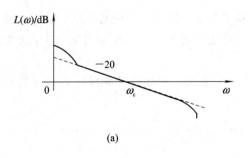

(a)

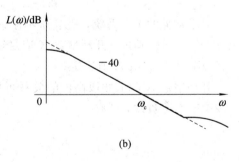

(b)

图 $4-30$　中频段对数幅频特性曲线

对于单位反馈系统,闭环传递函数为

$$\Phi(s) = \frac{G(s)}{1+G(s)} \approx \frac{\dfrac{\omega_c^2}{s^2}}{1+\dfrac{\omega_c^2}{s^2}} = \frac{\omega_c^2}{s^2+\omega_c^2}$$

这相当于零阻尼($\xi=0$)时的二阶系统。系统处于临界稳定状态,动态过程持续振荡。因此,若中频段以$-40\,\mathrm{dB}$过零线,所占的频率区间不宜过宽,否则,$\sigma\%$和t_s将显著增大。且中频段过陡,闭环系统将难以稳定。

由上述分析,中频段的穿越频率ω_c应该适当大一些,以提高系统的响应速度;且斜率一般以$-20\,\mathrm{dB/dec}$为宜,并要有一定的宽度,以期得到良好的平稳性,保证系统有足够的相位稳定裕度,使系统具有较高的稳定性。

3. 高频段

高频段是指$L(\omega)$曲线在中频段以后($\omega>10\omega_c$)的区段。这部分特性是由系统中时间常数很小、频带很高的部件决定的。由于远离ω_c,一般分贝值又较低,故对系统动态响应影响不大。在开环幅频特性的高频段,$L(\omega)=20\lg A(\omega)\ll0$,即$A(\omega)\ll1$,故有

$$|\Phi(\mathrm{j}\omega)| = \frac{|G(\mathrm{j}\omega)|}{|1+G(\mathrm{j}\omega)|} \approx |G(\mathrm{j}\omega)|$$

由此可见,闭环幅频特性与开环幅频特性近似相等。

系统开环对数幅频特性在高频段的幅值,直接反映了系统对输入端高频干扰信号的抑制能力。高频特性的分贝值越低,表明系统的抗干扰能力越强。

系统三个频段的划分并没有很严格的确定性准则,但是三频段的概念为直接运用开环特性来判别稳定的闭环系统的动态性能指出了原则和方向。

4.5.2　典型系统

1. 典型 0 型系统

典型 0 型系统的传递函数为

$$G(s)=\frac{K}{Ts+1}$$

通过前面的分析表明,0 型系统在稳态时是有静差的,通常为了保证稳定性和一定的稳态精度,自动控制系统常用的是 I 型系统和 II 型系统。

2. 典型 I 型系统

1) 典型 I 型系统的开环传递函数

典型 I 型系统的开环传递函数为

$$G(s)=\frac{K}{s(Ts+1)}=\frac{\omega_n^2}{s(s+2\xi\omega_n)}$$

式中,$\omega_n=\sqrt{\dfrac{K}{T}}$;$\xi=\dfrac{1}{2\sqrt{KT}}$。

典型 I 型系统的伯德图如图 4-31 所示。图中 $\omega_c=K=\dfrac{\omega_n}{2\xi}$,为了保证对数幅频特性曲

线以 -20 dB/dec 的斜率穿越 0 dB 线, 必须使 $\omega_c < \dfrac{1}{T}$, 即 $KT < 1$。

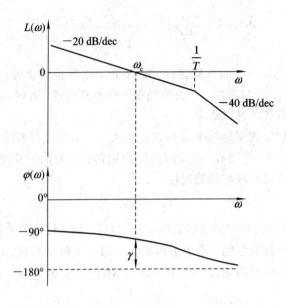

图 4-31　典型 I 型系统的伯德图

2) 典型 I 型系统参数和性能指标的关系

① γ 和 ξ 的关系:

$$\gamma = \arctan \frac{2\xi\omega_n}{\omega_c} = \arctan \frac{2\xi}{\sqrt{\sqrt{4\xi^4 + 1} - 2\xi^2}}$$

当 $0 < \xi \leqslant 0.707$ 时, $\xi = 0.01\gamma$。阻尼比 ξ 越大, 则相位稳定裕量 γ 越大, 系统稳定性越好。

② $\sigma\%$ 与 ξ 的关系:

$$\sigma\% = e^{\frac{-\xi\pi}{\sqrt{1-\xi^2}}} \times 100\%$$

3) γ、ω_c 与 t_s 之间的关系

$$t_s \cdot \omega_c = \frac{6}{\tan\gamma}$$

由上式可知, 调整时间 t_s 与相位稳定裕量 γ 和穿越频率 ω_c 有关。γ 不变时, 穿越频率 ω_c 越大, 调整时间 t_s 越短。

3. 典型 II 型系统

1) 典型 II 型系统的开环传递函数

典型 II 型系统的开环传递函数为

$$G(s) = \frac{K(\tau s + 1)}{s^2(Ts + 1)}$$

典型 II 型系统的伯德图如图 4-32 所示。要使对数幅频曲线以 -20 dB/dec 的斜率穿越 0 dB 线, 必须使 $\omega_1 = \dfrac{1}{\tau} < \omega_c < \omega_2 = \dfrac{1}{T}$, 即应有 $\tau > T$。

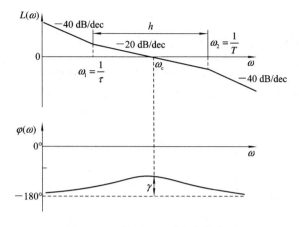

图 4 - 32　典型 Ⅱ 型系统的伯德图

2）K 和 τ 之间的关系

为了得到 K 和 τ 之间的关系，定义中频宽 $h = \dfrac{\omega_2}{\omega_1} = \dfrac{\tau}{T}$，可得

$$K = \omega_1 \omega_2 = \frac{h+1}{2h^2 T^2}$$

3）典型 Ⅱ 型系统参数和性能指标的关系

典型 Ⅱ 型系统在不同中频宽 h 时的跟随性能指标见表 4 - 2。

典型 Ⅱ 型系统是三阶系统，对于三阶及三阶以上的系统，其时域指标和频域指标之间没有确定的数学关系。

表 4 - 2　典型 Ⅱ 型系统在不同中频宽 h 时的跟随性能指标

中频宽 h	2.5	3	4	5	7.5	10
$\sigma\%$	58%	53%	43%	37%	28%	23%
t_r	2.5T	2.7T	3.1T	3.5T	4.4T	5.2T
t_s	21T	19T	16.6T	17.5T	19T	26T
γ	25°	30°	37°	42°	50°	55°

4. 典型高阶系统

典型高阶系统的开环传递函数为

$$G(s) = \frac{K \prod (\tau s + 1)(b_2 s^2 + b_1 s + 1)}{s^\nu \prod (Ts + 1)(a_2 s^2 + a_1 s + 1)}$$

其中 $\nu \geqslant 3$，当系统含有两个以上的积分环节时，系统不易稳定，所以实际应用中很少采用 Ⅱ 型以上的系统。

4.6　系统频率特性的 MATLAB 仿真

传统的频率分析是绘制频率特性曲线的渐近线，或者通过人工计算数据，绘制较为详细的伯德图、对数幅相频率特性图。方法复杂还不一定能够保证绘制的精度，应用 MATLAB 提供的相关函数，可以快速、精确地绘制出伯德图或对数幅相频率特性的准确曲线，并计算出频域性能指标，对系统进行分析与设计。

例 10　已知控制系统的开环传递函数为 $G(s) = \dfrac{K}{s(s+1)(0.1s+1)}$，分别判定开环放大系数 K 为 5 和 20 时闭环系统的稳定性，并求相位稳定裕量和幅值稳定裕量。

解：首先打开 MATLAB，在命令窗口输入指令如图 4-33 所示，当 $K=5$ 时，运行结果如图 4-34 所示，当 $K=20$ 时，运行结果如图 4-35 所示。

从图中可以看出，当 $K=5$ 时，$\gamma = 13.6°$，$K_g = 6.85$ dB，闭环系统稳定，当 $K=20$ 时，$\gamma = -9.66°$，$K_g = -5.18$ dB，闭环系统不稳定。

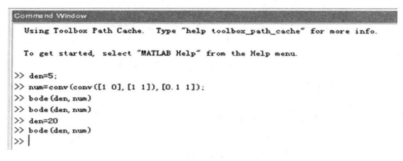

图 4-33　MATELAB 输入指令

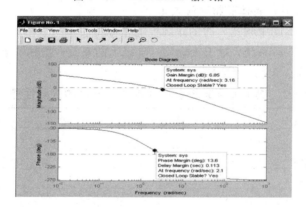

图 4-34　$K=5$ 时，运行结果

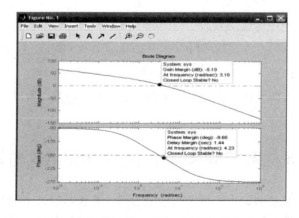

图 4-35　$K=20$ 时，运行结果

本 章 小 结

1. 频率特性表示的是线性定常系统在正弦信号作用下，稳态输出量与输入量之比与频率的关系。它是传递函数的一种特殊形式，即 $G(j\omega)=G(s)\big|_{s=j\omega}$，同传递函数和线性定常微分方程一样，频率特性也是线性定常系统的一种数学模型。

2. 频率特性曲线主要包括幅相频率特性曲线和对数频率特性曲线。幅相频率特性曲线又称为极坐标图或奈奎斯特曲线，对数频率特性曲线又称为伯德图。

3. 最小相位系统的特点是其开环传递函数的极点和零点均在 s 左半平面。反之，若系统有位于 s 右半平面的极点或零点，则该系统称为非最小相位系统。最小相位系统的幅频和相频特性之间有着唯一的对应关系，因此只需根据其对数幅频特性曲线就能确定其数学模型及相应的性能。

4. 利用对数稳定判据可以根据系统的开环频率特性曲线判断闭环系统的稳定性。对数稳定判据描述如下：闭环系统稳定的条件是在开环对数幅频 $L(\omega)>0$ dB 的频率范围内，对应的开环对数相频曲线 $\varphi(\omega)$ 对 $-\pi$ 线的正、负穿越之差等于 $P/2$，即

$$N = N_+ - N_- = \frac{P}{2}$$

式中，P 为开环正极点的个数。

5. 系统的稳定程度利用稳定裕量来进行判断，常用的稳定裕量有相位稳定裕量 γ 和幅值稳定裕量 K_g。在工程中，通常要求 γ 在 $30°\sim60°$ 之间，幅值稳定裕量 K_g 大于 6 dB。

6. 为了方便地绘制对数频率特性曲线并利用其来定性分析系统性能，通常将开环频率特性曲线分为低频段、中频段、高频段三个频段。低频段反映了系统的稳态精度；中频段主要反映系统的动态性能，它决定着系统动态响应的平稳性和快速性；高频段则反映了系统的抗干扰能力。

习　题　4

4-1　已知某系统的单位阶跃响应 $c_s(t)=1-1.8e^{-4t}+0.8e^{-9t}$（$t\geqslant0$），试求系统的频率特性表达式。

4-2　已知传递函数为 $G(s)=\dfrac{K}{Ts+1}$，利用实验法测得其频率响应，当 $\omega=1$ s^{-1} 时，幅频值 $A=12/\sqrt{2}$，相频 $\varphi=-\dfrac{\pi}{4}$，试问增益 K 及时间常数各为多少？

4-3　某单位负反馈系统的开环传递函数分别为

(1) $G(s)=\dfrac{100}{s(0.2s+1)}$;

(2) $G(s)=\dfrac{10}{s(0.2s+1)(s-1)}$。

试粗略绘制出其幅相频率特性曲线。

4-4　设系统的开环传递函数如下，试绘制出系统的开环对数频率特性曲线。

(1) $G(s) = \dfrac{10}{s(s+1)(s+2)}$；

(2) $G(s) = \dfrac{2}{(2s+1)(8s+1)}$；

(3) $G(s) = \dfrac{10(s+0.2)}{s^2(s+0.1)}$；

(4) $G(s) = \dfrac{10}{s(s-1)}$。

4 - 5 已知一些最小元件的对数幅频特性曲线如图 4 - 36 所示，试根据对数幅频特性曲线写出它们的传递函数，并计算出各参数值。

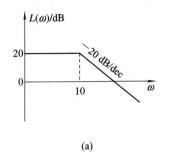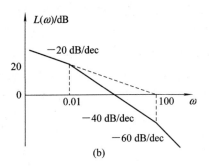

图 4 - 36 习题 4 - 5 图

4 - 6 已知某系统的开环对数幅频特性曲线如图 4 - 37 所示，试写出系统的开环传递函数。

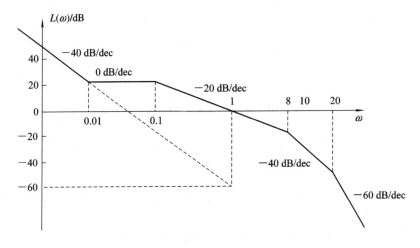

图 4 - 37 习题 4 - 6 图

4 - 7 某单位负反馈系统的开环传递函数为 $G(s) = \dfrac{1000(s+1)}{s^2(s+100)}$，试判断闭环系统的稳定性，并计算稳定裕度。

4 - 8 某单位负反馈系统的开环对数幅频特性如图 4 - 38 所示。

（1）写出系统开环传递函数；

（2）判断闭环系统的稳定性。

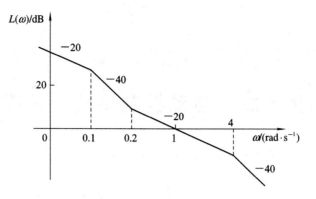

图 4 - 38　习题 4 - 8 图

第 5 章　自动控制系统的校正

自动控制系统一般是由被控对象和控制装置两部分组成的。设计时同时考虑被控对象和控制装置是比较合理的，然而多数情况下，设计时是根据系统的性能指标要求，先选择和设计被控对象的基本元件，由选定和设计的基本元件组成一个合理的控制系统。一般来说，这样组成的系统性能指标不是很理想，因此就需要调整选定的基本元件中可以调整的参数(如增益、时间常数、粘性阻尼系数等)。若通过调整参数仍然无法满足要求，则可在原有系统中，有目的地增添一些装置和元件，人为地改变系统的结构和性能，使之满足预期的性能指标，我们把这种方法称为"系统校正"，把增添的装置和元件称为校正元件。

根据校正装置在系统中所处的位置的不同，一般分为串联校正、反馈校正和顺馈补偿校正。

在串联校正中，根据校正装置对系统开环频率特性的影响，又可分为相位超前校正、相位滞后校正和相位滞后-超前校正。

在反馈校正中，根据是否经过微分环节，又可分为软反馈和硬反馈。

在顺馈补偿校正中，根据补偿采样源的不同，又可分为给定顺馈补偿和扰动顺馈补偿。

下面分别讨论各种类型校正装置对系统性能的影响。

5.1　常用校正装置

根据校正装置本身是否另接电源可将其分为无源校正和有源校正。校正装置本身如果接电源，称之为有源校正，否则称为无源校正。

5.1.1　无源校正装置

无源校正装置通常是由一些电阻和电容组成的二端口网络。表 5-1 中同时列出了几种无源校正装置及其传递函数和对数幅频特性(伯德图)。

无源校正装置线路简单、组合方便，无需外供电源，但本身没有增益，只有衰减，且输入阻抗较低、输出阻抗较高，在实际应用时，常常需要增加放大器或隔离放大器。

表 5 - 1　常见无源校正装置

	相位滞后校正装置	相位超前校正装置	相位滞后-超前校正装置
RC 网络			
传递函数	$G_1(s)=\dfrac{\tau_2 s+1}{\tau_1 s+1}$ 式中 $\tau_1=(R_1+R_2)C_2$ $\tau_2=R_2 C_2$ $\tau_2<\tau_1$	$G(s)=\dfrac{K(\tau_1 s+1)}{\tau_2 s+1}$ 式中 $K=\dfrac{R_1}{R_1+R_2}$ $\tau_1=R_1 C_1$ $\tau_2=\dfrac{R_1 R_2}{R_1+R_2}C_1$ $\tau_1\geqslant\tau_2$	$G(s)=\dfrac{(\tau_1 s+1)(\tau_2 s+1)}{(\tau_1 s+1)(\tau_2 s+1)+R_1 C_2 s}$ $=\dfrac{(\tau_1 s+1)(\tau_2 s+1)}{(\tau_1' s+1)(\tau_2' s+1)}$ 式中 $\tau_1=R_1 C_1$ $\tau_2=R_2 C_1$ $\tau_1<\tau_2$
伯德图			

5.1.2　有源校正装置

有源校正装置是由运算放大器组成的调节器。表 5 - 2 列出了几种典型的有源校正装置及其传递函数和对数幅频特性(伯德图)。

有源校正装置本身有增益,且输入阻抗高,输出阻抗低。此外,只要改变反馈阻抗,就可以改变校正装置的结构,参数调整也很方便。因此,在自动控制系统中多采用有源校正装置。它的缺点是线路较复杂,需另外供给电源(通常需正、负电压源)。

表 5-2 常见有源校正装置

	PD 调节器	PI 调节器	PID 调节器
RC 网络	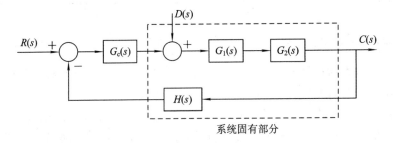		
传递函数	$G_1(s) = -K(\tau_d s + 1)$ 式中 $K = \dfrac{R_1}{R_2}$ $\tau_d = R_0 C_0$	$G(s) = \dfrac{K(\tau_i s + 1)}{\tau_i s}$ 式中 $K = \dfrac{R_1}{R_0}$ $\tau_i = R_1 C_0$	$G_1(s) = -\dfrac{K(\tau_1 s + 1)(\tau_2 s + 1)}{\tau_1 s}$ 式中 $K = \dfrac{R_1}{R_2}$ $\tau_1 = R_1 C_1$ $\tau_2 = R_0 C_0$
伯德图			

5.2 串 联 校 正

串联校正是将校正装置串联在系统的前向通道中，从而改变系统的结构，以达到改善系统性能的方法，如图 5-1 所示。其中 $G_c(s)$ 为串联校正装置的传递函数。

图 5-1 自动控制系统的串联校正

5.2.1 串联比例校正

比例校正也称 P 校正，其装置的传递函数为

$$G_c(s) = K$$

其伯德图如图 5-2 所示，装置可调参数为 K。

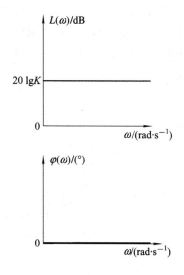

图 5-2　比例校正环节的伯德图

由系统的稳定性分析可知，系统开环增益的大小直接影响系统的稳定性，调节比例系数的大小，可在一定的范围内，改善系统的性能指标。降低增益，将使系统的稳定性得到改善，超调量下降，振荡次数减少，但系统的快速性和稳态精度变差。若增加增益，系统性能变化与上述相反。

调节系统的增益，在系统的相对稳定性、快速性和稳态精度等几个性能之间作某种折衷的选择，以满足(或兼顾)实际系统的要求，这是最常用的调整方法之一。

例 1　某系统的开环传递函数为 $G_1(s) = \dfrac{35}{s(0.2s+1)(0.01s+1)}$，今采用串联比例调节器对系统进行校正，试分析比例校正对系统性能的影响。其框图如图 5-3 所示。

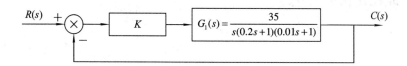

图 5-3　具有比例校正的系统框图

解：由以上参数可以画出系统的对数频率特性曲线如图 5-4 中 I 所示。图中

$$\omega_1 = \frac{1}{T_1} = \frac{1}{0.2} = 5 \text{ rad/s}$$

$$\omega_2 = \frac{1}{T_2} = \frac{1}{0.01} = 100 \text{ rad/s}$$

$$L(\omega)\mid_{\omega=1} = 20\lg K = 20\lg 35 = 31 \text{ dB}$$

由图解可求得 $\omega_c = 13.5$ rad/s。

于是可求得系统相位裕量为

$$\gamma = 180° - 90° - \arctan\omega_c T_1 - \arctan\omega_c T_2$$
$$= 180° - 90° - \arctan 13.5 \times 0.2 - \arctan 13.5 \times 0.01$$
$$= 12.3°$$

如果采用比例校正,并使 $K_c = 0.5$,则系统的开环增益为

$$K = K_1 K_c = 35 \times 0.5 = 17.5$$

$$L(\omega) = 20 \lg 17.5 = 25 \text{ dB}$$

则校正后的伯德图如图 5-4 中曲线 Ⅱ 所示。

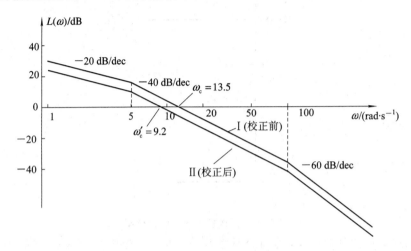

图 5-4　串联比例校正环节对系统性能的影响

由校正后的曲线 Ⅱ 可见,此时 $\omega_c' = 9.2$ rad/s,于是可得

$$\gamma' = 180° - 90° - \arctan 0.2 \times 9.2 - \arctan 0.01 \times 9.2$$

$$= 23.3°$$

由上面分析可见,降低增益,将使系统的稳定性得到改善,超调量下降,振荡次数减少,从而使穿越频率 ω_c 降低。这意味着调整时间增加,系统快速性变差,同时系统的稳态精度也变差。

5.2.2　串联比例微分校正

比例微分校正也称 PD 校正,其装置的传递函数为

$$G_c(s) = K(\tau_d s + 1)$$

其伯德图如图 5-5 所示。装置可调参数:比例系数 K、微分时间常数 τ_d。

自动控制系统中一般都包含有惯性环节和积分环节,它们使信号产生时间上的滞后,使系统的快速性变差,也使系统的稳定性变差,甚至造成不稳定。当然有时也可以通过调节增益作某种折中的选择(如上例作的分析)。但调节增益通常都会带来副作用,而且有时即使大幅度降低增益也不能使系统稳定(如含两个积分环节的系统)。这时若在系统的前向通道串联比例微分环节,可以使系统相位超前,以抵消惯性环节和积分环节使相位滞后而产生的不良后果。

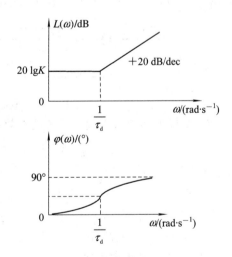

图 5-5　比例微分校正环节的伯德图

不难分析：比例微分校正将使系统的稳定性和快速性得到改善，但抗干扰能力明显下降。

由于比例微分校正使系统的相位 $\varphi(\omega)$ 前移，所以又称它为相位超前校正。

例 2　若系统的开环传递函数为 $G_1(s)=\dfrac{35}{s(0.2s+1)(0.01s+1)}$，今采用串联比例微分调节器对系统进行校正，试分析比例微分校正对系统性能的影响。其框图如图 5-6 所示。

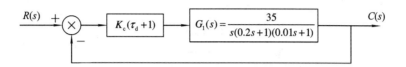

图 5-6　具有比例微分校正的系统框图

解：设校正装置的传递函数为 $G_c(s)=K_c(\tau_d s+1)$，为了更清楚地说明相位超前校正对系统性能的影响，取 $K_c=1$，微分时间常数取 $\tau_d=0.2$ s，则系统的开环传递函数变为

$$G(s)=G_c(s)G_1(s)=K_c(\tau_d s+1)\frac{35}{s(0.2s+1)(0.01s+1)}=\frac{35}{s(0.01s+1)}$$

由此可知，比例微分环节与系统的固有部分的大惯性环节的作用抵消了。这样系统由原来的一个积分和两个惯性环节变成了一个积分和一个惯性环节。它们的对数频率特性曲线如图 5-7 所示。系统固有部分的对数幅频特性曲线如图 5-7 中的曲线 Ⅰ 所示，其中 $\omega_c=13.5$ rad/s，$\gamma=12.3°$（由例 1 知）。校正后系统的对数幅频特性如图 5-7 中 Ⅱ 所示。由图可见，此时的 $\omega_c'=35$ rad/s，其相位裕量为

$$\gamma'=180°-90°-\arctan 0.01\times 35=70.7°$$

比例微分环节起相位超前的作用，可以抵消惯性环节使相位滞后的不良影响，使系统的稳定性显著改善，从而使穿越频率 ω_c 提高，改善了系统的快速性，使调整时间减少。但比例微分校正容易引入高频干扰。

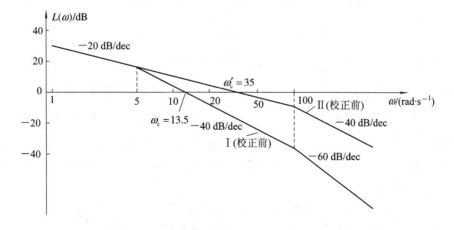

图 5-7　比例微分校正对系统性能的影响

5.2.3 串联比例积分校正

比例积分校正也称 PI 校正，其装置的传递函数为

$$G_c(s) = \frac{K(\tau_i s + 1)}{\tau_i s}$$

其伯德图如图 5-8 所示。装置可调参数为比例系数 K、积分时间常数 τ_i。

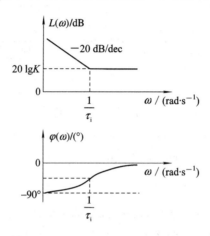

图 5-8　比例积分校正环节的伯德图

由于 PI 校正可使系统的相位 $\varphi(\omega)$ 后移，所以又称它为相位滞后校正。

例 3　若系统的开环传递函数为 $G_1(s) = \dfrac{10}{(0.5s+1)(0.01s+1)}$，今采用串联比例积分调节器对系统进行校正，试分析比例积分校正对系统性能的影响。其框图如图 5-9 所示。

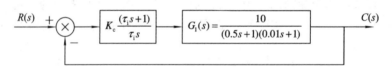

图 5-9　具有比例积分校正的系统框图

解：由 $G_1(s) = \dfrac{10}{(0.5s+1)(0.01s+1)}$ 可知，系统不含有积分环节，它显然是有静差的系统。如今为实现无静差，可在系统前向通道中，串联比例积分调节器，其传递函数为 $G_c(s) = \dfrac{K(\tau_i s + 1)}{\tau_i s}$。为了使分析简明起见，今取 $\tau_i = T_1 = 0.5$ s，这样可使校正装置中的比例微分部分与系统固有部分的大惯性环节相抵消。同样为了简明起见，取 $K = 1$，可画出系统校正前的伯德图如图 5-10 中曲线 I 所示。由图可见，校正前，其穿越频率 $\omega_c = 20$ rad/s。

系统固有部分的相位裕量为

$$\begin{aligned}
\gamma &= 180° - \arctan\omega_c T_1 - \arctan\omega_c T_2 \\
&= 180° - \arctan 20 \times 0.5 - \arctan 20 \times 0.01 \\
&= 84.4°
\end{aligned}$$

图 5-10 中曲线 II 为校正后的系统的伯德图。由图可见，此时系统已被校正成典型 I 型系统，即

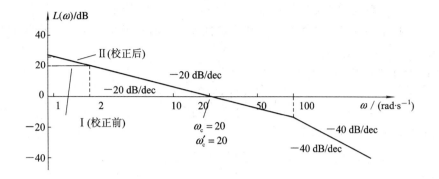

图 5-10　比例-积分校正对系统性能的影响

$$G(s) = G_c(s)G_1(s) = \frac{K(\tau_i s + 1)}{\tau_i s} \frac{10}{(0.5s+1)(0.01s+1)} = \frac{K'}{s(T_2 s + 1)}$$

式中，$K' = \dfrac{10 \cdot K}{\tau_i}$。此时的穿越频率为 $\omega_c' = 20$ rad/s，其相位裕量为

$$\gamma' = 180° - 90° - \arctan\omega_c' T_2$$
$$= 180° - 90° - \arctan 20 \times 0.01$$
$$= 78.7°$$

由图 5-10 可见，在低频段，$L(\omega)$ 的斜率由 0 dB/dec 变为 -20 dB/dec，系统由 0 型变为 I 型，从而实现了无静差。这样，系统稳态误差显著减小，从而改善了系统的稳态性能。在中频段，由于积分环节的影响，系统的相位稳定裕量 γ 变为 γ'。而 $\gamma' < \gamma$，相位裕量减小，系统的超调量增加，降低了系统的稳定性。在高频段，校正前后影响不大。

综上所述，比例积分校正将使系统的稳态性能得到明显改善，但使系统的稳定性变差。

5.2.4　串联比例积分微分校正

比例积分微分校正也称 PID 校正，其装置的传递函数为

$$G_c(s) = \frac{K(\tau_i s + 1)(\tau_d s + 1)}{\tau_i s}$$

其伯德图如图 5-11 所示。装置可调参数有：比例系数 K、积分时间常数 τ_i 和微分时间常数 τ_d。

由图 5-11 可以看出，PID 校正使系统在低频段相位后移，而在中频段、高频段相位超前，因此又称它为相位滞后-超前校正。

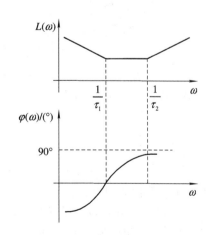

图 5-11　比例-积分-微分环节的伯德图

例 4　某自动控制系统的开环传递函数为

$G_1(s) = \dfrac{20}{s(0.2s+1)(0.01s+1)}$，今采用串联 PID 调节器对系统进行校正，试分析 PID 校正对系统性能的影响。

解：该系统的固有传递函数是一个 I 型系统，它对阶跃信号是无差的，但对速度信号

是有差的，若要求系统对速度信号也是无差的，则应将系统校正成为Ⅱ型系统。若采用 PI 调节器校正，则无差度可得到提高，但其稳定性变差，因此很少采用，常用的方法是采用 PID 校正。

设 PID 调节器的传递函数为

$$G_c(s) = \frac{K(\tau_i s + 1)(\tau_d s + 1)}{\tau_i s}$$

则校正后系统的开环传递函数为

$$G(s) = G_c(s)G_1(s) = \frac{K(\tau_i s + 1)(\tau_d s + 1)}{\tau_i s} \times \frac{20}{s(0.2s + 1)(0.01s + 1)}$$

若取 $\tau_i = 0.2$，为使校正后系统有足够的相位裕量，取中频段宽度为 $h = 10$，则取 $\tau_d = 0.1$，$K = 20$，将参数代入后有

$$G(s) = \frac{200(0.1s + 1)}{s^2(0.01s + 1)}$$

系统固有部分的伯德图如图 5-12 中Ⅰ所示，由图可知 $\omega_c = 10$ rad/s。此时系统的相位裕量为

$$\gamma = 180° - 90° - \arctan 10 \times 0.2 - \arctan 10 \times 0.01$$
$$= 20.9°$$

由上式可知，此系统相位裕量相对较小，稳定性不是很好。采用了 PID 校正后系统的伯德图为图 5-12 中曲线Ⅱ所示，由图可见，校正后的 $\omega_c' = 20$ rad/s，其相位裕量为

$$\gamma' = 180° - 180° + \arctan 20 \times 0.1 - \arctan 20 \times 0.01$$
$$= 52.13°$$

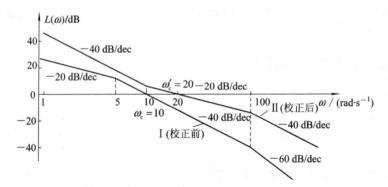

图 5-12　比例-积分校正对系统性能的影响

由校正后的伯德图可见：

① 在低频段，由 PID 调节器积分部分的作用，$L(\omega)$ 的斜率增加了 -20 dB/dec，系统增加了一阶无静差度，从而显著地改善了系统的稳态性能。

② 在中频段，由于 PID 调节器的微分部分的作用，使系统的相位裕量增加，这就意味着超调量减小，振荡次数减少，从而改善了系统的动态性能。

③ 在高频段，由于 PID 调节器的微分部分起作用，使高频段增益有所增大，会降低系统的抗干扰能力。但这可通过选择适当的 PID 调节器来解决，使 PID 调节器在高频段的斜率为 0 dB/dec 便可避免这个缺点。

综上所述，比例积分微分调节器校正兼顾了系统动态性能和稳态性能，因此在要求较高的场合，多采用 PID 校正。PID 调节器的形式有多种，可根据系统的具体情况和要求选用。

5.2.5　串联校正装置的设计

利用频率特性设计系统的校正装置是一种比较简单实用的方法，在频域中设计校正装置实质上是一种配置系统滤波特性的方法。设计依据的指标不是时域参量，而是频域参量，如相位裕量、开环对数幅频特性的剪切频率 ω_c 或闭环系统带宽 ω_b，以及系统的开环增益 K 等。

如果系统暂态性能指标是时域参量，对于二阶系统可通过前面第 3 章知识予以换算。如果是高阶系统具有一对主导共轭复数极点，这种换算也是近似有效的。

用频率特性法设计校正装置主要是通过伯德图进行的。设计需根据给定的性能指标大致确定所期望的系统开环对数频率特性（即伯德图曲线），期望特性低频段的增益应满足稳态误差的要求，期望特性中频段的斜率（即剪切率）一般应为 -20 dB/dec，并且具有所要求的剪切频率 ω_c，期望特性的高频段应尽可能迅速衰减，以抑制噪声的不良影响。

1. 控制系统的静态、动态参数的求取方法

1) 系统的静态误差系数

（1）静态位置误差系数 K_P：

$$K_P = \lim_{s \to 0} G(s)H(s) = \frac{K}{s^\nu}$$

（2）静态速度误差系数 K_v：

$$K_v = \lim_{s \to 0} sG(s)H(s) = \frac{K}{s^{\nu-1}}$$

（3）静态加速度误差系数 K_a：

$$K_a = \lim_{s \to 0} s^2 G(s)H(s) = \frac{K}{s^{\nu-2}}$$

2) 系统的动态指标估算

（1）系统的谐振峰值 M_r 与开环相位裕量 γ 之间的关系为

$$M_r = \frac{1}{\sin\gamma}$$

（2）一般 $1<M_r<4$，即 0 dB$<20\lg M_r<3$ dB，系统可获得满意的瞬态性能。随着 M_r 的增大，超调量 $\sigma\%$ 也增大，系统的稳定程度下降。工程实践中高阶系统可作如下近似估算，当 $1<M_r<1.8$ 时，有

$$\sigma\% = 0.16 + 0.4(M_r - 1) \times 100\%$$

$$t_s = \frac{k\pi}{\omega_c}$$

$$k = 2 + 1.5(M_r - 1) + 2.5(M_r - 1)^2$$

（3）为了保证系统的稳定性，并具有足够的稳定裕量，要求系统开环对数幅频特性曲线 $L(\omega)$ 在中频段穿越 0 dB 线时应是 -20 dB/dec 的斜率，并希望有较宽的中频段，以保证

系统的稳定性，故有

$$h = \frac{\omega_{b2}}{\omega_{b1}}$$

式中，ω_{b1} 为穿越频率 ω_c 前边的转折频率；ω_{b2} 为穿越频率 ω_c 后边的转折频率。

工程上实际使用时常取

$$\omega_{b1} \leqslant \frac{M_r - 1}{M_r} \cdot \omega_c$$

$$\omega_{b2} \geqslant \frac{M_r + 1}{M_r} \cdot \omega_c$$

2. 按系统所需要的开环对数幅频特性曲线设计校正装置的步骤

(1) 画出原系统固有的对数频率特性曲线 $L_1(\omega)$。

(2) 根据实际的控制性能指标确定校正装置类型。

(3) 按性能指标画出系统期望的开环对数幅频特性曲线。

① 低频段 根据系统要求的稳态精度，合理选择系统开环增益与积分环节的个数，并据此画出低频段对数幅频特性曲线。在原系统已满足稳态精度要求的情况下，应尽量使低频段与原系统重合。

② 中频段 根据系统要求的动态性能指标，确定 ω_c 值，保证中频段过 ω_c 点 $-20\ \text{dB/dec}$ 的斜率有足够的频宽。但是应使各转折频率取值尽可能和原系统接近的转折频率相一致。

③ 高频段 通常与原来系统的高频段一致。

(4) 根据上述原则画出希望的对数幅频特性曲线，写出校正后的开环传递函数 $G(s)$，并校验校正后的系统的性能指标是否满足要求。若满足要求，则校正装置传递函数为

$$G_c(s) = \frac{G(s)}{G_1(s)}$$

式中，$G(s)$ 为校正后的传递函数；$G_1(s)$ 为校正前的传递函数。

例 5 已知某自动控制系统的开环传递函数为

$$G(s) = \frac{9}{s(s+1)(\frac{1}{60}s+1)}$$

系统要求的性能指标为：静态误差系数 $K_v \geqslant 8$，谐振峰值 $M_r \leqslant 1.35$，$\omega_c \geqslant 5\ \text{rad/s}$，试设计合适的串联校正装置 $G_c(s)$。

解：(1) 系统固有的对数幅频特性为

$$K = 9$$
$$\omega_1 = 1\ \text{rad/s}$$
$$\omega_2 = 60\ \text{rad/s}$$

系统的开环对数幅频特性如图 5-13 中的 I 所示。

由伯德图可知，其穿越频率为

$$\omega_c' = 3\ \text{rad/s}$$

因 $\omega_c' < \omega_c$，不满足系统要求。

原系统的静差系数为

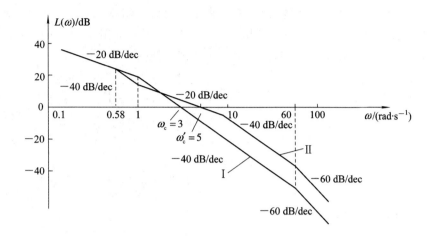

图 5-13　串联校正装置的设计

$$K_1 = \lim_{s \to 0} s\, G(s) = K_1 = 9$$
$$K_1 > K$$

满足系统要求。

原系统的相位裕量为

$$\gamma_1' = 180° - 90° - \arctan\omega_c - \arctan\frac{1}{60} \times \omega_c$$
$$= 90° - \arctan3 - \arctan0.5$$
$$= 15.6°$$

则原系统的谐振峰值

$$M_{r1}' = \frac{1}{\sin\gamma_1'} = \frac{1}{\sin15.6°} = 3.72$$
$$M_{r1}' > M_r$$

不满足系统要求。

（2）校正后系统的期望对数频率特性曲线。

① 中频段取 $\omega_c = 5$ rad/s，$M_r = 1.35$，则穿越频率 ω_c 后的转折频率为

$$\omega_{b2} \geqslant \frac{M_r + 1}{M_r} \cdot \omega_c = \frac{1.35 + 1}{1.35} \times 5 = 8.7 \text{ rad/s}$$

取 $\omega_{b2} = 9$ rad/s，则 ω_c 前的转折频率为

$$\omega_{b1} \leqslant \frac{M_r - 1}{M_r} \cdot \omega_c = \frac{1.35 - 1}{1.35} \times 5 = 1.3 \text{ rad/s}$$

取 $\omega_{b2} = 1$ rad/s，则中频段宽度为

$$h = \frac{\omega_{b2}}{\omega_{b1}} = \frac{9}{1} = 9$$

于 $\omega_c = 5$ rad/s 处画斜率为 -20 dB/dec 的直线，往前至 $\omega_{b1} = 1$ rad/s，往后至 $\omega_{b2} = 9$ rad/s。

② 因系统已满足静态精度的要求，所以低频段与原系统相同，取校正后的期望特性与原曲线重合，所以从 ω_{b1} 处，以 -40 dB/dec 的斜率向前与原曲线相交，交点处的对应的转折频率为 $\omega_1 = 0.58$ rad/s。

③ $\omega_{b2}=9$ rad/s 为高频段的转折频率，从此点向后的斜率以 -40 dB/dec 画至 $\omega_2=60$ rad/s 处，从 $\omega_2=60$ rad/s 向后画斜率为 -60 dB/dec 线，如图 5-13 中的 Ⅱ 所示。

（3）由图 5-13 中的 Ⅱ 可知，校正后系统的传递函数为

$$G(s)=\frac{9(s+1)}{s(\frac{1}{0.58}s+1)(\frac{1}{9}s+1)(\frac{1}{60}s+1)}$$

（4）验证上述系统的各项指标是否满足实际需求。

① 稳定裕量：

$$\gamma_1=180°-90°-\arctan\frac{1}{0.58}\cdot5+\arctan5-\arctan\frac{1}{9}\cdot5-\arctan\frac{1}{60}\cdot5=51.4°$$

② $M_{r1}=\dfrac{1}{\sin 51.4°}=1.28$，$M_{r1}<M_r$

均满足要求。

（5）得出结论。

故串联校正装置的传递函数为

$$G_c(s)=\frac{G(s)}{G_1(s)}$$

$$=\frac{9(s+1)}{s\left(\frac{1}{0.58}s+1\right)\left(\frac{1}{9}s+1\right)\left(\frac{1}{60}s+1\right)}\cdot\frac{s(s+1)\left(\frac{1}{60}s+1\right)}{9}$$

$$=\frac{(s+1)(s+1)}{\left(\frac{1}{0.58}s+1\right)\left(\frac{1}{9}s+1\right)}$$

5.3 反 馈 校 正

在自动控制系统中，为了改善系统的性能，除了采用串联校正外，反馈校正也是常采用的校正形式之一。它在系统中的形式如图 5-14 所示。

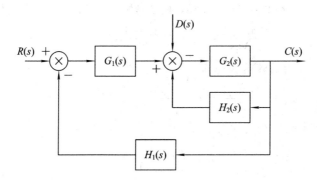

图 5-14　反馈校正结构图

在反馈校正方式中，校正装置 $H_2(s)$ 反馈包围了系统的部分环节，它同样可以改变系统的结构、参数和性能，使系统的性能达到所要求的性能指标。

通常反馈校正又可分为硬反馈和软反馈。

硬反馈校正装置主体是比例环节，它在系统的动态和稳态过程中都起反馈作用。

软反馈校正装置的主体是微分环节，它的特点是只在动态过程中起校正作用，而在稳态时，如同开路，不起作用。

反馈校正的主要作用是：

① 负反馈可以扩展系统的频带宽度，加快响应速度。

② 负反馈可以及时抑制被包围在反馈环内的环节及由于参数变化、非线性因素以及各种干扰对系统性能的不利影响。

③ 负反馈可以消除系统不可变部分中不希望的特性，使该局部反馈回路的特性取决于校正装置。

④ 局部正反馈可以提高系统的放大系数。

例 6　对比例环节进行反馈校正。

① 如图 5-15(a)所示，加上硬反馈后校正前 $G(s)=K$；校正后 $G'(s)=\dfrac{K}{1+\alpha K}$。

上式说明，比例环节加上硬反馈后仍为一个比例环节，但其增益为原先的 $\dfrac{1}{1+\alpha K}$。这对于那些因增益过大而影响系统性能的环节，采用硬反馈校正是一种有效的方法。反馈还可抑制反馈回路扰动量对系统输出的影响。

② 如图 5-15(b)所示，加上软反馈后校正前 $G(s)=K$；校正后 $G'(s)=\dfrac{K}{\alpha K s+1}$。

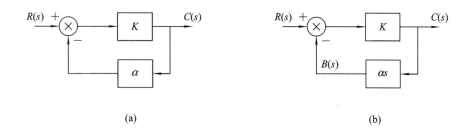

(a)　　　　　　　　　　　　　　　　　　(b)

图 5-15　对比例环节进行反馈校正

上式说明，比例环节加上软反馈后变成一个惯性环节，其惯性时间常数为 $T=\alpha K$。校正后的稳态增益为 K，但动态性能却变得平缓，稳定性提高。

例 7　对积分环节进行反馈校正。

① 如图 5-16(a)所示，加上硬反馈后校正前 $G(s)=\dfrac{K}{s}$；校正后 $G'(s)=\dfrac{1/\alpha}{\dfrac{1}{\alpha K}s+1}$。

上式表明，积分环节加上硬反馈后变为惯性环节，这对系统的稳定性有利，但系统的稳态性能变差。

② 如图 5-16(b)所示，加上软反馈后校正前 $G(s)=\dfrac{K}{s}$；校正后 $G'(s)=\dfrac{K/(1+K\alpha)}{s}$。

上式表明，积分环节加上软反馈后仍为积分环节，但其增益为原来的 $\dfrac{1}{1+\alpha K}$。

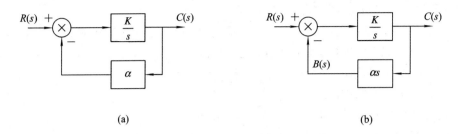

(a)　　　　　　　　　　　　(b)

图 5-16　对积分环节进行反馈校正

在图 5-14 中，局部反馈回路的传递函数为

$$G_2'(s) = \frac{G_2(s)}{1 + G_2(s)H_2(s)}$$

也可写成

$$G_2'(s) = \frac{G_2(s)H_2(s)}{1 + G_2(s)H_2(s)} \cdot \frac{1}{H_2(s)}$$

一般可用下面方法求出局部反馈的曲线：设 $G_2(s)$ 曲线如图 5-16 中的 I 所示，$\dfrac{1}{H_2(s)}$ 曲线如图 5-17 中的 II 所示。

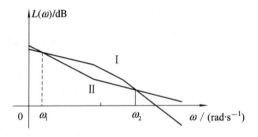

图 5-17　反馈校正近似对数幅频特性

当 $|G_2(s)H_2(s)| \leqslant 1$ 时，取

$$G_2'(s) = G_2(s)$$

当 $|G_2(s)H_2(s)| \geqslant 1$ 时，取

$$G_2'(s) = \frac{1}{H_2(s)}$$

当 $|G_2(s)H_2(s)| = 1$ 时，误差最大，即 $20 \lg |G_2(s)H_2(s)| = 0$ 时，有

$$20 \lg |G_2(s)| = 20 \lg \left| \frac{1}{H_2(s)} \right|$$

上式只有在 $G_1(s)$ 和 $\dfrac{1}{H_2(s)}$ 的对数幅频特性相交处才成立。

假设 $G_1(s)$ 和 $\dfrac{1}{H_2(s)}$ 的对数幅频特性如图 5-16 所示，在 ω_1、ω_2 处相交，则在 $\omega \leqslant \omega_1$ 和 $\omega \geqslant \omega_2$ 时有

$$20 \lg |G_2(s)H_2(s)| \leqslant 0$$

则

$$G_2'(s) = G_2(s)$$

在 $\omega_1 \leqslant \omega \leqslant \omega_2$ 和 $\omega > \omega_2$ 时有

$$20 \lg | G_2(s) H_2(s) | \geqslant 0$$

则有

$$20 \lg | G_2(s) | = 20 \lg \left| \frac{1}{H_2(s)} \right|$$

即可得到满足性能指标要求的频率特性。

5.4　前馈控制的概念

　　通过前面的分析我们已经看到串联校正和反馈校正都能有效地改善系统动态和稳态性能，因此在自动控制系统中获得普遍的应用。此外，在自动控制系统中还有一种能有效地改善系统性能的方法，这就是前馈控制。通常把前馈控制与反馈控制相结合的控制方式称为复合控制。前馈控制又可分为输入顺馈补偿和扰动顺馈补偿两类。

1. 输入顺馈补偿

输入顺馈补偿可采用图 5-18 所示的复合控制方式实现。

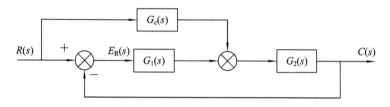

图 5-18　输入顺馈补偿控制系统结构图

　　系统的闭环传递函数为

$$G(s) = \frac{C(s)}{R(s)} = \frac{[G_1(s) + G_c(s)] G_2(s)}{1 + G_1(s) G_2(s)}$$

系统的误差传递函数为

$$G_{ER}(s) = \frac{E_R(s)}{R(s)} = \frac{R(s) - C(s)}{R(s)} = \frac{1 - G_c(s) G_2(s)}{1 + G_1(s) G_2(s)}$$

则系统由输入信号引起的误差为

$$E_R(s) = \frac{1 - G_c(s) G_2(s)}{1 + G_1(s) G_2(s)} R(s)$$

　　如果补偿器的传递函数为

$$G_c(s) = \frac{1}{G_2(s)}$$

则

$$E_R(s) = 0$$

　　这时系统的误差为零，输出量完全复现输入量。这种将误差完全补偿的方式称为全补偿。$G_c(s) = \dfrac{1}{G_2(s)}$ 是对输入量实现全补偿的条件。

2. 扰动顺馈补偿

当作用于系统的扰动量可以直接或间接测量时，可通过如图 5-18 所示的扰动补偿复合控制进行补偿。

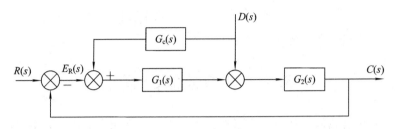

图 5-19 扰动顺馈补偿控制系统结构图

系统由扰动引起的误差为

$$E_D(s) = -\frac{G_2(s)}{1+G_1(s)G_2(s)}D(s) - \frac{G_c(s)G_1(s)G_2(s)}{1+G_1(s)G_2(s)}D(s)$$

$$= -[1+G_c(s)G_1(s)]\frac{G_2(s)}{1+G_1(s)G_2(s)}D(s)$$

当取 $1+G_c(s)G_1(s)=0$，即

$$G_c(s) = -\frac{1}{G_1(s)}$$

可使系统的 $E_D(s)=0$。这就是说，因扰动量而引起的扰动误差已经全部被前馈环节补偿了，此称为全补偿。当然要实现全补偿是比较困难的，但可实现近似的全补偿，从而大幅度地减小扰动误差，改善系统的性能。

5.5 自动控制系统的一般设计方法

5.5.1 自动控制系统设计的基本步骤

① 从调查研究、分析设计任务开始，根据系统提出的动态、静态性能指标，以及经济性、可靠性等要求，确定初步设计方案，选择元部件，拟定整个系统的原理电路图。

② 根据自动控制系统的结构、各单元的相互关系和参数，确定系统的固有数学模型。

③ 对系统固有部分进行相应的线性化处理和化简，并在此基础上求得系统固有部分的开环频率特性。

④ 根据使用要求确定系统的性能指标，再根据系统的性能指标确定系统的预期开环频率特性。所谓预期开环频率特性就是满足系统性能指标的典型系统的开环对数频率特性。

⑤ 工程上为了便于设计，通常以系统固有部分的开环频率特性为基础，将系统校正成为典型系统。其方法是：将系统的预期开环频率特性与固有部分的开环频率特性进行比较，得到校正装置的开环频率特性，并以此确定校正装置的结构与参数。这种校正方法称为预期频率特性校正法。

⑥ 通过实验或调试对系统的某些参数进行修正，使系统全面达到性能指标的要求。

5.5.2　系统固有部分频率特性的简化处理

系统固有部分开环频率特性的确定应根据系统的组成结构、各单元间的相互关系，建立系统的数学模型。但实际系统的固有部分往往是比较复杂的，将它校正成典型系统后，会使校正装置的形式变得相当复杂，往往难以实现。因此在校正前应对系统的固有部分进行适当的简化处理，包括对系统非线性元件进行合理的线性化处理和在对系统性能指标影响不大的情况下对系统进行适当的简化处理。

系统固有特性的简化处理原则归纳如下。

1. 线性化处理

实际上，所有元件和系统都不同程度地存在非线性性质。而非线性元件或系统的数学模型的建立和求解都比较困难。在满足一定的条件的前提下，常将非线性元件或系统近似看成线性元件或系统，因此，可以用线性系统的数学模型近似代替非线性数学模型。

控制系统都有一个平衡工作状态及相应的工作点。非线性数学模型线性化的一个基本假设是变量对于平衡工作点的偏离很小。若非线性函数不但连续，而且其各阶导数存在，则可以在给定工作点邻域将该函数按泰勒级数展开，略去二阶及二阶以上的各项后，即可用所得的线性化方程来代替原有的非线性方程。下面作具体介绍。

设一非线性元件的输入为 x，输出为 y，它们之间的关系如图 5-20 所示。

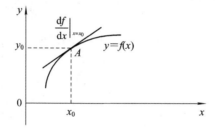

图 5-20　小偏差线性化示意图

其非线性方程为

$$y = f(x)$$

在给定工作点 (x_0, y_0) 附近，将上式按泰勒级数展开为

$$y = f(x_0) + \frac{\mathrm{d}f}{\mathrm{d}x}\bigg|_{x=x_0} \Delta x + \frac{1}{2!}\frac{\mathrm{d}^2 f}{\mathrm{d}x}\bigg|_{x=x_0} (\Delta x)^2 + \cdots$$

若在工作点 (x_0, y_0) 附近，增量 Δx 很小，则可略去上式中 $(\Delta x)^2$ 项及其后面的高阶项，因此上式可近似写成

$$y = f(x_0) + \frac{\mathrm{d}f}{\mathrm{d}x}\bigg|_{x=x_0} \Delta x$$

所以

$$\Delta y = K\Delta x$$

式中，$\Delta y = y - f(x_0)$，$K = \dfrac{\mathrm{d}f}{\mathrm{d}x}\bigg|_{x=x_0}$。

略去增量符号 Δ，便可得到函数 $y = f(x)$ 在工作点 A 附近的线性化方程为

$$y = Kx$$

上式就是非线性元件的线性化方程。

自动控制系统中常用的器件，如晶闸管整流装置、含有死区的二极管、具有饱和特性的放大器等等，都可以近似处理成线性环节。

2. 将低频段大惯性环节近似为积分环节

若被控制对象的开环传递函数为

$$G_0(s) = \frac{K}{(\tau_1 s + 1)(\tau_2 s + 1)}$$

式中，$\tau_1 \gg \tau_2$。则当 $\frac{1}{\tau_1} \ll \omega_c$ 时，可以把惯性环节 $\frac{1}{\tau_1 s + 1}$ 近似为积分 $\frac{1}{\tau_1 s}$。将低频段大惯性环节近似积分环节后，实际系统的阻尼性能比近似处理后的阻尼性能好。系统结构近似处理后，虽然从传递函数的形式上，系统类型人为地由 0 型系统变为了 I 型系统，但实际系统仍然为 0 型系统。考虑到工程计算允许误差一般在 10% 以内，因此只要满足 $\omega_c \geqslant 3/\tau_1$ 时，就可以把惯性环节近似为积分环节。近似后实际系统的 γ 上升，将导致 t_s 增加。若要保持 γ 不变，则可进行适当调整。

3. 将小惯性群等效成一个惯性环节

设被控制对象的开环传递函数为

$$G_0(s) = \frac{K}{(\tau_1 s + 1)(\tau_2 s + 1)(\tau_3 s + 1)}$$

式中，$\tau_1 \gg \tau_2$，$\tau_2 \gg \tau_3$。当 $\frac{1}{\tau_2}$、$\frac{1}{\tau_3} \gg \omega_c$ 时，可以把小惯性环节 $\frac{1}{\tau_2 s + 1}$、$\frac{1}{\tau_3 s + 1}$ 等效为时间常数为 $\tau_\Sigma = \tau_2 + \tau_3$ 的惯性环节，即

$$G_0(s) = \frac{K}{(\tau_1 s + 1)(\tau_\Sigma s + 1)}$$

4. 略去小惯性环节

当小惯性环节的时间常数远小于大惯性环节的时间常数时，可将小惯性环节略去。当 $\tau_1 \ll \tau_2$ 时，有

$$G_0(s) = \frac{K}{(\tau_1 s + 1)(\tau_2 s + 1)} \approx \frac{K}{(\tau_2 s + 1)}$$

实际上，只要 $\tau_1 \ll \frac{1}{10}\tau_2$，上述近似所产生的误差就可以忽略不计。

5. 高频段小时间常数的振荡环节近似成惯性环节

当 $\omega_c \ll \frac{1}{3\tau_2}$ 时，有

$$G_0(s) = \frac{K}{(\tau_1 s + 1)(\tau_2^2 s^2 + 2\xi\tau_2 s + 1)} \approx \frac{K}{(\tau_1 s + 1)(2\xi\tau_2 s + 1)}$$

5.5.3 系统预期开环对数频率特性的确定

1. 建立预期特性的一般原则

通过第 4 章三频段内容的学习，我们已知系统的预期频率特性一般可分为低频段、中

频段和高频段三个频段，如图 5 - 21 所示。

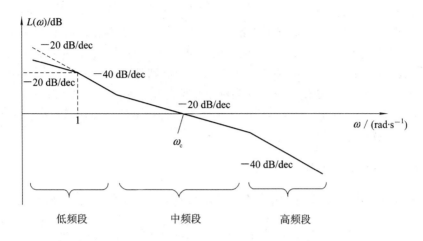

图 5 - 21　自动控制系统的对数频率特性

① 低频段　指第一个转折频率以前的区段。由系统的型别和开环增益所确定，表明了系统的稳态性能。低频段要有一定的斜率和高度，以保证系统的稳态精度。一般取斜率为 -20 dB/dec 或 -40 dB/dec。

② 中频段　指穿越频率 ω_c 附近的区域。中频段的穿越频率 ω_c 应适当的大一些，以提高系统的响应速度。中频段的斜率一般以 -20 dB/dec 为宜，并要有一定的宽度，以保证系统有足够的相位裕度，使系统具有较高的稳定性。

③ 高频段　指中频段以后的区段。高频段的斜率一般取为 -60 dB/dec 或 -40 dB/dec，以使高频信号受到抑制，提高系统的抗干扰能力。

2. 工程上确定预期频率特性的方法

我们知道，0 型系统的稳态精度较差。而Ⅲ型以上的系统又很难稳定，因此，为了兼顾系统的稳定性和稳态精度的要求，一般根据对控制系统的性能要求，可将系统设计成典型Ⅰ型或典型Ⅱ型系统。

1）典型Ⅰ型系统

典型Ⅰ型系统的开环传递函数为

$$G(s) = \frac{K}{s(Ts+1)} = \frac{\omega_n^2}{s(s+2\xi\omega_n)}$$

式中，$\omega_n = \sqrt{\dfrac{K}{T}}$；$2\xi\omega_n = \dfrac{1}{T}$；$T$ 一般为固有参数。需要选定的参数仅有一个 K。

为了保证对数频率特性曲线以 -20 dB/dec 的斜率穿过 0 分贝线，必须使 $\omega_c < \dfrac{1}{T}$，即应有 $KT < 1$。

典型Ⅰ型系统的结构比较简单，选择时，若系统要求动态响应速度快，可取 $\xi = 0.5 \sim 0.6$；如果要求兼顾超调量和快速性，则可取 $\xi = 0.707$。有时称这样的取值为"二阶最佳"。

2）典型Ⅱ型系统

典型Ⅱ型系统的开环传递函数为

$$G(s) = \frac{K(T_1 s + 1)}{s^2(T_2 s + 1)}$$

式中，T_2 一般为固有参数。需要选定参数有 K 和 T_1 两个。通常将这两个参变量（K 和 T_1）转化成另一个参变量中频带宽度 h 的函数，然后再分析 h 对系统性能的影响，并由此选择较合适的参数，最后由 h 确定 K 和 T_1。通常采用的原则是：

① "$\gamma = \gamma_{\max}$"的准则，即使系统的开环频率特性的相位裕量为最大值；

② "$M_r = M_{r\min}$"的准则，即使系统的闭环频率特性的谐振峰值取最小值。

具体方法请读者参考其它相关书籍。

5.5.4　系统串联校正示例

例8　已知某自动控制系统的结构如图 5-22 所示，系统的固有部分传递函数为

$$G_1(s) = \frac{K_1}{s(0.33s + 1)(0.01s + 1)}$$

要求按串联校正设计，使系统满足下面性能指标要求：

(1) I 型系统，$K_v \geqslant 5 \text{ s}^{-1}$；

(2) $\sigma\% < 30\%$，$t_s < 3$ s。

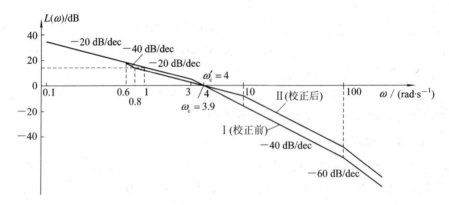

图 5-22　系统的串联校正

解：(1) 由题知 $K_v \geqslant 5 \text{ s}^{-1}$，取 $K_1 = 5$ 可得系统的伯德图为图 5-22 所示的曲线 I。图中，曲线 I 以 -40 dB/dec 的斜率穿过 0 分贝线，显然不能满足系统对三频段的要求，同时由图可知 $\omega = 3.9 \text{ rad/s}$，所以原系统的相位裕量为 $\gamma_1 = 35.6°$，谐振峰值为 $M_1 = \frac{1}{\sin\gamma} = 1.72$，$\sigma_1\% = 0.16 + 0.4(M_1 - 1) = 44.8\%$，不满足系统 $\sigma\% < 30\%$ 的要求。

系统的静差系数为

$$K = 2 + 1.5(M_1 - 1) + 2.5(M_1 - 1)^2 = 4.38$$

$$t_{s1} = \frac{K\pi}{\omega_c} = \frac{4.38\pi}{3.9} = 3.53 \text{ s}$$

不满足系统 $t_s < 3.0$ s 的要求。

因此系统的稳定性和快速性均不符合要求，故采用 PID 校正装置。

(2) 系统的预期伯德图。因 K_v 符合要求，所以低频段与原图重合，中频段按 $\sigma\% \leqslant 30\%$ 计算闭环谐振峰值，即

$$0.3 \geqslant \sigma = 0.16 + 0.4(M_r - 1)$$

可得出

$$M_r = 1.35$$

$$K = 2 + 1.5(M_1 - 1) + 2.5(M_1 - 1)^2 = 2.83$$

$$3.0 \geqslant t_s = \frac{2.83\pi}{\omega_c}$$

求出 $\omega_c' = 2.96$ rad/s。

取 $\omega_c' = 4$ rad/s，ω_c' 后的转折频率为

$$\omega_{b2} \geqslant \frac{M_r + 1}{M_r} \cdot \omega_c = 6.96 \text{ rad/s}$$

取 $\omega_{b2} = 10$ rad/s，ω_c' 前的转折频率为 $\omega_{b1} \leqslant \frac{M_r - 1}{M_r} \cdot \omega_c' = 1.04$ rad/s，取 $\omega_{b1} = 0.8$ rad/s。

过 $\omega_c' = 4$ rad/s 作 -20 dB/dec 的斜线至 $\omega_{b1} = 0.8$ rad/s，从 $\omega_{b1} = 0.8$ rad/s 向前作 -40 dB/dec 斜线与原系统低频段斜线相交，交点之前与原系统低频重合；在 $\omega_{b2} = 10$ rad/s 处转折，与高频段斜率相同，如图 5 - 22 中曲线 Ⅱ 所示。

由曲线 Ⅱ 可写出系统校正后的开环传递函数为

$$G(s) = \frac{5(1.25s + 1)}{s(1.67s + 1)(0.1s + 1)(0.01s + 1)}$$

则校正后的相位裕量为 $\gamma_1 = 63.1°$。谐振峰值为 $M_1 = \dfrac{1}{\sin\gamma} = 1.12$。

$$\sigma_1\% = 0.16 + 0.4(M_1 - 1) = 20.8\%$$

$$K = 2 + 1.5(M_1 - 1) + 2.5(M_1 - 1)^2 = 2.22$$

$$t_{s1} = \frac{K\pi}{\omega_c'} = \frac{2.22\pi}{4} = 1.74 \text{ s}$$

所以校正后的系统能满足所要求的性能指标。

因此，串联校正装置的传递函数为

$$G_c(s) = \frac{(1.25s + 1)(0.33s + 1)}{s(1.67s + 1)(0.1s + 1)}$$

本 章 小 结

1. 所谓系统的校正，就是在原有系统中，有目的地增添一些元部件，人为地改变系统的结构和参数，使系统的性能获得改善，以满足系统性能指标。

2. 系统的校正可分为串联校正、反馈校正和顺馈补偿。

在串联校正中，根据校正装置对系统开环频率特性的影响，又可分为相位超前校正、相位滞后校正和相位滞后—超前校正。

在反馈校正中，根据是否经过微分环节，又可分为软反馈和硬反馈。

在顺馈补偿中，根据补偿采样源的不同，又可分为输入顺馈补偿和扰动顺馈补偿。

3. 无源校正装置电路简单，无需外加电源，但它本身没有增益，其负载效应将会减弱校正作用；有源校正装置是由运放组成的调节器，其参数调节方便，并可克服无源校正的

缺陷，因而得到广泛的应用。

4. 比例校正，若降低增益，可提高系统的相对稳定性，但使系统的快速性和稳态精度变差；增大增益，则与上述结果相反。

5. 比例-微分-校正具有"预报"作用，能在误差信号变化前给出校正信号，能够减小系统的惯性作用，有效地增强系统的相对稳定性和快速性，但削弱了系统的抗干扰能力。

6. 比例-积分-校正可以提高系统的无差度，提高系统的响应速度，但使系统的稳定性变差。

7. 比例-积分-微分校正可以兼顾改善系统的动态、静态特性。

8. 反馈校正可以改变被包围环节的参数、性能，可以抵消环内各种干扰对系统性能的影响，可以扩展系统的频带宽度，加快响应速度，甚至可以取代局部环节。

9. 预期开环频率特性就是满足系统技术指标的典型系统的开环频率特性，工程上为了便于设计，通常采用预期开环频率特性校正法。

习 题 5

5-1 什么是系统的固有频率特性？什么是系统的预期频率特性？

5-2 试说明什么是相位超前校正、相位滞后校正和相位滞后-超前校正，并说明它们对系统性能的影响。

5-3 某单位负反馈系统的开传递函数为

$$G_1(s) = \frac{K_1}{s(0.9s+1)(0.007s+1)}$$

要求按串联校正设计，使系统满足下面性能指标要求：

(1) 放大系数 $K_v \geq 1000\ \text{s}^{-1}$；

(2) 超调量 $\sigma\% < 30\%$；

(3) $t_s < 0.25\text{s}$。

5-4 单位负反馈系统的开环传递函数为

$$G_1(s) = \frac{K_1}{s(s+1)(0.25s+1)}$$

要求按串联校正设计，使系统满足下面性能指标要求：

(1) 开环放大系数 $K \geq 5\ \text{s}^{-1}$；

(2) 相位裕量 $\gamma \geq 40°$；

(3) 穿越频率 $\omega_c \geq 0.5\ \text{rad/s}$。

5-5 设某系统的固有部分的开环传递函数为

$$G_1(s) = \frac{K_1}{s(s+1)(0.01s+1)}$$

要求校正后设计，使系统满足下面性能指标要求：

(1) 放大系数 $K_v \geq 5\ \text{s}^{-1}$；

(2) 超调量 $\sigma\% < 30\%$；

(3) 调整时间 $t_s < 0.3\ \text{s}$。

试绘制系统的开环预期频率特性并选择反馈校正装置。

第 6 章　直流调速系统

6.1　直流调速系统概述

6.1.1　直流调速系统的基本概念

电动机是将电能转化为机械能的一种有力工具，根据电动机供电方式的不同，可分为直流电动机和交流电动机。由于直流电动机具有良好的起、制动性能，而且可以在广范围内平滑的调速，因此，在像轧钢设备、矿井升降设备、挖掘钻探设备、金属切削设备、造纸设备、电梯等这些需要高性能可控制电力拖动的场合得到了广泛的应用。但直流电动机本身有着一些不可避免的缺陷，譬如换相问题、结构复杂、维修较困难、成本较高等因素，制约了直流拖动系统的发展。近来年，随着计算机控制技术和电力电子技术的发展，也推动了交流拖动技术的迅猛发展，有代替直流拖动系统的趋势。然而，直流拖动系统在理论和实践等方面发展比较成熟，从控制角度考虑，它又是交流拖动系统的基础，故应先很好地学习直流拖动系统。

从生产设备的控制对象来看，电力拖动控制系统有调速系统、位置随动系统、张力控制系统等多种类型，而各种系统基本上都是通过控制转速(实质上是控制电动机的转矩)来实现的。因此，直流调速系统是最基本的拖动控制系统。

直流电动机的转速方程式为

$$n = \frac{U - IR}{K_e \Phi}$$

式中，n 为转速，单位为 r/min；U 为电枢电压，单位为 V；I 为电枢电流，单位为 A；R 为电枢回路总电阻，单位为 Ω；Φ 为励磁磁通，单位为 Wb；K_e 为由电动机结构决定的机电系数(电动机生产好以后，K_e 不再有变化)。

由上式可以得出，调节直流电动机转速的方法有三种：① 改变电枢电压 U；② 改变励磁磁通 Φ；③ 改变电枢回路电阻 R。

6.1.2　直流调速方式

1. 改变电动机的电枢电压 U 的调速方式

改变直流电动机的电枢电压 U 时，其理想空载转速 n_0 也改变，当电动机电枢电流(即负载电流)I 不变时，转速降 Δn 不变。所以，直流电动机的机械特性的硬度不变(其机械特性是一簇以 U 为参数的平行线)。改变电动机电枢电流，其机械特性基本上是平行上下移动，转速随之改变，这种调速方式称为改变电枢电压调速方式。其机械特性如图6-1所示。考虑到电动机的绝缘性能，电枢电压的变化只能在小于额定电压的范围内适当调节，即这种调速方式只能在额定转速以下调节电动机转速。转速调节的下限受低速时运转不稳定性的限制。对于要求在一定范围内无级平滑调速的系统来说，此调速方式较好。调电枢电压调速（简称调压调速）是调速系统的主要调速方式。

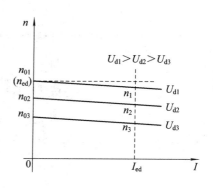

图 6-1 改变电枢电压调速的机械特性

2. 改变励磁电流调速方式

改变电动机励磁回路的励磁电压大小，可改变励磁电流大小，从而改变励磁磁通大小而实现调速，此种调速方式称为变励磁电流调速方式。对他励电动机来说，磁通在额定值时，其铁芯已接近饱和，增加磁通的余地很小，因此，励磁电流一般只能小于额定励磁电流。所以，改变励磁调速方式的励磁磁通总小于或等于额定励磁。此时，电动机的转速高于额定转速，其机械特性上移。即减弱磁通，转速升高。电动机的最高转速受电动机换向和机械强度的限制，故调速范围不大。其机械特性如图 6-2 所示。

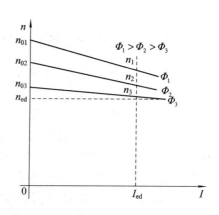

图 6-2 改变励磁电流调速的机械特性

这种调速方案属于恒功率调速。调磁调速的调速范围不大，一般只是配合调压调速方式，在电动机额定转速之上作小范围的升速。将调压调速和调磁调速复合起来则构成调压调磁复合调速系统，可得到更大的调速范围。额定转速以下采用调压调速，额定转速以上采用调磁调速。

3. 电枢回路串电阻调速方式

在电动机电枢回路串接附加电阻，改变串接电阻的阻值，也可调节转速，此种调速方式称为电枢回路串电阻调速方式。

首先这种调速方式只能进行有级调速，且串接电阻有较大能量损耗，电动机的机械特性较软，转速受负载影响大，轻载和重载时转速不同。其次该调速方案中调速电阻长期运行损耗大，经济性差，一般只应用于少数性能要求不高的小功率场合。其机械特性如图6-3所示。

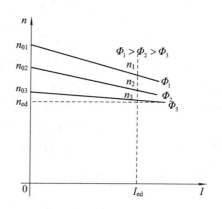

图 6-3 电枢回路串电阻调速的机械特性

6.1.3 直流电动机调压调速系统的主要形式

在工程上，调压调速是调速系统的主要形式，该调速方式需要有专门的、连续可调的直流电源供电。根据调压调速系统供电形式的不同，系统可分为以下三种：旋转变流机组、晶闸管可控整流电路、直流斩波电路。下面简要介绍一下前两种调速系统。直流斩波电路将在后面的章节中介绍。

1) 旋转变流机组系统

如图 6-4 所示为旋转变流机组供电的直流调速系统原理图。

该系统的主要部件为 G——直流发电机，M——直流电动机，故简称 G-M 系统。直流发电机 G 由原动机 M(交流异步电动机或同步电动机)拖动，Φ_G 和 Φ_M 分别是发电机和电动机励磁回路的磁通。系统由原动机拖动直流发电机，改变发电机励磁回路的磁通 Φ_G 即可改变发电机的输出电压 U_G，也就改变了直流电动机的电枢电压 U_d，从而实现调压调速的目的。如图 6-5 所示为该系统的机械特性，从图中可知其机械特性曲线为一簇相互平行的直线，特性硬。

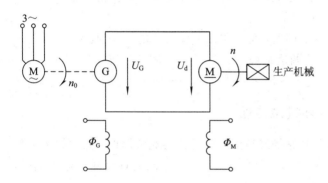

图 6-4 旋转变流机组供电的调速系统原理图　　　　图 6-5 G-M 系统的机械特性

G-M 系统曾在 20 世纪 50 年代广泛使用，至今还在一些未进行设备更新的厂矿企业延用。但该系统设备多、体积大、费用高、效率低、机组安装需要基础、运行噪声大、维护麻烦。随着电子技术的飞速发展，在 20 世纪 60 年代以后逐渐被其它调速系统所取代。

2) 晶闸管—电动机系统

由晶闸管可控整流电路给直流电动机供电的系统称为晶闸管—电动机系统，简称 U-M 系统。如图 6-6 所示，通过改变给定电压 U_{gn} 来改变晶闸管整流装置的触发脉冲的相位，进而可改变晶闸管整流器的输出电压 U_d 的大小，从而达到改变直流电动机转速的目的。其机械特性如图 6-7 所示。

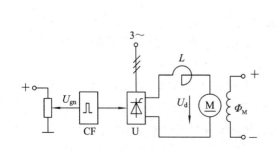

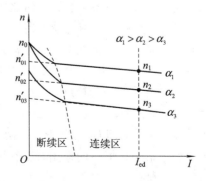

图 6-6 晶闸管-电动机系统　　　　图 6-7 U-M 系统的机械特性

在晶闸管—电动机系统中，当主回路串接了电感量足够大的电抗器，且电动机负载电流 I_d 足够大时，主回路电流是连续的。当电动机空载或轻载，即电动机负载电流较 I_d 小时，主回路电流将产生电流断续的特殊现象。主回路电流连续与断续对晶闸管—电动机系统的开环机械特性将产生很大的影响。如图 6-7 所示，在电流连续区，该特性曲线亦是一簇互相平行的直线，与 G-M 系统的机械特性相似。

晶闸管—电动机（U-M）系统与上述发电机—电动机系统相比较，不仅在经济性和可靠性上都有很大提高，而且在技术性能上有更大的优势，具有控制灵敏、响应快、占地面积小、能耗低、效率高、噪声小、维护方便等优点，因而得到了广泛应用。目前，直流电动机调速系统绝大部分都采用晶闸管—电动机系统。但由于元件的单向导电性，使系统可逆运行比较困难，且功率因数低。另外电子元件自身的一些缺点，如散热、抗过电流、过电压能力等问题，以及产生高次谐波引起电网电压、电流波形畸变等问题，在使用中应引起足够重视。

基于上述晶闸管—电动机系统出现的问题，可以借助一些电力电子"全控型"元件构成斩波电路，实现 PWM 调速，构成 PWM 调速系统。由于 U-M 调速系统应用广泛，又是 PWM 调速系统的基础，故本章主要讨论 U-M 系统的基本调速原理。

6.1.4　晶闸管直流调速系统的开环机械特性

对于 U-M 调速系统来说，是由晶闸管触发整流装置提供直流电源的，其供给电动机的电压因负载的变化而不同。由电力电子变流技术知识知，当整流装置负载电流连续时，整流装置输出电压为

$$U_d = \frac{m}{\pi} E_m \sin \frac{\pi}{m} \cos\alpha$$

式中，E_m 为 $\alpha = 0$ 时的整流电压波形峰值；m 为交流电源一周期内的整流电压波头数。

因此，可得出电枢电流连续时调速系统的转速方程为

$$n = \frac{1}{C_e} \left(\frac{m}{\pi} E_m \sin \frac{\pi}{m} \cos\alpha - I_d R \right)$$

式中，$C_e = K_e \Phi_{ed}$ 为电机在额定磁通下的电动势转速比。

改变控制角 α，即改变电枢电压可得到一簇平行直线，如图 6-7 所示，与电动机的机械特性很相似。当电流很小可能出现断续时，在图中采用虚线画法。这是因为上述机械特性不适合电流断续时的真实情况。由此可见，只要电动机电枢电流连续，调节触发整流装置的输出，就可很好的调节电动机转速。

当整流装置负载电流断续时，其输出电压比较复杂，电动机的机械特性也比较复杂，有关内容可参考"电力电子变流技术"相关内容，这里不再赘述。这里只从物理概念上分析一下此时机械特性的一些特点。

特点一：电流断续使系统的理想空载转速 n_0 升高。当电动机的反电动势大于或等于整流装置的输出电压，即 $U_{d0} \leqslant E$ 时，晶闸管截止关断，电动机电枢电流为 0，这时电动机的反电动势由于电动机惯性的作用，几乎不发生变化，整流装置的输出电压为 E'_0。以三相半波电路为例，则有

当 $60° \leqslant \alpha \leqslant 150°$ 时，

$$E_0' = \sqrt{2}U_2 \sin(30° + \alpha)$$
$$n_0' = \sqrt{2}U_2 \sin(30° + \alpha)/C_e$$

当 $\alpha \leqslant 60°$ 时，

$$E_0' = \sqrt{2}U_2$$
$$n_0' = \sqrt{2}U_2/C_e$$

而当电流连续时，

$$E_0' = 1.17U_2 \cos\alpha$$
$$n_0' = 1.17U_2 \cos\alpha/C_e$$

由此可见，同样的控制角，电流断续后的理想空载转速要比电流连续时的高。

特点二：电流断续使系统的机械特性出现非线性上翘现象，即使负载电流发生很小的变化也可能引起转速很大的变化。当电枢电流 i_d 断续时，为底部宽度较窄的脉冲电流。电枢电流的平均值 I_d 与脉冲电流波形所包围的面积成正比，为产生一定的 I_d，必须使电枢电流峰值 i_{dmax} 较大，这就要求增大 $(U_{d0} - E)$，而 U_{d0} 由整流装置决定不能改变，故只能降低 E（即转速）方能适应负载电流的增大。这样就造成了电流断续时系统机械特性特别软的现象。随着转速的下降，脉冲电流底部宽度逐渐增大，直到电枢电流达到临界连续状态。

由图 6-7 可见，当电流连续时，特性比较硬；断续时则很软，呈现明显的非线性，理想空载转速升得较高。分析调速系统时，只要主电路电阻足够大，一般可以近似地只考虑连续段，即就是用连续段特性及其延长线（虚线）作为系统的机械特性。

6.1.5　直流调速系统的主要性能指标

所有的可控生产设备，其生产工艺对控制性能都有一定的要求。例如，在机械加工工业中，精密机床要求的加工精度达百分之几毫米；重型铣床的进给机构需要在很宽的范围内调速，其最高转速可达 600 mm/min，而精加工时最低转速只有 2 mm/min；又如，巨型轧钢设备，需要轧钢机的轧辊在不到一秒的时间内就得完成从正转到反转的全部过程，而且操作频繁；轧制板材的轧钢机的定位系统，其定位精度要求不大于 0.01 mm；再如，高速造纸机，抄纸速度可达到 1000 m/min，要求稳速误差小于 $\pm 0.01\%$。这些例子，举不胜举。所有这些对生产设备的性能指标，由于其生产工艺过程不同，要求就当然不尽相同，但归纳起来主要有以下三个方面：

① 调速　在一定的范围之内有级或无级地调节转速。调速系统的旋转方向允许正、反向的，称之为可逆系统；只能单方向运行的则称之为不可逆系统。

② 稳速　以一定的精度在要求的转速上稳定运行。对各种可能的干扰，都不允许有过大的转速变化，从而保证产品质量。

③ 加、减速　频繁起、制动的设备为提高效率，需要尽快地加、减速。不适合快速改变转速的设备，则要求起、制动尽可能地平稳。

上述三个方面的要求可具体转化为调速系统的稳态（静态）性能指标和动态性能指标。

1. 稳态性能指标

稳态性能指标是指系统稳定运行时的性能指标，包括调速系统稳定运行时的调速范围和静差率，位置随动系统的定位精度和速度跟踪精度，张力控制系统的稳态张力误差等。

下面具体介绍一下调速系统的稳态指标。

1) 调速范围

电力拖动控制系统的调速范围是指电动机在额定负载下，运行的最高转速 n_{max} 与最低转速 n_{min} 之比，用 D 表示，即

$$D = \frac{n_{max}}{n_{min}}$$

对于调压调速系统来说，电动机的最高转速 n_{max} 即为其额定转速 n_{ed}。D 值越大，系统的调速范围越宽。对于少数负载很轻的机械，例如精密磨床，也可以用实际负载时的转速来定义调速范围。调速范围又称做调速比。根据这个指标，电力拖动系统可分为：调速范围小的系统，一般指 $D<3$；调速范围中等的系统，一般指 $3 \leqslant D<50$；调速范围宽的系统，一般指 $D \geqslant 50$。现代电力拖动控制系统的调速范围可以做到 $D \geqslant 10\,000$。

2) 静差率

当系统在某一转速下运行时，负载由理想空载增加到额定负载所引起的转速降落 Δn_{ed} 与理想空载转速 n_0 之比，称做静差率，用 S 表示，即

$$s = \frac{\Delta n_{ed}}{n_0} = \frac{n_0 - n_{ed}}{n_0}$$

或用百分数表示为

$$s = \frac{\Delta n_{ed}}{n_0} \times 100\%$$

由上式可知，静差率是用来表示负载转矩变化时电动机转速变化的程度，它和机械特性的硬度有关，特性越硬，静差率越小，转速的变化程度越小，稳定度越高。

然而静差率和机械特性硬度又是有区别的。例如有 a、b 两条调压调速系统的机械特性，两者的硬度相同，即额定速降 $\Delta n_{eda} = \Delta n_{edb}$，如果理想空载转速不相同，那么它们的静差率肯定不同。根据定义式，由于 $n_{0a}>n_{0b}$，所以 $s_a>s_b$。这就是说，对于同样硬度的机械特性，理想空载转速越低，静差率越大，转速的相对稳定度也就越差。也就是说，在电力拖动系统中，如果能满足最低转速运行时静差率 s 的要求，则高速时就不成问题了。所以一般所说静差率的要求是指系统最低速时能达到的静差率指标。

调速范围和静差率这两项指标是相互联系的，例如，额定负载时的转速降落 $\Delta n_{ed} = 50$ r/min，当 $n_0 = 1000$ r/min 时，转速降落占 5%；当 $n_0 = 500$ r/min 时，转速降落占 10%；当 $n_0 = 50$ r/min 时，转速降落占 100%，电动机就停止转动了。由此可见，离开了对静差率的要求，调速范围便失去了意义。由此可见，一个调速系统的调速范围，是指在最低速时满足静差要求下所能达到的最大范围。脱离了对静差率的要求，任何调压调速系统都可以得到极高的调速范围；脱离了调速范围，要满足要求的静差率也就容易得多了。

3) D、S、Δn_{ed} 三者之间的关系

在调压调速系统中，n_{max} 就是电动机的额定转速 n_{ed}，即 $n_{max} = n_{ed}$。而调速系统的静差率是指系统最低速时的静差率，即

$$s = \frac{\Delta n_{ed}}{n_{0min}}$$

又因为 $n_{min} = n_{0min} - \Delta n_{ed} = \dfrac{\Delta n_{ed}}{s} - \Delta n_{ed} = \dfrac{(1-s)\Delta n_{ed}}{s}$

代入调速范围的表达式 $D = \dfrac{n_{\max}}{n_{\min}} = \dfrac{n_{\mathrm{ed}}}{n_{\min}}$，得

$$D = \frac{n_{\mathrm{ed}} \cdot s}{\Delta n_{\mathrm{ed}}(1 - s)}$$

上式表示了调速范围 D、静差率 s 和额定转速降 Δn_{ed} 之间所应当满足的关系。对于同一个调速系统，n_{ed} 可由电动机的出厂数据给出，D 和 s 由生产机械的要求确定，当系统的特性硬度或 Δn_{ed} 值一定时，如果对静差率 s 的要求越小，则系统能够达到的调速范围 D 越小。当对 D、s 都提出一定的要求时，为了满足要求就必须使 Δn_{ed} 小于某一值。一般来讲，调速系统要解决的问题就是如何减少转速降落 Δn_{ed} 的问题。

电力拖动系统的另一项静态指标是调速平滑性，它用调速时可以得到的相邻转速之比来表示。无级调速时，该比值接近于 1，即转速可以连续平滑调节。

2. 动态性能指标

电力拖动控制系统在动态过程中的性能指标称作动态指标。由于实际系统存在着电磁和机械特性，因此当转速调节时总有一个动态过程。衡量系统动态性能的指标分为跟随性能指标和抗扰性能指标两类。

1）跟随性能指标

具体的跟随性能指标有：上升时间 t_{r}、超调量 $\sigma\%$、调整时间 t_{s} 等。这些性能指标与我们在前面章节里面所论述的内容一致，这里不再赘述。

2）抗扰性能指标

控制系统在稳态运行时，由于电动机负载的变化，电网电压的波动等干扰因素的影响，都会引起输出量的变化，经历一段动态过程后，系统总能达到新的稳态。这就是系统的抗扰过程。一般以系统稳定运行时突加一个负的阶跃扰动以后，系统的动态过程作为典型的抗扰过程，如图 6-8 所示，抗扰性能指标定义如下：

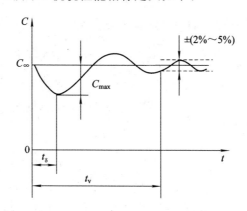

图 6-8　系统抗扰动态过程示意图

① 最大动态降落 $\Delta C_{\max}\%$　系统稳定运行时，突加一定数值的阶跃扰动（例如额定负载扰动）后引起的输出量的最大降落 $\Delta C_{\max}$。最大动态降落常用百分数表示。

$$\Delta C_{\max} = \frac{C_{\max} - C_{\infty}}{C_{\infty}} = \frac{\Delta C_{\max}}{C_{\infty}} \times 100\%$$

调速系统突加负载扰动时的动态降落称为动态速降，用 $\Delta n_{\max}\%$ 表示。

② 恢复时间 t_v　从阶跃扰动作用开始，到输出量恢复到原稳态值的±5％（或±2％）范围之内所需的时间，定义为恢复时间，用 t_v 表示。一般说来，阶跃扰动下输出量的动态降落越小，恢复时间越短，系统的抗扰能力就越强。

实际控制系统对于各种动态性能指标的要求各异。有的对系统的动态跟随性能和抗扰性能要求都较高；而有的则要求有一定的抗扰性能，跟随性能好坏问题不大。一般来说，调速系统的动态指标以抗扰性能为主，而随动系统的动态指标则以跟随性能为主。

6.2　单闭环直流调速系统

6.2.1　单闭环转速有静差调速系统

1. 开环调速系统

图 6-6 所示的 U-M 系统是开环调速系统，其特点是给定电压直接作为触发器的控制电压来调节电动机的转速。如果对静差率要求不高时，开环系统也能实现一定范围内的无级调速。但是许多生产机械对静差率和调速范围都同时提出一定的要求。为了保证一定的性能指标，转速不允许有较大的波动，一般要求调速范围 $D=20\sim40$，静差率 $s\leqslant5\%$。在这些情况下，开环系统往往不能满足要求。

例 1　某直流拖动系统，其直流电动机参数为 $P_{ed}=60$ kW，$U_{ed}=220$ V，$I_{ed}=305$ A，$n_{ed}=1000$ r/min，已知主回路总电阻 $R=0.18$ Ω，电动机 $C_e=0.2$ V·min/r。若要求 $D=20$，$s\leqslant5\%$，问采用开环 U-M 系统能否满足要求？

解：系统在额定负载下的转速降落为电枢电阻引起的，所以

$$\Delta n_{ed}=\frac{I_{ed}\cdot R}{C_e}=\frac{305\times0.18}{0.2}=275\text{ r/min}$$

开环系统机械特性连续段在额定转速时的静差率为

$$s=\frac{\Delta n_{ed}}{n_{ed}+\Delta n_{ed}}=\frac{275}{1000+275}=0.216=21.6\%$$

由以上计算可看出，在额定转速时的静差率 s 已不能满足小于 5％的要求。

我们知道低速时的静差率远大于高速时的静差率，所以低速时静差率就更不能满足要求，即开环系统不能满足要求。

如果要满足 $D=20$，$s\leqslant5\%$的要求，则 Δn_{ed} 应为

$$\Delta n_{ed}=\frac{n_{ed}\cdot s}{D(1-s)}=\frac{1000\times0.05}{20(1-0.05)}=2.63\text{ r/min}$$

也就是说，只有把额定转速降落从开环系统的 275 r/min 降低到 2.63 r/min 以下，才能满足系统的要求。而开环系统本身是无法实现的，因为 $\Delta n_{ed}=\dfrac{I_{ed}R}{C_e}$，其中主回路总电阻 R、电动机系数 C_e、额定电流 I_{ed} 都不能改变。

从开环系统的工作原理上看，当给定信号一定时，晶闸管变流器的控制角 α 是固定不变的，故变流器的输出电压 U_{do} 也是恒定的。又由于额定转速降落较大，故系统仅为一条固定的较软的机械特性。当负载电流增大时，由于电枢回路电阻上的电压降 $I_{ed}R$ 增大，使得

电动机的反电动势 E 下降，从而转速随着负载的增加有较大的下降。

　　根据反馈控制理论，为了使某一量保持不变，可以引入该量的负反馈。为了减小转速降落，我们可以引入转速负反馈，构成转速闭环控制系统。由于这里只有一个转速反馈环，故称为转速单闭环调速系统。

2. 转速单闭环调速系统

　　如图 6-9 所示为转速负反馈调速系统的原理框图。该系统的被控量是转速，为了取得转速反馈信号，在电动机轴上安装一台测速发电机 TG，从而引出与转速成正比的负反馈电压 U_{fn}，与转速给定电压 U_{gn} 比较后，得到偏差电压 ΔU_n，经放大器放大后产生触发器 CF 的控制电压 U_c，用以控制电动机的转速。根据反馈控制理论，闭环反馈控制系统是按被控量的偏差进行控制的系统，只要被控量出现偏差，它就会自动调节减小这一偏差。转速降落正是由负载引起的转速偏差，所以闭环调速系统能够大大减小转速降落。

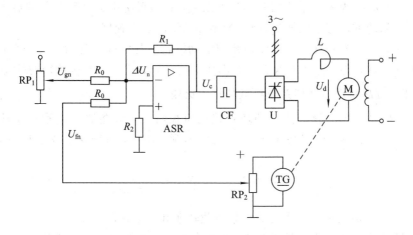

图 6-9　转速负反馈调速系统原理框图

为了定性分析系统的静态指标，首先确定各环节的稳态输入输出关系。系统中各环节的稳态输入输出关系如下：

电压比较环节

$$\Delta U_n = U_{gn} - U_{fn}$$

运算放大器

$$U_c = K_p \cdot \Delta U_n$$

晶闸管整流器及触发装置

$$U_{d0} = K_s \cdot U_c$$

U-M 系统的开环机械特性

$$n = \frac{U_{d0} - I_d R}{C_e}$$

转速检测环节

$$U_{fn} = \alpha \cdot n$$

式中，K_p 为放大器的电压放大系数；K_s 为晶闸管整流器及触发装置的电压放大系数；α 为转速反馈系数，V·min/r。

　　根据以上各环节的稳态输入输出关系，可画出转速负反馈单闭环调速系统的稳态框图，如图 6 - 10 所示。

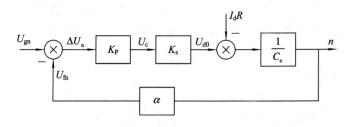

图 6 - 10　转速负反馈单闭环调整系统的稳态框图

化简结构图，可得到系统的静特性方程式

$$n = \frac{K_p K_s U_{gn}}{C_e(1+K)} - \frac{I_d R}{C_e(1+K)} = n_{0b} - \Delta n_b$$

式中，$K = K_p K_s \alpha / C_e$ 为闭环系统的开环放大系数，它是系统中各个环节单独放大系数的乘积；n_{ob} 为闭环系统的理想空载转速；Δn_b 为闭环系统的稳态速降。

闭环调速系统的静特性表示了闭环系统电动机转速与负载电流的稳态关系，它在形式上与开环机械特性相似，但两者含义却有本质上的区别，故称为调速系统的静特性。

3. 闭环系统静特性与开环系统机械特性的比较

比较一下闭环系统的静特性与开环系统的机械特性，就能清楚地看出闭环控制的优点。如果将闭环系统的反馈回路断开，即令 $\alpha = 0$，则 $K = 0$，系统就变成了开环系统，其机械特性方程式为

$$n = \frac{K_p K_s U_{gn}}{C_e} - \frac{I_d R}{C_e} = n_{0k} - \Delta n_k$$

式中，n_{0k} 和 Δn_k 分别表示开环系统的理想空载转速和稳态速降。

比较闭环系统的静特性与开环系统的机械特性式，不难得出以下结论：

① 闭环系统的静特性比开环系统机械特性硬得多。

在同样的负载下，两者的稳态速降分别为

$$\Delta n_b = \frac{I_d R}{C_e(1+K)} \quad 和 \quad \Delta n_k = \frac{I_d R}{C_e}$$

它们的关系是

$$\Delta n_b = \frac{\Delta n_k}{1+K}$$

显然，当 K 值较大时，Δn_b 比 Δn_k 小得多，也就是说，在相同负载电流条件下，闭环系统的静态速降 Δn_b 仅为开环系统静态速降 Δn_k 的 $1/(1+K)$ 倍。

② 闭环系统的静差率比开环系统的小得多。

闭环系统和开环系统的静差率分别为

$$s_b = \frac{\Delta n_b}{n_{0b}} \quad 和 \quad s_k = \frac{\Delta n_k}{n_{0k}}$$

当 $n_{0b} = n_{0k}$ 时，则有

$$s_b = \frac{s_k}{1+K}$$

可见，闭环系统的静差率 s_b 仅为开环系统静差率 s_k 的 $1/(1+K)$ 倍，系统闭环后静差

率可显著减小。

③ 当要求的静差率一定时,闭环系统的调速范围可以大大提高。

如果电动机的最高转速都是 n_{ed},且对最低转速静差率的要求相同,则有

开环系统 $$D_k = \frac{s \cdot n_{ed}}{\Delta n_k (1-s)}$$

闭环系统 $$D_b = \frac{s \cdot n_{ed}}{\Delta n_b (1-s)}$$

所以得出 $$D_b = (1+K)D_k$$

即闭环系统的调速范围 D_b 是开环系统调速范围的 $(1+K)$ 倍。

④ 要获得上述三条优越性能,闭环系统必须设置放大器。

综合分析上述结果,不难看出要取得上述三条优点,K 值要足够大。由系统的开环放大系数 $K = K_p K_s \alpha/C_e$ 可看出,若要增大 K 值,只能增大 K_p 和 α 值,因此系统必须设置放大器。实际上,无论开环还是闭环系统,给定电压 U_{gn} 和触发装置的控制电压 U_c 都是属于同一数量级的电压。在开环系统中,U_{gn} 直接作为 U_c 来控制,因而不须设置放大器;而在闭环系统中,引入转速反馈电压 U_{fn} 后,若要使转速偏差小,$\Delta U_n = U_{gn} - U_{fn}$ 就必须压得很低,甚至低到使触发整流装置不能正常工作的程度,所以必须设置放大器,才能获得足够的控制电压 U_c。

现在再对上面的例子进行分析和计算。已知 $\Delta n_k = 275$ r/min,要满足 $D = 20$,$s \leqslant 5\%$ 的要求,应有 $\Delta n_b \leqslant 2.63$ r/min,则

$$K = \frac{\Delta n_k}{\Delta n_b} - 1 \geqslant \frac{275}{2.63} - 1 = 103.6$$

若已知系统的参数为 $C_e = 0.2$ V·min/r,$K_s = 30$,$\alpha = 0.015$ V·min/r,则

$$K_p = \frac{K}{K_s \alpha/C_e} \geqslant \frac{103.6}{30 \times 0.015/0.2} = 46$$

即只要放大器的放大系数大于或等于 46,闭环系统就能满足 $D = 20$、$s \leqslant 5\%$ 的稳态指标要求。

综合闭环系统静特性的特点,可得出这样的结论:闭环系统可以获得比开环系统硬得多的静特性,且闭环系统的开环放大系数 K 值越大,静特性就越硬,从而能够在保证一定静差率要求下,提高系统的调速范围,为实现这种性能就必须增设检测与反馈环节和电压放大器。

闭环系统为何能减小系统的稳态速降呢?我们知道,调速系统的稳态速降是由电枢回路总电阻压降决定的,系统采取闭环控制之后这个压降并没有改变,而系统的稳态速降却变的很小,这是因为在开环系统中,当负载电流增大导致电枢压降增大时,由于整流输出电压 U_{d0} 不变,所以转速只能降下来;而在闭环系统中,当负载增加,转速下降时,转速反馈信号随之下降,由于给定电压 U_{gn} 不变,所以,加到放大器输入端的偏差电压 ΔU_n 增大,经过放大后 U_c 增大,从而使整流输出电压 U_{d0} 增大,实现了对负载电流增大引起的电枢压降的自动补偿,使转速回升,以维持转速基本不变,于是因负载增大而引起的转速降比开环时小了。

如图 6-11 所示为闭环系统的静特性。从静特性图上看,当负载电流从 I_{d1} 增大到 I_{d2} 时,由于反馈调节作用,整流输出电压由 U_{d01} 上升到 U_{d02},电动机由 U_{d01} 所对应机械特性

曲线的 A 点过渡到 U_{d02} 所对应机械特性曲线的 B 点上稳定运行。这样，在闭环系统中，每增加（或减少）一点负载，整流电压就相应地提高（或降低）一点，因而就改变一条机械特性。闭环系统的静特性就是在这许多开环机械特性上各取一个相应的工作点（如图中的 A、B、C、D 点），再由这些点集合而成的，如图 6-11 所示，因此闭环系统的静特性比较硬。

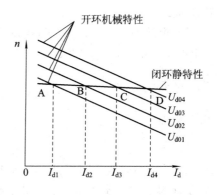

图 6-11　闭环静特性与开环机械特性的关系

由此可见，闭环系统能够减少稳态速降的实质在于它的自动调节作用，在于它能随着负载的变化而自动调节整流装置的输出电压，使转速作相应改变。

4. 反馈控制的基本特征

转速负反馈闭环系统是一种基本反馈控制系统，它具有以下四项基本特征，即反馈控制的基本特征。

1）被控量有静差

采用比例放大器的反馈控制系统是有静差的。从上面对静特性的分析中可以看出，闭环系统的稳态速降为

$$\Delta n_b = \frac{I_d R}{C_e(1+K)}$$

只有当 $K=\infty$ 时才能使 $\Delta n_b=0$，即实现无静差。而实际上不可能获得无穷大的 K 值，况且过大的 K 值将可能导致系统不稳定。

从控制作用上看，放大器的输出电压 U_c 与转速偏差电压 ΔU_n 成正比，如果实现无静差，$\Delta n_b=0$，则控制信号 $\Delta U_n=0$，$U_c=0$，系统就停止运行了。所以说，这种系统正是依靠被调量的偏差（实际转速与理想空载转速的偏差）来实现调节作用的，故又称为有静差系统。

2）被调量紧紧跟随给定量的变化

在反馈控制系统中，当给定 U_{gn} 改变时，ΔU_n、U_c、U_{d0} 将随之发生一系列变化，一直到最终的稳定运行，使被调量（转速）随之变化。调速系统要求电动机转速能在一定范围内调节，就是靠调节给定量的大小来实现的。

3）对包围在反馈环中前向通路上的各种扰动有较强的抑制作用

当系统给定电压不变时，引起被调量转速变化的因素称为扰动。反馈控制系统对被包围在系统前向通道上的各种扰动都有抑制作用。前面我们只讨论了负载变化引起转速降落这样一种调速系统的主要扰动作用，实际上，引起转速变化的因素还很多，如交流电源电压的波动、电动机励磁电流的变化、放大器放大系数漂移、温度变化引起主电路电阻变化等等。图 6-12 画出了系统可能出现的各种扰动作用，其中箭头 $I_d R$ 表示负载扰动，其它指向各方框的箭头分别表示会引起放大系数变化的扰动作用。此图表明，反馈环内作用在系统前向通道上的各种扰动，最终都要引起转速的变化，并且都会被转速检测环节检测出来，再通过反馈控制作用，减小它们对稳态转速的影响。

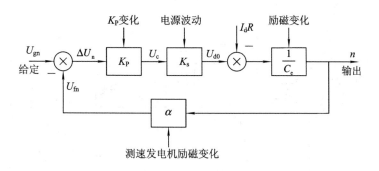

图 6-12 反馈控制系统给定作用与扰动作用

抑制扰动性能是反馈控制系统最突出的特征。根据这一特征，在设计系统时，一般只考虑其中最主要的扰动，例如在调速系统中只考虑负载扰动，按照克服负载扰动的要求进行设计时，则其它扰动的影响也必然受到抑制。

下面以负载扰动为例，说明系统受扰动后转速 n 的自动调节过程。当负载增加时表示为 $T_L \uparrow$（T_L 表示电动机的负载转矩，T_e 表示电动机的电磁转矩），转速下降时表示为 $n \downarrow$，以同样的规则表示调节过程中其它各量的变化规律。当负载突增时，系统调节过程如下：

$$T_L \uparrow \rightarrow T_L > T_e \rightarrow n \downarrow \rightarrow U_{fn} \downarrow \rightarrow \Delta U_n \uparrow \rightarrow U_c \uparrow \rightarrow U_{d0} \uparrow \rightarrow I_d \uparrow \rightarrow T_e \uparrow \rightarrow T_e > T_L \rightarrow n \uparrow$$

通过此调节过程，系统重新进入新的稳态运行。由于系统采用比例放大器，属于有静差系统，所以转速不能回升到原来的稳态值，其稳态速降为

$$\Delta n_b = \frac{R(I_{d1} - I_{d2})}{C_e(1 + K)}$$

式中 I_{d1}、I_{d2} 分别为不同负载时的稳态电流值。

同理，可以分析包围在反馈环内的其它各种扰动因素对系统输出的影响及其调节过程。

4）反馈控制系统对给定信号和检测装置所产生的扰动无法抑制

由图 6-12 可以看出，给定电压的细微变化，都会引起转速的变化，而不受反馈的抑制。如果给定电源发生了不应有的波动，则转速也随之变化，反馈控制系统无法鉴别是正常的调节给定电压还是给定电源的变化，因此高精度的调速系统需要有高精度的给定稳压电源。

此外，对反馈检测元件本身的误差，反馈控制也是无法抑制的。在调速系统中，如果测速发电机的励磁发生了变化，则反馈电压 U_{fn} 也要改变，即反馈信号不能如实反映被控量转速的实际情况，通过系统的反馈调节，反而使电动机转速离开了原应保持的数值。另外，测速发电机输出电压中的换向纹波，由于制造或安装不良造成转子和定子间的偏心等等，都会给系统带来周期性的干扰。所以，高精度的控制系统还必须有高精度的检测元件作保证。

5. 系统稳态参数计算

稳态参数计算主要围绕着如何同时满足稳态指标——调速范围 D 和静差率 s 而进行，它决定了控制系统的基本构成。下面举例说明调速系统的稳态参数计算。

如图 6-13 所示的直流调速系统，已知数据如下：

（1）电动机 额定数据为 10 kW、220 V、55 A、1000 r/min，电枢电阻 $R_a = 0.5\ \Omega$。

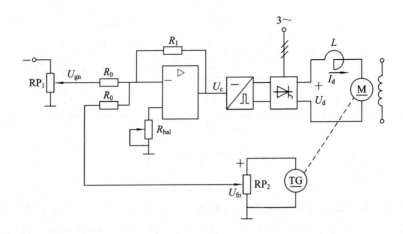

图 6-13　单闭环有静差直流调速系统原理图

（2）晶闸管变流器　三相全控桥式电路，整流变压器 Y/Y 接法，二次线电压 $E_{2l}=230$ V，触发整流环节的放大系数 $K_s=44$。

（3）U-M 系统　主回路总电阻 $R=1.0$ Ω。

（4）测速发电机　ZYS231/110 型永磁式，额定数据为 23.1 W、110 V、0.21 A、1900 r/min。

（5）生产机械　要求调速范围 $D=10$，静差率 $s\leqslant5\%$。

根据以上数据和稳态要求计算参数如下。

① 为了满足 $D=10$、$s\leqslant5\%$，额定负载时调速系统的稳态速降应为

$$\Delta n_b = \frac{s \cdot n_{ed}}{D(1-s)} \leqslant \frac{0.05 \times 1000}{10 \times (1-0.05)}\text{r/min} = 5.26 \text{ r/min}$$

② 根据 Δn_b，求出系统的开环放大系数

$$K = \frac{I_{ed}R}{C_e\Delta n_b} - 1 \geqslant \frac{55 \times 1.0}{0.1925 \times 5.26} - 1 = 53.3$$

式中，$C_e = \dfrac{U_{ed} - I_{ed}R_a}{n_{ed}} = \dfrac{220-55\times0.5}{1000} = 0.1925$ V·min/r

3）计算测速反馈环节的参数

测速反馈系数 α 包含测速发电机的电动势转速比 C_{eTG} 和电位器 RP_2 的分压系数 α_2，即

$$\alpha = \alpha_2 C_{eTG}$$

根据测速发电机的数据可得

$$C_{eTG} = \frac{110 \text{ V}}{1900 \text{ r/min}} = 0.0579 \text{ Vmin/r}$$

试取 $\alpha_2=0.2$，如测速发电机与主电动机直接联接，则电动机在最高转速 1000 r/min 时，反馈电压为

$$U_{fn} = 1000 \text{ r/min} \times 0.0579 \text{ Vmin/r} \times 0.2 = 11.58 \text{ V}$$

相对应最大转速给定约为 12 V，若直流电源为 ±15 V，可以满足要求，即 α_2 取值是合适的。

所以

$$\alpha = \alpha_2 C_{eTG} = 0.2 \times 0.0579 \text{ Vmin/r} = 0.011\ 58 \text{ Vmin/r}$$

电位器 RP_2 的选择原则是，考虑测速发电机输出最高电压时，其电流约为额定值的

20%，这样，测速机电枢压降对检测信号的线性度影响较小，于是

$$R_{\mathrm{RP_2}} \approx \frac{C_{\mathrm{eTG}} n_{\mathrm{ed}}}{20\% I_{\mathrm{edTG}}} = \frac{0.0579 \times 1000}{0.2 \times 0.21} = 1379 \ \Omega$$

此时 RP$_2$ 所消耗的功率为

$$C_{\mathrm{eTG}} \times n_{\mathrm{ed}} \times 0.21 I_{\mathrm{edTG}} = 0.0579 \times 1000 \times 0.2 \times 0.21 \ \mathrm{W} \approx 2.43 \ \mathrm{W}$$

为了使电位器不过热，实选功率应为消耗功率的一倍以上，故选 RP$_2$ 为 10 W、1.5 kΩ 的可调电位器。

④ 计算放大器的电压放大系数

$$K_{\mathrm{p}} = \frac{K C_{\mathrm{e}}}{\alpha K_{\mathrm{s}}} \geqslant \frac{53.3 \times 0.1925}{0.011\,58 \times 44} = 20.14$$

实取 $K_{\mathrm{p}} = 21$。

如果取放大器的输入电阻 $R_0 = 40$ kΩ，则 $R_1 = K_{\mathrm{P}} R_0 = 40 \times 21$ kΩ $= 840$ kΩ。

6.2.2　单闭环转速无静差调速系统

通过前面的学习，我们知道，采用比例调节器的单闭环转速负反馈控制系统是有静差的。增大放大系数虽能减小静差，但实际上不可能完全消除静差，这是由负反馈控制的偏差控制原理决定的。由控制规律知，要想实现无静差，就必须把单纯的比例控制换成比例积分控制，从根本上消除静差。

1. 积分调节器

1）积分调节器的原理和控制规律

由线性集成运算放大器构成的积分调节器（简称 I 调节器）的原理图如图 6-14(a) 所示。根据"虚地"、"虚断"的概念可以很容易得出输入信号与输出信号之间的运算关系，同时可得到在阶跃信号输入作用下所对应的输入输出特性曲线。输入输出之间的表达式为

$$U_{\mathrm{o}} = -\frac{1}{C} \int i \mathrm{d}t = -\frac{1}{R_0 C} \int U_{\mathrm{i}} \mathrm{d}t = -\frac{1}{\tau} \int U_{\mathrm{i}} \mathrm{d}t$$

式中，τ 为积分调节器的积分时间常数，$\tau = R_0 C$。

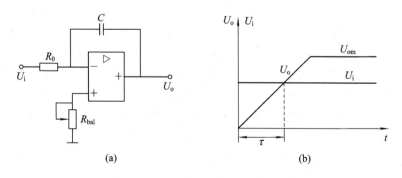

图 6-14　积分调节器电路原理图及输入、输出特性

积分调节器的传递函数为

$$G_{\mathrm{i}}(s) = \frac{U_{\mathrm{o}}(s)}{U_{\mathrm{i}}(s)} = -\frac{1}{\tau s}$$

当不考虑输入输出之间的相位关系时，在 U_{i} 为阶跃输入时，对其输入表达式进行积分

计算(设 U_o 的初始值为零),得积分调节器的输出时间表达式为

$$U_o = \frac{U_i}{\tau} t$$

这表明调节器输入电压 U_i 为恒值时,输出电压 U_o 随时间线性增长,每一段时刻的 U_o 值和 U_i 与横轴所包围的面积成正比,如图 6-14(b)所示。

如果 $U_i = f(t)$ 为图 6-15 所示的信号(当调速系统突加负载时,其偏差电压 ΔU_n 即为此波形),同样按照 U_i 与横轴所包围的面积成正比的关系可求出相应的 $U_o = f(t)$ 曲线,图中 U_i 的最大值对应于 $U_o = f(t)$ 曲线的拐点。

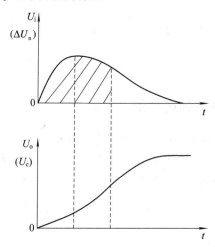

图 6-15　积分调节器在突加负载时的输出特性

从上面积分调节器输入输出特性可以看出,积分调节器具有以下特点:

① 积累作用　只要输入信号不为零(其特性不变),积分调节器的输出就一直增长,只有输入信号为零时,输出才停止增长,但保持恒值输出。利用积分调节器的这个特性,就可以完全消除系统中的稳态偏差。考虑实际情况,由于调节器的电源为一定数值,而且由于系统控制的需要,调节器设有输出限幅装置,所以当输出电压上升到限幅值时,输出停止上升,并保持在限幅上。

② 记忆作用　在积分过程中,输入信号衰减为零时,输出并不为零,而是始终保持在输入信号为零前的那个输出瞬时值上。这是积分控制明显区别于比例控制的地方。正因如此,积分控制可以使系统在偏差电压为零时保持恒速运行,从而得到无静差系统。

③ 延缓作用　从以上分析可知,尽管积分调节器的输入信号为阶跃信号,但其输出却不能随之跳变,而是逐渐积分线性增长。这就是积分调节器的延缓作用,它将影响系统控制的快速性。

2) 积分调节器——转速负反馈无静差系统

我们知道,在采用比例调节器的调速系统中,调节器的输出电压是触发器的控制电压 U_c,且 $U_c = K_p \Delta U_n$。只要电动机在运行,就必须有 U_c,也就必须有调节器的输入偏差电压 ΔU_n,这就是此类调速系统有静差的根本原因。有静差调速系统当负载转矩由 T_{L1} 突增到 T_{L2} 时,n、U_n 和 U_c 的变化过程如图 6-16 所示。

如果采用积分调节器,则触发器控制电压 U_c 是输入偏差信号对时间的积分,即

$$U_c = -\frac{1}{\tau}\int \Delta U_n \mathrm{d}t$$

根据以上分析的积分调节器控制规律,在动态过程中,只要 $\Delta U_n \neq 0$,控制电压 U_c 就一直增长;直至 $\Delta U_n = 0$,U_c 才停止增长,并保持一定值不变,系统保持恒速运行,从而得到无静差调速系统。当负载突增时,无静差调速系统的动态过程曲线如图 6-17 所示。

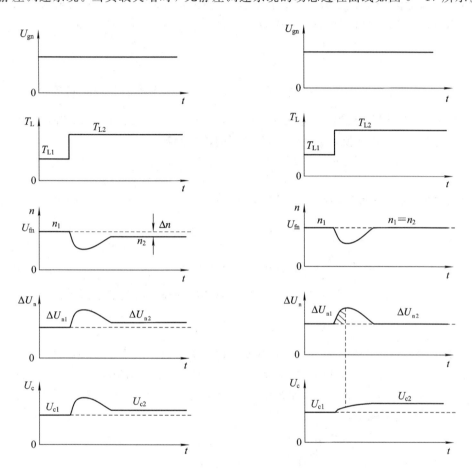

图 6-16　有静差系统在突加负载时的动态过程　　图 6-17　无静差系统在突加负载时的动态过程

由图可见,当调速系统的转速出现偏差时,偏差电压 $\Delta U_n > 0$,U_c 就上升,电动机的转速也随之上升,从而使转速偏差减小。只要转速偏差存在,即 $\Delta U_n \neq 0$,积分调节器就继续进行调节,一直到 $\Delta U_n = 0$ 为止,系统达到新的无静差稳态。可以看出,系统达到新的稳态时,U_c 已从 U_{c1} 上升到 U_{c2},这里 U_c 的改变并非仅仅依靠 ΔU_n 本身,而是依靠 ΔU_n 在一段时间内的积累来实现的。

从积分调节器的物理过程看,稳态时积分调节器的反馈电容器 C 相当于开路,调节器的稳态放大系数即为运算放大器的开环放大系数,在 10^4 以上,可使系统静差近似为零,实现无静差系统。

2. 比例积分调节器

1）比例积分调节器的原理和控制规律

上面的分析曾指出,积分调节器的缺点是具有延缓作用,在控制的快速性上不如比例调节器。如果系统既要求无静差又要响应快，则可以把比例控制和积分控制两种规律结合起来，构成比例积分调节器，这种控制方式就是常用的比例积分控制。

如图 6-18(a)所示为一种由集成运算放大器构成的比例积分调节器，简称 PI 调节器。同样，根据"虚地"、"虚断"的概念可以很容易得出输入信号与输出信号之间的运算关系，同时可得到在阶跃信号输入作用下所对应的输入输出特性曲线。在不考虑输入输出之间的反相作用时，其输入输出之间的表达式为

$$U_o = \frac{R_1}{R_0}U_i + \frac{1}{R_0 C}\int U_i \mathrm{d}t = K_{pi}U_i + \frac{1}{\tau}\int U_i \mathrm{d}t$$

式中，K_{pi} 为 PI 调节器比例放大系数，$K_{pi}=\dfrac{R_1}{R_0}$；τ 为 PI 调节器的积分时间常数，$\tau=R_0 C$。

由此可见，PI 调节器的输出电压 U_o 由比例和积分两部分相加组成。当初始条件为零时，对上式两端取拉氏变换，整理得 PI 调节器的传递函数

$$G_{pi}(s) = \frac{U_o(s)}{U_i(s)} = K_{pi} + \frac{1}{\tau s} = \frac{K_{pi}\tau s + 1}{\tau s}$$

令 $\tau_1 = K_{pi}\tau$，则此传递函数也可以写成如下的形式

$$G_{pi}(s) = \frac{\tau_1 s + 1}{\tau s}$$

式中，$\tau_1 = K_{pi}\tau = \dfrac{R_1}{R_0}\times R_0 C = R_1 C$ 为 PI 调节器的超前时间常数。

在零初始条件下，输入阶跃信号，可得 PI 调节器的输出时间表达式为

$$U_o = K_{pi}U_i + \frac{U_i}{\tau}t$$

其输出时间特性如图 6-18(b)所示。由图可以看出比例积分调节器的控制规律。当突加输入电压 U_i 时，输出电压突跳到 $K_{pi}U_i$，以保证一定的快速控制作用，这是比例部分作用的结果，随着时间增长，积分部分逐渐增大，调节器的输出 U_o 在 $K_{pi}U_i$ 基础上线性增长，直至达到运算放大器的限幅值。

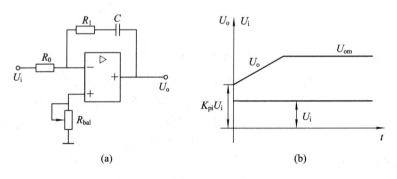

(a)   (b)

图 6-18 比例积分调节器电路原理图及输入、输出特性

从 PI 调节器控制的物理意义上看，当突加输入信号时，由于电容两端电压不能突变，电容相当于瞬时短路，此时调节器相当于一个放大系数为 $K_{pi} = R_1/R_0$ 的比例调节器，在其输出端即呈现电压 $K_{pi}U_i$，实现快速控制。此后，随着电容 C 被充电，输出电压 U_o 开始积分，其数值不断增长，直至稳态。稳态时，电容 C 相当于开路，和积分调节器一样，调节器可以获得极大的开环放大系数，实现稳态无静差。

由此可见，比例部分能迅速响应控制，积分部分则最终消除稳态偏差。比例积分控制既综合了比例控制和积分控制两种规律的优点，又克服了各自的缺点，互相补充，刚柔相济，很适合在自动控制系统中使用。当使用 PI 调节器的调速系统负载突加时，其偏差电压信号 ΔU_n 的变化，PI 调节器输出 U_o 的动态过程，如图 6-19 所示。输出波形中比例部分①和 U_i 成正比，积分部分②是 U_i 对时间的积分曲线，PI 调节器的输出电压 U_o 即为这两部分的和，即①＋②。可

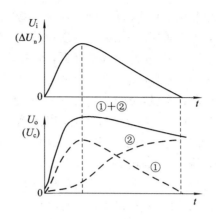

图 6-19　ΔU_n 信号输入时 PI 调节器的输出特性

见，U_o 既具有快速响应性能，又可以消除系统静差。

2）比例积分调节器——转速负反馈无静差系统

由于采用 PI 调节器后，系统为无静差调速系统，所以像有静差调速系统那样根据稳态调速指标来计算参数已无必要。下面仅分析一下系统抗负载扰动的动态调节过程。

如图 6-20 所示为采用比例积分调节器的转速负反馈无静差调速系统。

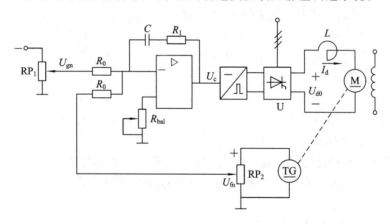

图 6-20　采用 PI 调节器的单闭环无静差直流调速系统原理图

当负载突增时，图 6-20 所示系统的动态过程曲线如图 6-21 所示。当负载由 T_{L1} 突增到 T_{L2} 时，负载转矩大于电动转矩而使转速下降，转速反馈电压 U_{fn} 随之下降，使调节器输入偏差 $\Delta U_n \neq 0$，于是引起 PI 调节器的调节过程。

由图 6-21 可见，在调节过程的初始阶段，比例部分立即输出 $K_p \Delta U_n$，它使控制电压 U_c（亦即整流电压 U_d）增加 $\Delta U_{c1}(\Delta U_{d1})$，如图 6-21 中曲线 1 所示，其大小与转速偏差 Δn 成正比，Δn 越大，$\Delta U_{c1}(\Delta U_{d1})$ 越大，调节作用越强，从而使转速沿着曲线缓慢下降。积分部分的输出电压 ΔU_{c2} 与 ΔU_n 对时间的积分成正比，即 $\Delta U_{c2} \propto \int \Delta U_n dt$，或 $d(\Delta U_{c2})/dt \propto \Delta U_n$。在初始阶段，由于 $\Delta n(\Delta U_n)$ 较小，所以积分部分输出增长缓慢，如图 6-21 中曲线 2 所示。当 Δn 达到最大值 Δn_{max} 时，比例部分输出 ΔU_{c1} 达到最大值，积分部分输出 ΔU_{c2} 的

增长速度最大。此后，转速开始回升，$\Delta n(\Delta U_n)$ 逐渐减小，比例部分输出 ΔU_{c1} 也逐渐减小，积分部分输出 ΔU_{c2} 的增长速度逐渐降低，但其值本身仍然向上增长，并对转速的回升起主要作用，直至转速恢复到原稳态值，$\Delta n = 0$，$\Delta U_n = 0$，此时 ΔU_{c2} 停止增长，并保持在这个数值上，而比例部分输出 ΔU_{c1} 衰减为零。这样积分作用的结果最终使 ΔU_c 比原稳态值 ΔU_{c1} 高出 ΔU_c，成为 ΔU_{c2}，相应增加的整流电压 ΔU_d 完全补偿了因负载增加而引起的电枢电阻压降的增量 $\Delta I_d R$，从而使转速回到原来的稳态值上，实现了转速无静差调节。总的 ΔU_c 变化曲线为曲线 1 和曲线 2 相加。在整个调节过程中，初始和中间阶段比例部分调节起主要作用，它迅速抑制转速的下降，使转速回升。在调节过程的后期，转速降落已很小，比例调节的作用已不显著，而积分调节作用上升到主要地位，依靠它最终消除静差。

从上述的系统抗负载扰动过程变化曲线可以看出，无静差调速系统只是在稳态上的无静差，在动态时还是有"差"的。衡量系统抗扰过程的动态性能指标主要有最大动态速降 $\Delta n_{\max}$ 和恢复时间 t_v。

比例积分调节器的等效放大系数在动态和稳

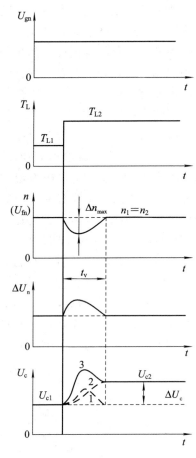

图 6-21 采用 PI 调节器系统的动态过程

态时是不同的。在动态时放大系数较小，以满足系统稳定性的需要；在稳态时放大系数很大，以满足系统无静差的需要。所以比例积分调节器很好地解决了系统动、稳态之间的矛盾，在调速系统和其它控制系统中获得了广泛的应用。

应当指出，所谓"无静差"只是理论上的无静差，因为积分或比例积分调节器在静态时电容两端电压不变，相当于开路，运算放大器的放大系数理论上为无穷大，所以才使系统静差 $\Delta n = 0$。实际上，这时放大系数是运算放大器本身的开环放大系数，其数值虽然很大，但还是有限。因此系统仍存在着很小的静差，只是在一般精度要求下该静差可以忽略不计而已。有时为了避免运算放大器长期工作时的零点漂移，故意将其放大系数压低一些，如在 $R_1 C_1$ 两端并接一个大电阻 R_1'，其值一般为几兆欧，这样就形成了近似的 PI 调节器，

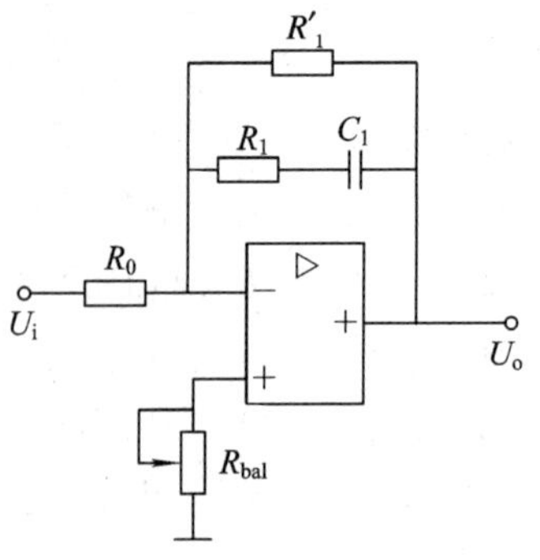

图 6-22 近似 PI 调节器原理图

或称为"准 PI 调节器"，如图 6-22 所示。这时调节器的稳态放大系数更低于无穷大，为

$$K'_p = \frac{R'_1}{R_0}$$

系统也只是一个近似的无静差调速系统。如果需要的话，可以利用 K'_p 来计算系统的实际静差率。

6.2.3　单闭环直流调速系统的限流保护(电流截止负反馈)

从前面讨论的转速负反馈闭环调速系统中可以看出，闭环控制已解决了转速调节问题，但这样的系统还不能付诸实用。因为调速系统实际运行时还必须考虑如下两个问题。

一是直流电动机全电压启动时会产生很大的冲击电流。我们知道，采用转速负反馈的闭环调速系统突加给定电压时，由于系统机械惯性的作用，转速不可能立即建立起来，因此转速反馈电压仍为零，这时，加在调节器上的输入偏差电压 $\Delta U = U_{gn}$ 差不多是其稳态工作值的 $(1+K)$ 倍。由于调节器和触发整流装置的惯性都很小，因此，整流电压 U_d 立即达到它的最高值。这对于电动机来讲，相当于全压启动，其启动电流高达额定值的十几倍，可使系统中的过流保护装置立刻动作，使系统跳闸，无法进入正常工作。另外，由于电流和电流上升率过大，对电动机换向不利，对晶闸管元件的安全来说也是不允许的。因此，必须采取措施限制系统启动时的冲击电流。

二是有些生产机械的电动机在运行时可能会遇到堵转情况，例如由于故障，机械轴被卡住，或者遇到过大负载，像挖土机工作时遇到坚硬的石头那样等。在这种情况下，由于闭环系统静特性很硬，若无限流环节，电枢电流也会与启动时一样，将远远超过允许值。

为了解决转速负反馈调速系统启动和堵转时电流过大问题，系统中必须有自动限制电枢电流的环节。根据反馈控制理论，要维持某一物理量基本不变，就应当引入该物理量的负反馈。现引入电枢电流负反馈，则应当能够保持电流基本不变，使其不超过最大允许值。但是，这种作用只应在启动和堵转时存在，在正常运行时又必须取消，以使电流随负载的变化而变化。这种当电流大到一定程度时才出现的电流负反馈叫做电流截止负反馈。

1. 电流截止负反馈环节

为了实现限流保护，须在系统中引入电流截止负反馈环节，如图 6-23 所示为两种电流截止负反馈信号的引出方法。在图 6-23(a)中，电流反馈信号取自串入电机电枢回路的小电阻 R_s 两端，$I_d R_s$ 正比于电枢电流。为了实现电流截止反馈，引入了比较电压 U_{bj}，并将其与 $I_d R_s$ 反向串联。两者的差值通过二极管 VD 接到调节器的输入端。若忽略二极管正向压降，当 $I_d R_s > U_{bj}$ 时，二极管导通，电流反馈信号 $U_{fi} = I_d R_s - U_{bj}$ 加至调节器的输入端；当 $I_d R_s \leqslant U_{bj}$ 时，二极管截止，电流反馈被切断。设 I_{LJ} 为临界截止电流，将 U_{bj} 调整到 $U_{bj} = I_{LJ} R_s$，显然，当 $I_d > I_{LJ}$ 时，电流截止负反馈投入；当 $I_d \leqslant I_{LJ}$ 时，电流截止负反馈被截止，从而实现了系统对电流负反馈的控制要求。调节 U_{bj} 的大小，即可改变临界截止电流 I_{LJ} 的大小。

图 6-23(b)所示为利用稳压管 VST 的击穿电压 U_{br} 作为比较电压，线路较简单，但调节截止电流值较为不便，需要更换稳压管，且不能平滑调节。

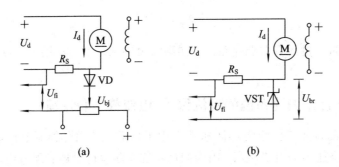

图 6-23　电流截止负反馈环节

（a）利用直流电源作比较电压；（b）利用稳压二极管作比较电压

2. 带电流截止负反馈环节的单闭环调速系统

在转速负反馈单闭环调速系统的基础上，增加电流截止负反馈环节，就构成带有电流截止负反馈环节的转速闭环系统，如图 6-24 所示为带电流截止负反馈环节的直流调速系统的原理图。

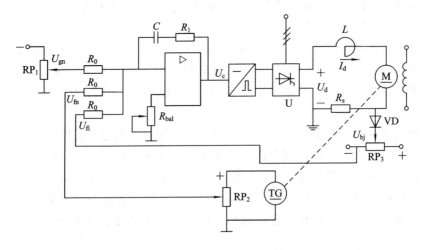

图 6-24　带电流截止负反馈环节的直流调速系统原理图

下面分析系统的静特性。根据以前分析的系统中各环节的输入-输出稳态关系，可画出该系统的静态框图，如图 6-25 所示。图中电流截止负反馈环节是一个非线性环节（两段线性环节），它表明：当输入信号 $(I_d R_s - U_{bj})$ 为正值时，输入和输出 U_{fi} 相等，电流负反馈加入；当 $(I_d R_s - U_{bj})$ 为负值时，输出 U_{fi} 为零，电流负反馈被截止。由稳态结构图可推出该系统的两段静特性方程式。

当 $I_d \leqslant I_{LJ}$ 时，电流负反馈被截止，系统静特性方程为

$$n = \frac{K_p K_s U_{gn}}{C_e(1+K)} - \frac{I_d R}{C_e(1+K)} = n_0 - \Delta n$$

当 $I_d > I_{LJ}$ 时，电流负反馈起作用，其静特性方程为

$$n = \frac{K_p K_s U_{gn}}{C_e(1+K)} - \frac{K_p K_s}{C_e(1+K)}(R_s I_d - U_{bj}) - \frac{R I_d}{C_e(1+K)}$$

$$= \frac{K_p K_s(U_{gn} + U_{bj})}{C_e(1+K)} - \frac{(K_p K_s R_s + R)I_d}{C_e(1+K)} = n_0' - \Delta n'$$

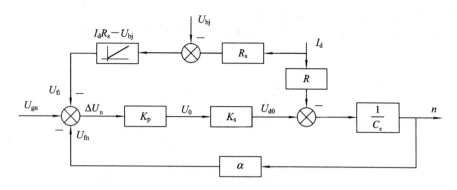

图 6-25 带电流截止负反馈环节的直流调速系统静态框图

根据以上特性,可画出系统的静特性图,如图 6-26 所示。图中 $n_0 \sim A$ 段特性,对应于电流负反馈被截止的情况,它是转速负反馈调速系统本身的静特性,显然比较硬。图中 $A \sim B$ 段特性对应于电流负反馈起作用的情况,特性比较软,呈急剧下垂状态。

比较两段特性,可以看出:

① $n_0' \gg n_0$,这是由于比较电压 U_{bj} 与给定电压 U_{gn} 的作用一致,因而提高了虚拟的理想空载转速 n_0'。实际上图 6-26 中用虚线表示的 $n_0' \sim A$ 段由于电流负反馈被截止而不存在。

② $\Delta n' \gg \Delta n$,这说明电流负反馈的作用相

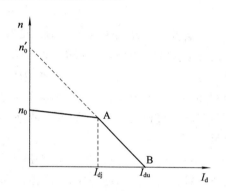

图 6-26 带电流截止负反馈环节的单闭环直流调速系统的静特性图

当于在主电路中串入一个大电阻 $K_p K_s R_s$,因而稳态速降极大,特性急剧下垂,表现出了限流特性。

这种两段式的静特性常被称为下垂特性或挖土机特性。A 点称为截止电流点,对应的电流是截止电流 I_{LJ};B 点称为堵转点,对应的电流称为堵转电流 I_{du}。

当系统堵转时,由于 $n=0$,所以得

$$I_d = I_{du} = \frac{K_p K_s (U_{gn} + U_{bj})}{R + K_p K_s R_s}$$

一般地,$K_p K_s R_s \gg R$,所以

$$I_{du} \approx \frac{U_{gn} + U_{bj}}{R_s} \leqslant \lambda I_{ed}$$

式中,λ 为电动机过载系数,一般取 $\lambda = 1.5 \sim 2$。

从静特性工作段 $n_0 \sim A$ 上看,希望系统有足够的运行范围,一般取 $I_{LJ} \geqslant 1.2 I_{ed}$,即

$$I_{LJ} = U_{bj}/R_s \geqslant 1.2 I_{ed}$$

所以有

$$U_{gn}/R_s = I_{du} - I_{LJ} \leqslant (\lambda - 1.2) I_{ed}$$

上述关系作为设计电流截止负反馈环节参数的依据。

在实际系统中,也可以采用电流互感器来检测主回路的电流,从而将主回路与控制回

路实行电气隔离，以保证人身和设备安全。

另一种实现电流截止的方法是用上述的 U_{fi} 电压信号去封锁运算放大器，如图 6-27 所示。

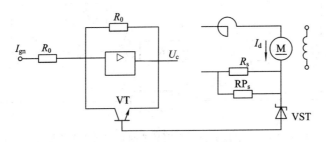

图 6-27　封锁运算放大器的电流截止环节

在运算放大器的输入输出端跨接开关管 VT，U_{fi} 一旦产生后，使 VT 立即导通，以造成运算放大器的短路，于是输出电压 $U_c \approx 0$，晶闸管整流器输出电压 U_d 急剧下降，达到限流的目的。一旦 I_d 减小，从电位器 RP_s 上引出的正比于 I_d 的电压不足以击穿稳压管 VST，则 U_{fi} 消失，VT 截止，运算放大器恢复正常工作。调节 RP_s 可改变截止电流的大小。

带电流截止负反馈的单闭环调速系统启动过程中的转速、电流波形如图 6-28(a) 所示。

从系统的起动波形来看，由于最大允许电枢电流 I_{dm} 不能在启动过程中维持恒定，故系统不能以最大加速度升速，启动的快速性并不理想。要使电动机启动得最快，就必须在整个启动过程中一直保持电枢电流为允许最大值，这样的理想启动过程波形如图 6-28(b) 所示。

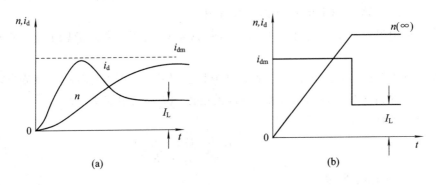

图 6-28　闭环调速系统的启动过程波形
(a) 带电流截止负反馈环节的启动过程；(b) 理想的快速启动过程

综上所述，电流截止负反馈环节只是解决了系统的限流问题，使调速系统能够实际运行，但它的动态特性并不理想，所以只适用于对动态特性要求不太高的小容量系统，进一步和比较理想的动态控制将在后面的章节中讨论。

6.2.4　其它单闭环调速系统

转速反馈是调速系统的最基本、最直接的反馈形式。但要实现转速反馈必须安装一台检测转速的测速发电机，这不仅增加了设备成本，而且给系统的安装和维护带来了困难。

因此，对于一些调速指标要求不高的调速系统，可以采用其它方便的反馈形式来代替直接的转速反馈形式。以电压负反馈为主，电流补偿控制为辅的调速系统就是这一类的控制系统。

1. 系统的组成及工作原理

根据直流电动机电枢平衡方程式 $U_d = I_d R_a + C_e n$ 可知，如果忽略电枢电阻压降，则电动机的转速近似与电枢两端电压 U_d 成正比，所以用电动机电枢电压反馈取代转速负反馈，以维持其端电压基本不变，构成电压负反馈调速系统。但这种系统对电动机电枢电阻压降引起的稳态速降，不能靠电压负反馈作用加以抑制，因而系统稳态性能较差。为了弥补这一不足，在电压负反馈系统的基础上再引入电流正反馈，以补偿电动机电枢电阻压降引起的稳态速降，这就是带电流补偿控制的电压负反馈调速系统。

如图 6-29 所示为该系统的原理图。图中电位器 RP_2 作为电压负反馈检测元件，取得电压反馈信号 $U_{fu} = \gamma U_d$，γ 为电压反馈系数；在电枢回路中串入取样电阻 R_s，取 $I_d R_s$ 为电流正反馈信号。$I_d R_s$ 的极性与转速给定信号 U_{gn} 的极性一致，而与电压反馈信号 U_{fu} 的极性相反。为了获得适当的电流反馈系数 β，令电流正反馈回路运算放大器的输入电阻为 R_2，则 $\beta = (R_0/R_2)R_s$，电流正反馈信号 $U_{fi} = \beta I_d$。

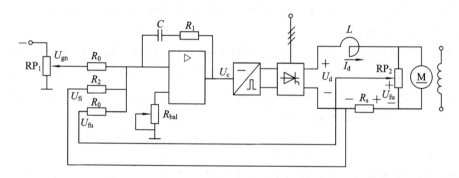

图 6-29　带电流正反馈的电压负反馈直流调速系统原理图

为了分析方便，须把电枢回路总电阻 R 分成两部分，即 $R = R_n + R_s$，式中 R_n 为晶闸管整流装置的内阻（含平波电抗器电阻），因而有 $U_d = U_{d0} - I_d R_n$。当负载电流增加时，$I_d R_n$ 压降增大，电枢电压 U_d 降低，电压反馈信号 U_{fu} 随之降低；同时电流正反馈信号 U_{fi} 也增大。而运算放大器的输入偏差电压 $\Delta U_n = U_{gn} - U_{fu} + U_{fi}$，$U_{fu}$ 和 U_{fi} 共同使偏差电压 ΔU_n 增加，通过运算放大器使晶闸管整流装置输出电压随之增加，从而补偿了转速降落。这里电压负反馈和电流正反馈虽然都使整流输出电压增加，但它们在控制作用上却有着本质的区别。下面我们就分析一下系统的静特性。

2. 系统的静特性

根据系统原理图可以绘出带电流正反馈的电压负反馈调速系统的稳态结构图，如图 6-30 所示。

利用结构图运算法则，可以直接写出系统的静特性方程式为

$$n = \frac{K_p K_s U_{gn}}{C_e(1+K)} - \frac{(R_n + R_s)I_d}{C_e(1+K)} - \frac{K_p K_s \beta I_d}{C_e(1+K)} - \frac{R_a I_d}{C_e}$$

式中，$K = \gamma K_p K_s$。

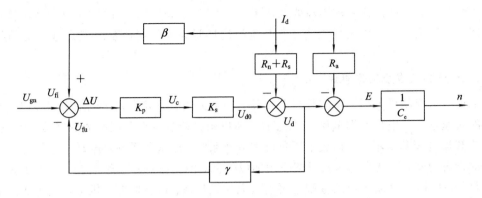

图 6-30 带电流正反馈的电压负反馈调速系统静态框图

由上式可见，电压负反馈把反馈包围的整流装置的内阻等引起的稳态速降减小到 $1/(1+K)$ 倍，由电枢电阻引起的速降 $R_a I_d / C_e$ 仍和开环系统一样。这一点在结构图上也是很明显的。因为电压负反馈系统实际上是一个自动调压系统，扰动量 $I_d R_a$ 不在反馈环包围之内，电压负反馈对由它引起的稳态速降当然就无能为力了。同样，对于电动机励磁电流变化所造成的扰动，电压负反馈也无法克服。

上式中，$K_p K_s \beta I_d / (C_e(1+K))$ 项是由电流正反馈作用产生的，它能够补偿另两项稳态速降，从而减小静差。

如果补偿控制参数配合得恰到好处，可使静差为零，此时叫做全补偿。但实际上决不会用到全补偿这种状态，因为如果参数因受温度等因素的影响而发生变化，偏到过补偿时，静特性将上翘，系统出现不稳定。在实际工程中，一般将这种系统设计为欠补偿。为了得到欠补偿条件，令 $R = R_n + R_s + R_a$，则

$$n = \frac{K_p K_s U_{gn}}{C_e(1+K)} - \frac{I_d(R + KR_s + K_p K_s \beta)}{C_e(1+K)}$$

欠补偿时，使电流正反馈作用抵消掉电枢电阻产生的一部分速降，即取 $K_p K_s \beta = KR_s$，此时，有

$$n = \frac{K_p K_s U_{gn}}{C_e(1+K)} - \frac{RI_d}{C_e(1+K)}$$

此式与转速负反馈调速系统的静特性方程式完全一样，这时的电压负反馈加电流正反馈与转速负反馈完全相当。一般把这样的电压负反馈加电流正反馈叫做电动势负反馈。

应当指出，电流正反馈和电压负反馈（或转速负反馈）是性质完全不同的两种控制作用。电压（转速）负反馈属于被调量的负反馈，是真正的"反馈控制"，具有反馈控制规律。电压负反馈的作用是用 $(1+K)$ 去除 Δn 项，以减小静差，无论环境怎么变化都能可靠地减小静差。而电流正反馈的作用则是用一个正项去抵消原系统中负的速降项，它完全依赖于参数的配合。当环境因素使参数发生变化时，补偿作用也变得不可靠。从这个特点上看，电流正反馈不属于"反馈控制"，而称做"补偿控制"。由于电流的大小反映了负载扰动，所以又叫做负载扰动量的补偿控制。再进一步看，反馈控制对一切包围在反馈环内前向通道上的扰动都有抑制作用，而电流正反馈补偿控制只能补偿负载扰动，对于电网电压波动等的扰动，它所起的反而是坏作用。因此全面来看，上述的电压负反馈电流补偿控制调速系统的性能不如转速负反馈调速系统，一般适用于 $D \leqslant 20$、$s \geqslant 10\%$ 的拖动系统中。

6.2.5　小容量有静差调速系统实例

如图 6-31 所示是一种通用的晶闸管直流调速系统，适用于 4 kW 以下小容量直流调速系统，系统采用电压负反馈电流补偿控制，并带有电流截止负反馈环节。

系统具体技术数据如下：

交流电源电压	单相 220 V；
整流输出电压	直流 180 V；
最大输出电流	直流 30 A；
励磁电压、电流	180 V、1 A；
调速范围	$D = 10$；
静差率	$s \geqslant 10\%$。

1）主电路

主电路由单相交流 220 V 电源供电，经单相半控桥整流，通过平波电抗器 L 向直流电动机供电。考虑到允许电网波动 ±5%，整流电路输出的最大直流电压为

$$U_{d\,max} = 0.9 \times 220 \times 0.95 = 188 \text{ V}$$

故最好选配额定电压为 180 V 的电动机。如必须用 220 V 电动机，须相应地降低其额定转速。单相半控桥的晶闸管 VT_1、VT_2 和二极管 VD_8、VD_9 分接在两边，这样二极管可兼起续流作用。R_{12}、C_7 和 R_{10}、C_8 分别为晶闸管交流侧和直流侧的过电压保护。电阻 R_{11} 可减少晶闸管控制电流建立时间。

由于晶闸管的单向导电性，此处电动机不能实现回馈制动。为了加快制动和停车，采用电阻 R_9 和接触器 KM 的常闭触点组成能耗制动回路。

电动机励磁绕组 L_1 由单相不可控整流桥供电，为了对电动机实现失磁保护，在励磁绕组回路串入零电流继电器 KI 的线圈，只有励磁电流足够大，KI 才吸合，接触器 KM 才能通电。KI 的动作值可由电位器 RP_6 调整。

系统的起动由钮子开关 S 控制。S 断开，绿灯 HL_1 亮，表示已有电源，但系统尚未启动；S 合上后，红灯 HL_2 亮，同时 KM 线圈得电，使主电路和控制回路均接通电源，系统启动。

2）转速给定电压

由整流器 UR_1 和稳压管 VST_1 组成直流稳压源，作为给定电源。电位器 RP_1 整定最高给定电压；电位器 RP_2 整定最低给定电压；RP 是速度给定电位器。

3）电压负反馈和电流正反馈

本系统采用具有电流补偿控制的电压负反馈。其中，电压负反馈信号 U_{fu} 取自 RP_4，R_{13} 和 R_{14} 分别限制 U_{fu} 的上限和下限；电流正反馈信号 U_{fi} 取自电位器 RP_5，R_8 为电流取样电阻，其限值很小（例如 0.125 Ω），以减少电枢回路总电阻。转速给定 U_{gn}、电压负反馈 U_{fu} 和电流正反馈 U_{fi} 三个信号按图示极性串联连接，得到偏差信号 ΔU_n，加在放大器 V_1 的输入端。三个信号的强弱分别用电位器 RP、RP_4、RP_5 来调整。

4）放大器

V_1、R_5 组成单管放大器，在 V_1 的基极综合转速给定和电压、电流反馈信号，其输出信号供给 V_2，来控制单结管触发电路的移相。二极管 VD_2、VD_3 和 VD_4 分别实现对输入

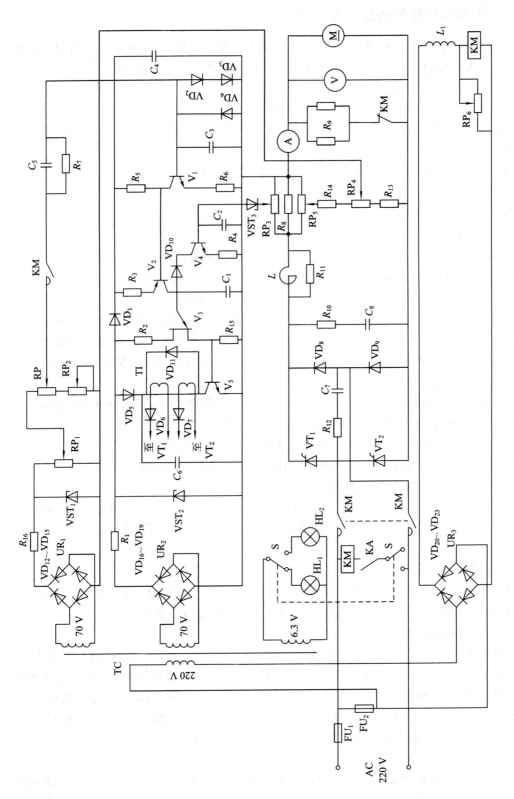

图6-31 有静差调速系统实例

信号正、负限幅，防止在过渡过程中输入电压过高，并保护 V_1 基-射极不承受过高反压。C_4 为放大器直流电源滤波电容，以使 V_1、V_2 获得较平稳的工作电源。

5）触发电路

采用单结管触发电路，由工作在放大区的 V_2 控制对 C_1 的充电电流，和单结管 V_3 组成弛张振荡器，在 R_{15} 上产生触发脉冲，经 V_5 放大和脉冲变压器两路输出分别触发主电路晶闸管 VT_1 和 VT_2。接入 VD_6、VD_7 以保证只能通过正向脉冲，保护晶闸管门极不受反向电压。VD_1 为隔离二极管，其作用是将单结管的工作电源与放大器的工作电源隔离，以使单结管获得具有过零点的同步信号。C_6 可增加触发脉冲前沿陡度，VD_5 为隔离二极管。

6）电流截止负反馈

电流截止负反馈信号取自电位器 RP_3，利用稳压管 VST_3 产生比较电压，当电枢电流 I_d 超过截止电流时，VST_3 被击穿，V_4 导通，将触发电路中的电容 C_1 旁路，C_1 充电时间加长，触发脉冲后移，使整流输出电压降低。当电流反馈信号增强到一定程度时，C_1 充电电流太弱，不能维持弛张振荡，因而停发触发脉冲，电动机堵转。待电枢电流减小后，V_4 被截止，系统又自动恢复正常工作。二极管 VD_{10} 是防止当主回路脉动电流峰值很大时，电流截止负反馈信号可能通过 V_4 的基-集极使 V_3 导通，从而误发脉冲。电容 C_2 用以对电流截止负反馈信号进行滤波，以保证只要主回路电流平均值大于截止电流，系统就能可靠地实现电流截止负反馈。

7）串联校正网络

由电阻 R_7、电容 C_5、C_3 构成串联滞后校正网络，在保证系统稳态精度的同时，提高了系统的动态稳定性。

关于该系统的稳态分析和计算，限于篇幅，不再赘述。

6.3　双闭环无静差直流调速系统

下面我们从提高调速系统的静态和动态指标的角度出发，研究进一步改善直流调速系统性能的方案。

6.3.1　最佳过渡过程的基本概念

前面我们介绍了各种单闭环的反馈控制系统，如果我们对这些系统采用 PI 调节器，就既保证了动态稳定性，又能做到转速的无静差，较好地解决了系统动、静态之间的矛盾。然而系统中只靠电流截止负反馈环节来限制启动和升速过程中的冲击电流，其性能还不能令人满意。这是因为，电流截止负反馈只能限制最大电流，在过渡过程中，电流一直是变化着的，达到最大值后，由于负反馈作用的加强和电机反电势的增长，电流又被压了下来，电动机转矩也随之减小，不能充分利用电动机的过载能力，使启动和加速过程拖长，如图 6-32(a)所示。对于一些频繁启制动及经常正反转的生产机械，应当尽量缩短其过渡过程时间，为此，我们希望能够充分利用电动机允许的过载能力，最好是在过渡过程中一直保持电流为允许最大值，使系统以可能的最大加（减）速度启（制）动。当转速达到稳态转速时，电流应立即降下来，使转矩与负载相平衡，从而转入稳速运行。理想的启动波形如图 6-32(b)所示。这时，启动电流是方形波，转速呈线性增长，这是在最大电流受限制条件下调速系统所能得到的最快的启动过程，也称最佳过渡过程。

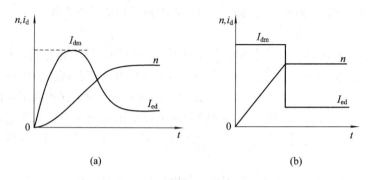

图 6 - 32 电动机启动过渡过程曲线

（a）带电流截止负反馈环节；（b）理想启动过程

6.3.2 转速电流双闭环直流调速系统的组成

从控制的角度来看，要实现上述过渡过程的最大值电流，可以采用电流负反馈来得到。然而，如果采用同一个调节器的入口引入转速负反馈和电流负反馈，则两方面互相牵制，启动电流波形非但不理想，反而会使静特性变软，影响了静态指标。经过研究发现，如果在系统中设置两个调节器，分别调节转速和电流，二者之间实行串级联接，即以转速调节器的输出作为电流调节器的输入，用电流调节器的输出作为控制电压，那么两种调节器就能互相配合，相辅相成。在结构上，电流调节环在里面，是内环；转速调节环在外面，是外环。这就形成了转速、电流双环调速系统。其原理结构图如图 6 - 33 所示。

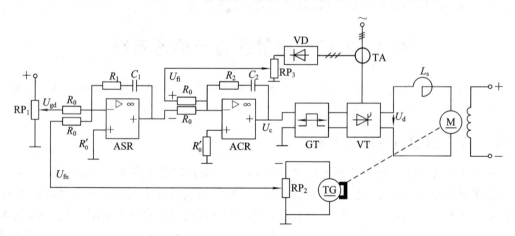

图 6 - 33 转速、电流双环调速系统原理图

在图 6 - 33 中，转速调节器用"ASR"表示，电流调节器用"ACR"表示，ASR 和 ACR 均采用 PI 调节器。

6.3.3 双闭环直流调速系统的静特性分析

分析双闭环调速系统静特性的关键是掌握调节器在稳态时的特征。双环系统的 ASR 和 ACR 采用的是 PI 调节器，而稳态时 PI 调节器的输入信号一定为零（PI 调节器不饱和），所以稳态时不论 ASR 还是 ACR，其给定量和对应的反馈量都得相等，使偏差为零。

1. 电流环分析

电流环的给定信号是转速调节器 ASR 的输出信号 U_{gi}；电流环的反馈信号是电流负反馈信号 $U_{fi} = \beta I_d$，稳态时应有

$$U_{gi} = U_{fi} = \beta I_d$$

或者

$$I_d = \frac{U_{gi}}{\beta}$$

此式的含义是，在 U_{gi} 一定的情况下，由于电流调节器 ACR 的调节作用，输出电流将保持在 U_{gi}/β 的数值上。这也是意味着，电网电压波动所引起的电流波动将被有效的抑制。

电流环的另一个作用是限制最大电流。由于限幅的原因，ASR 的最大输出只能是限幅值 U_{gim}。在调整电流检测器的电位器，以确定电流反馈系数 β 时，应使在电动机电流为最大允许 I_{dm} 时，反馈信号 $U_{fi} = \beta I_d$ 等于 U_{gim}，即

$$U_{gim} = \beta I_{dm} \quad \text{或} \quad \beta = \frac{U_{gim}}{I_{dm}}$$

在 U_{gim} 和 I_{dm} 选定后，就确定了电流反馈系数 β。反过来，当 U_{gim} 和 β 确定后，也就确定了电流 I_d 的最大值 I_{dm}。

电流环还有一个作用，就是在系统启制动过程中维持电动机的电流 I_d 等于最大给定值 I_{dm}，以加快过渡过程。

2. 转速环分析

转速环的给定信号为 U_{gn}，其反馈信号是转速负反馈信号 $U_{fn} = \alpha n$，稳态时有

$$U_{gn} = U_{fn} = \alpha n \quad \text{或} \quad n = \frac{U_{gn}}{\alpha}$$

此式的含义是：当系统给定信号一定的情况下，靠转速调节器维持电动机的转速恒定，使之不受负载扰动等影响。其调节过程如下：

$$I_d \uparrow \rightarrow \Delta n \uparrow \rightarrow n \downarrow \rightarrow \Delta U = (U_{gn} - \alpha n \downarrow) > 0 \uparrow \rightarrow |U_{gi}| \uparrow \rightarrow$$
$$\Delta U_i = (-U_{gi} \uparrow + \beta I_d) < 0 \uparrow \rightarrow U_c \uparrow \rightarrow U_{d0} \uparrow \rightarrow I_d \uparrow \rightarrow n \uparrow$$

由于 ASR 的积分作用，最终要消除转速偏差，即 $U_{gn} = \alpha n$。在系统的调节过程中 U_{d0} 的增加量是为了补偿由于 I_d 增加而引起的转速降落，即 U_{d0} 的增量补偿了 $\Delta I_d R_\Sigma$。所以正常工作段，双环系统的静特性在理想情况下是绝对硬的，如图 6-34 实线所示（$n_0 \sim$ A 段）。

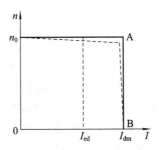

图 6-34　转速、电流双环调速系统静特性图

但是，当系统负载过大时，其负载转矩如果比电动机电流为最大允许值 I_{dm} 所能产生的电磁转矩 M_{dmax} 还大，此时，电动机就要堵转，即转速 n 要降为零。这时速度调节器输入偏差 $\Delta U_n = U_{gn} - \alpha \cdot 0 = U_{gn}$ 过大。ASR 要饱和，失去调节作用。这时的系统变为具有最大给定电流 $I_{dm} = \dfrac{U_{gim}}{\beta}$ 的恒流调节系统，靠电流环的限流调节过程，使 $I_d = I_{dm}$。其限流调节过程如下：

$$I_d \uparrow > I_{dm} \rightarrow \Delta U_i = (-U_{gim} + \beta I_d \uparrow \uparrow) > 0 \rightarrow |U_c| \downarrow \rightarrow U_{d0} \downarrow \rightarrow I_d \downarrow$$

调节过程中 U_{d0} 不断下降，最终有 $U_{d0} = I_{dm} R_{\Sigma}$。这样可以得到静特性的下垂段，如图 6-34 所示(虚线 A～B 段)。图中实线是理想情况。

3. 稳态工作点和稳态参数计算

由图 6-33 可以看出，双闭环调速系统在稳态工作时，两个调节器均不饱和，且各变量之间有下列关系：

$$U_{gn} = U_{fn} = \alpha n$$
$$U_{gi} = U_{fi} = \beta I_d = \beta I_{fz}$$
$$U_c = \frac{U_{d0}}{K_s} = \frac{C_e n + I_d R_{\Sigma}}{K_s} = \frac{C_e U_{gn}/\alpha + I_{fz} R_{\Sigma}}{K_s}$$

这些关系表明，在稳态工作点上，转速 n 是由给定电压 U_{gn} 决定的，ASR 的输出量 U_{gi} 是由负载电流 I_{fz} 决定的，而控制电压 U_c 的大小则同时取决于 n 和 I_d，或者说同时取决于 U_{gn} 和 I_{fz}。这反映了 PI 调节器的特点。一般比例环节的输出量总是决定于输入量，而 PI 调节器则不同，其输出量的稳态值与输入无关，而是由它后面所连接的环节决定的，后面的环节需要 PI 调节器提供多大的输出，它就能提供多少，直到饱和为止。

根据这一特点，双闭环调速系统的稳态计算也就和单闭环无静差调速系统相似，可根据各调节器的给定值和相应的反馈量来计算有关的反馈系数，即

转速反馈系数 $\qquad\qquad \alpha = \dfrac{U_{gnm}}{n_{max}}$

电流反馈系数 $\qquad\qquad \beta = \dfrac{U_{gim}}{I_{dm}}$

两个给定电压的最大值 U_{gnm} 和 U_{gim} 是由运算放大器的输入工作电压决定的，最大电流 I_{dm} 由设计者选定，数值取决于电机的允许过载能力和拖动系统允许的最大加速度，一般选 $I_{dm} = 1.5 \sim 2.0 I_{ed}$。

6.3.4 双闭环调速系统的启动过程

1. 双闭环调速系统突加给定时的启动过程

假设启动前系统处于静止状态。这时，系统给定信号 U_{gn} 和 U_{gi} 均为 0，晶闸管触发装置的控制电压 $U_c = 0$，控制角 $\alpha = 90°$，整流电压平均值 $U_{d0} = 0$，电动机转速 $n = 0$。

当突加给定信号 U_{gn} 时，系统便进入启动过程。启动过程中，电动机电流 I_d，转速 n，ACR 输出电压 U_k，整流电压 U_{d0}，转速反馈信号 U_{fn} 和电流反馈信号 U_{fi} 等波形均示于图 6-35 中。分析图上各曲线的变化规律时，注意不要忘记下述两方面关系。

电路方面

① $U_{d0} = E + I_d R_\Sigma$ 时，$I_d =$ 常数；

② $U_{d0} > E + I_d R_\Sigma$ 时，$I_d \uparrow$；并且差值 $(U_{d0} - E - I_d R_\Sigma)$ 愈大，I_d 上升愈快；

③ $U_{d0} < E + I_d R_\Sigma$ 时，$I_d \downarrow$；$I_d \downarrow$ 速度也和差值 $(U_{d0} - E - I_d R_\Sigma)$ 有关。

运动方面

① $I_d > I_{fz}$，$n \uparrow$；

② $I_d = I_{fz}$，$n =$ 常数；

③ $I_d < I_{fz}$，$n \downarrow$。

在启动过程中，电流是一个关键的量。根据启动电流波形的变化，可将突加给定的启动过程分为三个阶段。

第一阶段为电流上升阶段。

在突加给定电压 U_{gn} 后，通过两个调节器的控制作用，使 U_c、U_{d0}、I_d 都上升，当 $I_d \geqslant I_{fz}$ 后，转速 n 开始上升。但是由于电动机的机电惯性影响，转速的增长不会太快，因而转速调节器 ASR 的输入偏差电压 $\Delta U = U_{gn} - U_{fn}$，数值较大，在这样大的偏差信号作用下，转速调节器 ASR 的输出很快达到限幅值 U_{gim}，强迫电流 I_d 迅速上升。当 $I_d \approx I_{dm}$ 时，$U_{fi} \approx U_{gim}$，电流调节器的作用使 I_d 不再迅猛增长，标志着电流上升阶段的结束。在这一阶段中，ASR 由不饱和很快达到饱和，而 ACR 一般应该不饱和，以保证电流环的调节作用。

第二阶段为恒流升速阶段。

从电流上升到最大值 I_{dm} 开始，到转速上升到给定值 n_{gd} 为止，属于恒流升速阶段，此段是启动过程中的主要阶段。在这个阶段中，ASR 一直是饱和的，转速环相当于开环状态，系统表现为在恒值电流给定 U_{gim} 作用下的电流调节系统，基本上保持电流 I_d 恒定（电流

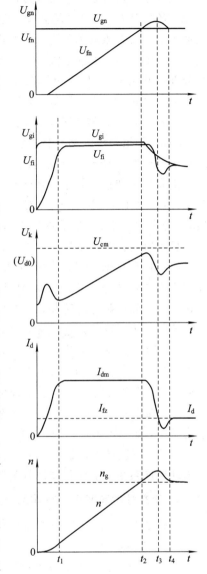

图 6-35　双环系统启动过程

可能超调，也可能不超调，取决于电流调节器的结构和参数），因而调速系统的转速呈线性增长。与此同时，电动机反电动势 E 也按线性增长。对电流调节系统来讲，反电势是一个线性渐增的扰动量，为了克服这个扰动，U_c 和 U_{d0} 也必须基本上按线性增长，才能保持 I_d 恒定。由于电流调节器 ACR 是 PI 调节器，因此要使它的输出量按线性增长，其输入偏差电压 $\Delta U_i = U_{gim} - U_{fi}$ 必须维持一定的恒值，也就是说，在这一阶段 I_d 应略低于 I_{dm}。此外，还应指出，为了保证电流环的这种调节作用，在启动过程中电流调节器是不能饱和的，同时整流装置的最大电压 U_{d0m} 也必须留有余地，即晶闸管装置也不应饱和，这些都是在系统的设计中必须注意的。

第三阶段为转速调节阶段。

从这个阶段开始，电动机转速已升到给定值，这时，反馈电压 U_{fn} 已上升到等于转速调节器的给定值 U_{gn}，ASR 输入端的偏差电压为零，但由于 ASR 调节器的积分作用，使 ASR 的输出仍维持在限幅值 U_{gim}。由于此时电流 I_d 仍为 I_{dm}，所以转速将继续上升，出现了速度超调。当转速 n 大于给定值 n_{gd} 后，就会产生 $U_{fn} > U_{gn}$，则 ASR 的输入 ΔU_n 变号，ASR 的积分部分开始反向积分，从而使 ASR 输出 $U_{gi} \downarrow < U_{gim}$，即 ASR 退出饱和，参与调节作用，主电流 I_d 也因而下降。但是，由于 I_d 仍大于负载电流 I_{fz}，在一段时间内，转速仍继续上升。到 $I_d = I_{fz}$ 时，转矩 $M = M_{fz}$，转速 n 达到峰值。此后，电动机才开始在负载的阻力下减速，直到稳定（如果系统的动态品质没有调好，可能振荡几次以后才稳定）。由于速度上升并超过额定转速后，ASR 才开始退饱和，所以这样的转速超调叫退饱和超调，ASR 的参数也要按退饱指标选择。在这一阶段内，ASR 和 ACR 都不饱和，同时起调节作用。由于转速调节在外环，所以 ASR 处于主导地位，而 ACR 的作用则是力图使 I_d 尽快地跟随 ASR 的输出 U_{gi} 的变化，可以说电流内环在这个阶段形成了一个电流随动系统。

综上所述，双闭环调速系统的启动过程有以下三个特点：

（1）由于 ASR 的饱和与不饱和，系统的启动过程分为三个阶段（第一阶段包含 ASR 饱和与不饱和两部分，第二阶段 ASR 饱和，第三阶段 ASR 不饱和）。当 ASR 饱和时，相当于转速环开环，系统表现为恒值电流调节的单环系统；当 ASR 不饱和时，转速环闭环，整个系统是一个无静差调速系统，而电流内环则表现为电流随动系统。

（2）第二阶段恒流升速标志着双闭环系统启动过程的主要特点，它实现了在电流受限条件下的"最短时间控制"，或称"时间最优控制"，因而能够充分发挥电动机的过载能力，使启动过程尽可能最快，接近于理想的启动过程。

（3）在第三阶段中，只有转速超调才能使 ASR 退出饱和，然后才能使系统达到稳态。也就是说，如果不另加措施，双闭环调速系统的转速动态响应必然有超调。

最后，应该指出，由于晶闸管整流装置的输出电流是单方向的，因此，如无特殊措施，双闭环调速系统不能获得同样好的制动过程。

2. 动态性能和两个调节器的作用

一般来说，双闭环调速系统具有比较满意的动态性能。

1）动态跟随性能

双闭环调速系统在启动和升速过程中，能够在电流受过载能力约束条件下，表现出很快的动态跟随性能。在减速过程中，由于主电路电流的不可逆性，跟随性能差。

对于电流内环来说，也要求有好的跟随性能。

2）动态抗干扰性能

（1）抗负载扰动。负载扰动是作用在电流环之后，只能靠转速调节器来产生抗扰作用。因此，在突加负载时，必然会引起动态速降。为了减少动态速降，在设计 ASR 时，要求使系统具有较好的抗扰指标。对于电流调节器的设计来说，在抗负载扰动时，只要求电流环具有良好的跟随性能就可以了。

（2）抗电网电压扰动。电网电压扰动和负载扰动在系统结构图中作用的位置不同。系统对它的动态抗扰效果也不一样。若电网电压扰动和负载扰动都作用在被负反馈环包围的主通道上，仅就静特性而言，系统对它们的抗扰能力是一样的。但是从动态性能上看，由于扰动作用位置的不同，还存在着能不能及时调节的问题。在单闭环系统中，电网电压波动时，因为它包含在速度环内，速度环对它有抑制作用。在双环系统中，电网电压扰动包含在电流环内，由于有了 ACR，电网电压扰动不必等到转速变化才调节，而是在电流 I_d 变化后即可调节。这样扰动量和被控量之间少了电动机这个大惯性环节。所以双环系统对电网电压扰动调节及时，它所引起的动态速降也就小得多。

3）两个调节器的作用

转速和电流两个调节器在双闭环调速系统中的作用可以归纳如下：

（1）转速调节器 ASR 的作用。使转速 n 跟随给定值 U_{gn} 变化，稳态时无静差；对负载变化起抗扰作用；其输出限幅值决定最大电流。

（2）电流调节器 ACR 的作用。在转速调节过程中使电流 I_d 跟随其给定值 U_{gi} 变化，启动时保证获得允许的最大电流；对电网电压波动起及时抗扰作用；当电机过载，甚至于堵转时，限制电枢电流的最大值 I_{dm}，从而起到快速的安全保护作用，如果故障消失，系统能够自动恢复正常。

6.3.5　双闭环直流调速系统的仿真

当要求系统快速启制动、突加负载时动态速降小等更高的动态性能时，特别适合于采用转速、电流双闭环调速系统，无论电动机功率或大或小，目前这种双环控制都是国内外使用最广泛的调速系统。

1. 系统结构

带有电流、转速反馈的双闭环调速系统实属多闭环系统，一般采用由内到外一环包一环的形式，内环为电流环，设有电流调节器 ACR，外环为转速环，设有转速调节器 ASR，构成一个完整的闭环系统。电流环接受速度环的输出作为控制目标，调节电动机的电流以满足既能控制电动机以较快的速度跟踪参考速度，又不至于产生过流现象损坏电动机的要求，这种结构为工程设计以及调试工作带来相当大的方便。

双闭环直流调速系统结构图如图 6-36 所示。图中，给定电压 $U_n^* = 10$ V，晶闸管放大系数 $K_s = 40$，晶闸管失控时间 $T_s = 0.0017$ s，电枢回路总电阻 $R = 0.5$ Ω，电磁时间 $T_1 = 0.03$ s，机电时间常数 $T_m = 0.18$ s，电动势常数 $C_e = 0.132$ V·min/r，转速反馈系数 $\alpha = 0.007$ V·min/r，电流反馈系数 $\beta = 0.083$ V·min/r。

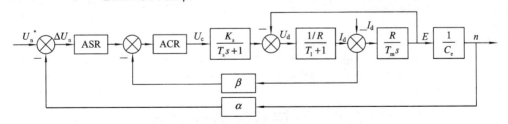

图 6-36　转速、电流双闭环直流调速系统结构图

2. 仿真模型

对于带有电流、转速双闭环系统的设计，利用 MATLAB 中 Simulink 的仿真，经过多次实验调整电流调节器、转速调节器的参数，找到一组合适的数值，即电流调节器参数 $K_{pi} = 0.8$、$\tau_i = 0.0275$，转速调节器参数 $K_{pn} = 6.7$、$\tau_n = 0.087$ 时，使得转速超调量

$\sigma_n \leqslant 10\%$，电流超调量 $\sigma_i \leqslant 5\%$，达到稳态指标设计要求。转速、电流双闭环直流调速系统仿真模型如图 6-37 所示。

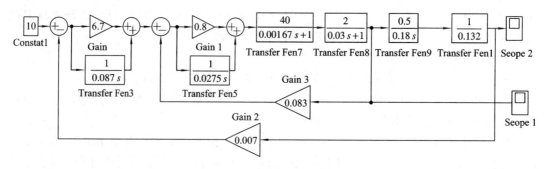

图 6-37 转速、电流双闭环直流调速系统仿真模型

3. 仿真结果

对图 6-37 的模型进行仿真，仿真波形如图 6-38 所示。

在空载的条件下，突加额定电压由静止状态启动，仿真直流电动机启动的动态过程。转速输出波形如图 6-38(a)所示，电流输出波形如图 6-38(b)所示。从仿真输出波形来看，当突加给定电压后，动态过程经历了电流上升阶段、恒流升速阶段、转速调节阶段。当电枢电流没有达到负载电流后，由于机电惯性作用，转速增长不是很快，因此转速调节器的输入偏差数值很大，输出电压保持限幅值，使电枢电流迅速上升，然后是电枢电流为恒值，转速成线性增长，然后进入对饱和阶段，电枢电流下降很快，但只要大于负载电流，转速继续上升，直到电枢电流和负载电流相等，转速达到峰值稳定运行。

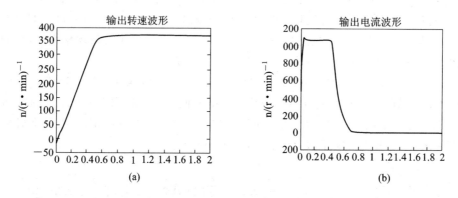

图 6-38 转速与电流的仿真输出波形
（a）转速输出波形；（b）电流输出波形

6.4 可逆直流调速系统

由于晶闸管的单向导电性，它只能为电动机提供单一方向的电流，因此，在前面学习的调速系统中，电动机都只朝着一个方向旋转，这种不可逆系统仅仅适合于不改变电动机转向（或者不要求经常改变电动机转向），同时对停车的快速性又无特殊要求的生产机械中，如车床、镗床、造纸机等。然而在生产实际中，有些生产机械却要求电动机既能正转，

又能反转，在减速和停车时要有制动作用，以缩短制动时间。例如可逆轧机、龙门刨床、电弧炉的升降机构、矿井提升机、电梯等，这些生产机械的电力拖动必须是可逆的。

此外，采用可逆调速系统，在制动时，除了缩短制动时间外，还能将拖动系统的机械能转换成电能回送电网，特别是大功率的拖动系统，可以节约大量能量。下面简要介绍一下晶闸管——电动机可逆系统的基本工作原理及主要结构特点。

6.4.1　可逆运行的基本知识

1. 可逆直流调速电路的几种形式

改变直流电动机转向的方法有两种，一是改变电动机电枢电流的方向，即改变电动机电枢电压的极性；二是改变电动机的磁通方向，即改变励磁电流的方向。根据这两种方法，可逆调速系统的线路就有两种方式，一种为电枢可逆线路，另一种为磁场可逆线路。

1）电枢可逆线路

（1）接触器切换电枢可逆线路。这种线路只采用一组晶闸管整流装置，利用正向和反向接触器来切换电动机电枢电流的方向，如图 6-39 所示。

由图可见，晶闸管整流装置的输出电压 U_d 极性不变，总是上"＋"下"－"，当正向接触器 KMF 闭合时，电动机电枢电压 A 端为正，B 端为负，电动机正转。当 KMF 打开，而反向接触器 KMR 闭合时，电动机电枢电压 A 端为负，B 端为正，电流方向改变，电动机反转。

接触器的工作通常由一套逻辑电路来指挥，这种方案比较简单经济，但接触器的寿命比半导体元件低，且动作时间长（约 0.2～0.5 s），所以这种方案一般适用于不需要频繁换向，且对快速性要求不高的生产机械上。

（2）晶闸管开关切换电枢可逆线路。晶闸管开关切换电枢可逆线路是用晶闸管代替接触器的主触头，从有触点控制变为无触点控制，如图 6-40 所示。

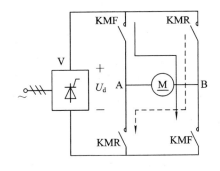
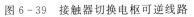
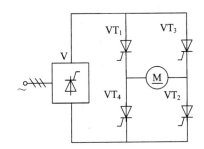

图 6-39　接触器切换电枢可逆线路　　　图 6-40　晶闸管开关切换电枢可逆线路

当 VT_1 和 VT_2 导通 VT_3 和 VT_4 关断时，电动机正转，当关断 VT_1 和 VT_2 而接通 VT_3 和 VT_4 时，电动机反转。

这种方案需要多加四个晶闸管元件，经济上无明显优点，所以只适用于几十千瓦以下的中小功率可逆线路。

（3）两组晶闸管整流装置组成的电枢可逆线路。如图 6-41 所示，这种线路有两组晶闸管整流装置，正向整流装置为 VF，它对电动机提供正向电流；反向整流装置 VR，它对电动机提供反向电流，这样就可以实现电动机的可逆运行。

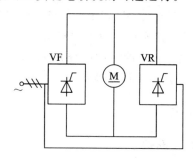

图 6-41　两组晶闸管组成的电枢可逆线路

两组晶闸管整流装置组成的可逆线路又有两种联结方式：一种为反并联线路，如图6-42所示，它的特点是由同一个交流电源同时向两组晶闸管整流装置供电；另一种为交叉联结线路，如图6-43所示，它的特点是两组晶闸管整流装置分别由两个独立的交流电源供电，即由两台整流变压器或一台整流变压器的两个副绕组供电。

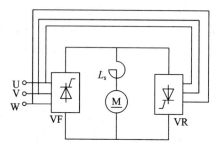

图 6-42　反并联线路

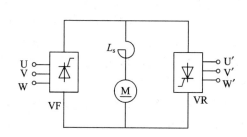

图 6-43　交叉联接线路

由于晶闸管元件寿命长，切换速度快，所以这种方案在要求频繁启制动且需要快速正反转的生产机械的拖动上得到了广泛的应用。

2）磁场可逆线路

在磁场可逆线路中，电动机电枢只用一组晶闸管整流装置供电。而电动机的励磁绕组可以用一组晶闸管整流装置供电，采用正反向接触器或晶闸管无触点开关来改变励磁电流的方向，如图6-44(a)和(b)所示。另外也可以采用正反两组整流装置交替工作来改变励磁电流的方向，从而使励磁磁通方向改变来达到改变电动机转向的目的，如图6-44(c)所示。

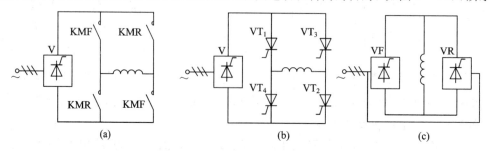

图 6-44　磁场可逆线路
(a) 接触器切换的磁场可逆线路；(b) 晶闸管切换的磁场可逆线路；
(c) 两组晶闸管装置供电的磁场可逆线路

3）电枢可逆与磁场可逆两种方案的比较

电枢可逆线路的特点是：改变电枢回路中的电流方向，需要两套容量较大的晶闸管整流装置，投资往往较大，在大容量系统中更是如此。但这种方案切换的快速性好，这是因为电枢回路电感小，时间常数小（约几十毫秒）的缘故，因而特别适用于中小容量的频繁启动、制动及要求过渡过程尽量短的生产机械。

磁场可逆线路的特点是：改变励磁回路中的电流方向，电枢回路只用一套整流装置，励磁回路中用两套整流装置，但是由于电动机励磁功率小（一般为 $1\%\sim5\%$ 额定功率），相对而言，容量很小，投资费用可节省，比较经济。但由于电动机磁场回路的电感量大，时间常数大（约零点几秒到几秒甚至十几秒），所以即使在励磁绕组上加上很大的强迫电压，该系统的快速性也很差（时间常数在几百毫秒以上）。此外磁场可逆线路的控制回路也相当复杂，必须保证在换向过程中磁通量等于零，电枢的供电电压相应为零，以防止电动机此时产生原方向的转矩阻碍反向，所以这种方案只有当系统容量很大，而且对快速性要求不高时才考虑采用。

6.4.2　可逆系统的工作状态

现以图 6 - 42 所示的电枢反并联供电的可逆系统为例，来分析可逆系统的四种工作状态。

1. 直流电动机和晶闸管整流装置的两种工作状态

1）直流他励电动机的两种工作状态

直流他励电动机无论是正转还是反转时，都有两种工作状态：一种是电动状态，另一种是制动状态（或称发电状态）。

电动运转状态时，电动机电磁转矩的方向和旋转方向（即转速 n 的方向）相同，电网给电动机输入能量，并转换为机械能以带动负载。

制动运转状态时，电动机电磁转矩的方向与转速 n 的方向相反，电动机将机械能转化为电能输出，如果将此电能回送给电网，那么这种制动就叫回馈制动。若将此电能消耗在制动电阻上，那么这种制动就是能耗制动（此时电动机电枢两端电源电压为零）或反接制动（电动机两端电源电压极性反接）。

2）晶闸管整流装置的两种工作状态

晶闸管整流装置也有两种工作状态，一种是整流状态，另一种是逆变状态。

整流状态时：整流装置将交流电能变为直流电能供给负载。

逆变状态时：整流装置吸收直流能量，并将它转变为交流电能回送给电网。

在两组晶闸管整流装置供电的可逆系统中，晶闸管整流装置和电动机的工作状态可以有多种组合方式，使电动机可运行四个象限。

2. 可逆运行的工作状态

由一组晶闸管装置供电的直流电动机系统，当控制角 $\alpha<90°$ 时，晶闸管装置处于整流状态，输出电压为正，电动机正常运行，把电能转换成机械能；当 $\alpha>90°$ 时，晶闸管装置处于逆变状态，输出电压为负，因受晶闸管单向导电性的限制，电流不能反向，那么在电动机制动时，就不能把能量回馈给电网。

在采用两组晶闸管装置供电的可逆系统，正组晶闸管处于整流状态时，电动机工作在正转电动状态。在电动机正向制动时，可让反组晶闸管处于逆变状态，当其逆变电压 U_d 小于电动机反电动势 E 时，可通过反组晶闸管将电动机旋转的机械能回馈电网，这种制动方式称为回馈制动。采用回馈制动方式，可以节约大量能量，因此可逆系统常采用回馈制动方式。这种方式有四种工作状态。

1) 正向运行状态

如图 6 - 45(a)所示，在正向运行状态时，正组 VF 处于整流状态（$\alpha_F < 90°$），反组 VR 处于阻断状态，整流电压 U_{dF} 大于电动机的反电动势 E，电流 I_d 按 U_{dF} 的方向流动，电能转换成机械能，电动机工作在正转电动状态。

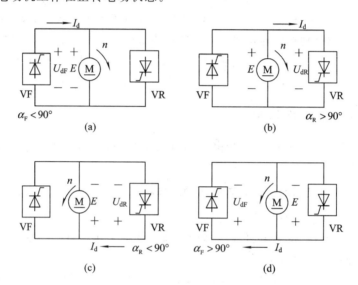

图 6 - 45　可逆运行的四种工作状态

2) 正向制动状态

如图 6 - 45(b)所示，如果电动机由正转电动状态进行制动，可让正组 VF 处于阻断状态，而让反组 VR 处于逆变状态（$\alpha_R > 90°$），且使逆变电压 U_{dR} 小于电动机的反电动势 E，电流 I_d 按 E 的方向流动，把制动过程的机械能回馈电网。

3) 反向运行状态

如图 6 - 45(c)所示，电动机的反向运行与正向运行类似，只是两组晶闸管装置的工作状态互相交换，正组 VF 处于阻断状态，反组 VR 处于整流状态。

4) 反向制动状态

如图 6 - 45(d)所示，如果电动机由反转电动状态进行制动，则让反组 VR 阻断，让正组 VF 处于逆变状态，制动过程的机械能通过正组 VF 回馈电网。

6.4.3　可逆直流调速系统中的环流分析

在采用两组晶闸管供电的可逆线路中，影响系统安全工作并决定可逆系统性质的一个重要问题就是环流问题。所谓环流，是指不流过电动机或其它负载，而直接在两组晶闸管整流装置之间流通的短路电流。环流的存在会显著地加重晶闸管的负担，环流太大时甚至会导致晶闸管损坏，因此必须予以抑制。但是，环流也不是一无是处，只要控制得好，保证晶闸管安全工作，那么，有一些环流作为流过晶闸管的基本电流，当负载电流流通时，便会越过机械特性的电流断续区，使系统在线性特性上运行，从而有利于稳态和动态性能的改善。由此可见，对可逆系统来说，环流有利有弊。因此，根据对系统性能的不同要求，处理环流的方式也不同。保留环流的可逆系统称为有环流可逆系统；没有环流存在的可逆系统称为无环流可逆系统。在有环流可逆系统中，又分为配合控制（自然环流）、给定环流和可控环流等几种控制方式；在无环流可逆系统中，又分为逻辑控制的无环流和错位控制无环流两种控制方式。下面我们将简单介绍一下工业中应用较多的逻辑控制无环流可逆系统。

6.4.4　逻辑控制的无环流可逆调速系统

逻辑无环流可逆调速系统是工业上最常用的一种可逆系统。其控制思想为：要保证一组晶闸管加触发脉冲时，另一组晶闸管的触发脉冲被封锁，即一组晶闸管导通时，另一组晶闸管被关断，两组晶闸管在任何时刻都不能同时处在导通状态。这样，就从根本上切断了环流的通路，使两组晶闸管整流装置之间不可能产生环流。实现这种两组整流装置触发脉冲间切换的控制方式，是靠逻辑控制装置来完成的，因此称为逻辑无环流系统。

1. 系统构成

如图 6 - 46 所示为逻辑无环流可逆调速系统的原理框图。

① 主回路　由图 6 - 46 可以看出，该系统的主回路为两组晶闸管整流装置反并联接线，由于没有环流，所以主回路中不设置环流电抗器。为了限制整流电压脉动幅值和尽量使整流电流连续，仍然保留了平波电抗器 L_s。

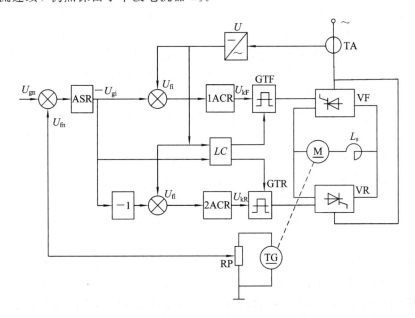

图 6 - 46　逻辑无环流可逆调速系统原理框图

② 控制回路　控制回路是典型的转速、电流双闭环系统，采用了两套电流调节器 1ACR 和 2ACR，两套触发器 VF 和 VR，分别控制正反组的工作。

　　为了切实保证在任何时刻都只给两组整流装置中的一组发出触发脉冲，严格防止整流装置的触发脉冲同时出现，以便从根本上切断环流的通路，控制回路中设置了一套逻辑切换装置 LC，该逻辑切换装置根据系统工作情况，发出逻辑指令，或者封锁正组脉冲，开放反组脉冲，或者封锁反组脉冲开放正组脉冲，二者必居其一，以保证主回路中没有环流产生。

2. 对逻辑切换装置的基本要求

　　逻辑装置必须鉴别系统的各种运行状态，严格控制两组晶闸管触发脉冲的开放与封锁，从而正确地对两组晶闸管整流装置进行切换。

　　逻辑装置根据什么来指挥两组晶闸管中的哪一组工作，哪一组关断以及在什么情况下两组应该相互切换呢？这就要分析系统的各种工作状态和晶闸管装置的工作状态。对每组晶闸管装置而言，都有整流和逆变两种工作状态，但是无论它们处于何种状态工作，其电枢回路电流方向都是一样的。具体地说电动机正转和反向制动时（在机械特性的第 I 和第 IV 象限内工作），电枢电流方向都是为正（在磁场极性不变时，电磁转矩方向同电流方向），这时正组晶闸管分别工作在整流与逆变流状态。当电机反转和正向制动时（第 II 与第 III 象限），电枢电流方向为负，是反组晶闸管工作。因此逻辑装置首先应该根据系统对电枢电流也就是转矩的要求来指挥正反组的切换。当系统要求电动机转矩方向为正时，逻辑装置应开放正组脉冲而封锁反组脉冲；当系统要求电动机转矩方向为负时，逻辑装置应开放反组脉冲而将正组脉冲封锁。由此可见，首先应该用转矩的极性鉴别信号来指挥逻辑切换。从图 6-48 中可以看出，速度调节器 ASR 的输出 U_{gi}，也就是电流给定信号，它的极性正是反映了转矩的极性，当正组工作时，U_{gi} 为负，反组工作时 U_{gi} 为正，所以 U_{gi} 可以作为逻辑装置的一个输入信号。但是转矩极性的变号只是逻辑切换的必要条件，在 U_{gi} 刚变号时，还不能马上切换。例如系统在进行制动时，U_{gi} 极性已改变，可是在电枢电流未过零以前，仍要保证本整流装置（称"本桥"）工作，以便实现本桥逆变。若本桥逆变时，电流尚未过零，而强行封锁处在逆变状态下的本组触发脉冲，势必会引起逆变颠覆，造成严重事故。因此逻辑装置还需要有零电流检测器，对实际电流进行检测，当测得电流过零时，送出零电流信号。只有当主回路电流为零时才允许两组晶闸管切换，因此系统可以进行切换的必要和充分条件是转矩极性变号和主回路电流为零。所以把零电流检测信号作为逻辑切换装置的另一个输入信号。

　　为保证工作的可靠性，在检测出零电流以后，必须再经过一个"关断等待时间" t_1 的延时后，才允许封锁原来一组的触发脉冲，以保证可靠关断，不致发生逆变颠覆现象。因为零电流检测器的灵敏度总是有限的，它不可能在电流绝对为零时才工作，它有一个最小的动作电流 i_0，若电枢回路中脉动的电流瞬时值低于 i_0，而实际电流还在连续时，就将原组脉冲封锁，则会发生逆变颠覆现象。

　　封锁原组触发脉冲的指令发出后，还必须经过"触发等待时间" t_2 的延时后，才可以开放另一组晶闸管，以防止电源短路事故。因为原来导通的晶闸管并不是在脉冲封锁的那一瞬时就关断，由于晶闸管导通后的不可控性，必须等到阳极电压下降到零时才关断，关断之后还需要有恢复阻断能力的时间，若在此之前就去开放另一组，则可能使两组晶闸管同时处于导通状态，形成环流短路。

　　综上所述，可逆系统对逻辑切换装置的要求归纳如下：

（1）在任何情况下，两组晶闸管绝不能同时有触发脉冲。当一组工作时，必须封锁另一组的触发脉冲。

（2）当转矩极性鉴别信号 U_{gi} 改变极性时，必须等到零电流检测器发出"零电流"信号后，才允许发出逻辑切换指令，为此必须根据转矩极性和零电流检测信号进行逻辑判断。

（3）发出切换指令后，必须经过"关断等待时间" $t_1 = 2 \sim 3$ ms 的延时，以封锁原导通组脉冲，再经过触发等待时间 t_2（与整流电路形式和晶闸管元件有关）使原组晶闸管恢复阻断能力后，才能开放另一组。

3. 逻辑切换装置的组成

通过对上述逻辑切换装置要求的条理化，根据切换装置可否动作以及动作的先后次序等，可得到逻辑装置应由四个部分组成：电平检测、逻辑运算（判断）、延时电路和逻辑保护，如图 6-47 所示。

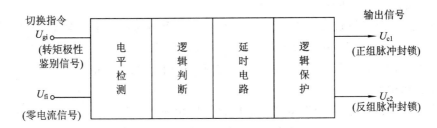

图 6-47　逻辑切换装置的基本组成环节

1）电平检测器

电平检测器的两个输入信号转矩极性鉴别信号和零电流信号都是连续变化的数值，即模拟量，但是无论转矩的极性还是电流的有无都只需要两种状态来表示。而数字电路只有两种状态"0"态和"1"态，为此首先要将模拟量变为数字量。电平检测器实际上就是一个模数转换器。由它将转矩极性鉴别信号和零电流信号转换成数字量 U_M 和 U_I。常用的电平检测器是由带有正反馈的运算放大器组成的。

2）逻辑运算（判断）电路

逻辑运算（判断）电路的作用是根据转矩极性鉴别器的输出信号 U_M 和零电流检测器的输出信号 U_I，来正确判断是否需要进行切换（即 U_M 是否变换了状态）、切换条件是否成熟（电流是否为零，也就是 U_I 是否由"0"态变为"1"态）。如果不需要切换或者切换条件不成熟，则维持系统原状态不变；如果需要切换且切换条件已经具备，则发出切换指令，改变运算（判断）电路的输出状态 U_Z 和 U_F，即封锁原来工作组的脉冲而开放另一组脉冲的指令。

逻辑运算（判断）电路还必须有记忆作用，也就是当另一组工作后，电流建立起来，零电流检测器输出信号改变（从"1"变成"0"），在这种情况下，逻辑电路一定要保持系统切换以后的工作状态。

在确定逻辑电路的逻辑结构以前，必须搞清输入信号以及输出信号的意义。

输入信号

转矩极性鉴别信号　电流为正时，$U_M = 1$；电流为负时，$U_M = 0$。

零电流检测信号　主电路有电流，$U_I = 0$；主电路无电流，$U_I = 1$。

输出信号

$\begin{cases} U_Z=0,\text{表示封锁 VF 组(正组)脉冲;}\ U_Z=1,\text{表示开放 VF 组脉冲;} \\ U_F=0,\text{表示封锁 VR 组(反组)脉冲;}\ U_F=1,\text{表示开放 VR 组脉冲;} \end{cases}$

输入信号和输出信号对应的关系是:

$\begin{cases} \text{当要求电流方向为正时,}U_M=1,U_Z=1,U_F=0\text{——触发正组封锁反组;} \\ \text{当要求电流方向为负时,}U_M=0,U_Z=0,U_F=1\text{——触发反组封锁正组;} \\ \text{只有在}U_I=1\text{的条件下,即主电路无电流的情况下,}U_Z\text{和}U_F\text{的状态才能改变。} \end{cases}$

3)延时电路

在可逆系统对逻辑切换装置的基本要求中已说明,为了使系统工作可靠,在零电流检测器动作以后,必须再经过一段时间的延时,才允许封锁原来导通的整流装置的触发脉冲。这段延时时间称为"关断等待时间",用 t_1 表示,大小随系统主电路接线不同而不同,如三相桥式反并联电路可取 $t_1=2\sim3$ ms。

另外,晶闸管在关断后还需有一个恢复阻断能力的时间,这个时间叫"触发等待时间",用 t_2 表示。对于三相桥式反并联线路,一般 t_2 可取 7 ms(即一个整流波头的时间)。所以在逻辑装置中设置延时电路,就是为了实现上述两个延时时间。

4)逻辑保护电路

系统正常工作时,逻辑电路的两个输出总是反相的,也就是说,两个输出中总是一个为"1",而另一个则为"0",以保证不让两组整流装置的触发脉冲同时开放。但当逻辑电路发生故障时,两个输出有可能同时为"1",这将造成两组整流装置会同时有触发脉冲,形成主电路电源短路的事故。为了避免这种事故,在逻辑装置中设置了逻辑保护环节,此环节为多"1"保护环节,保证了系统的稳定工作。

若把以上分析的逻辑装置各部分联接起来,就构成了逻辑切换装置。

4. 逻辑无环流可逆系统的优缺点

逻辑无环流可逆系统的主要优点是:不需要环流电抗器,没有附加的环流损耗,可节省变压器和晶闸管整流装置的设备容量,因换流失败而造成的事故率较低,系统可靠性高。主要缺点是:系统存在关断等待时间和触发等待时间等,造成电流换向死区较大,降低了系统的快速性。

由于逻辑无环流可逆系统有着明显的优点,所以在快速性要求不是很高的场合得到了广泛的应用。

6.4.5 直流可逆调速系统的仿真

本节讨论 $\alpha=\beta$ 配合控制的有环流可逆调速系统的仿真问题。在 $\alpha=\beta$ 配合控制有环流可逆直流电动机调速系统中,两组整流桥在工作时相互配合,使得当正组晶闸管桥整流或(待)逆变时,反组桥待逆变或(待)整流;其目的是保持整流电压和逆变电压相等,从而抑制平均直流环流。两组整流桥工作的相互配合是仿真建模的关键因素。

1. $\alpha=\beta$ 配合控制的有环流直流可逆调速系统的仿真模型

$\alpha=\beta$ 配合控制的有环流直流可逆调速系统的仿真模型如图 6-48 所示。

$\alpha=\beta$ 配合控制有环流直流可逆调速系统的主要控制电路包括:给定环节、一个速度调

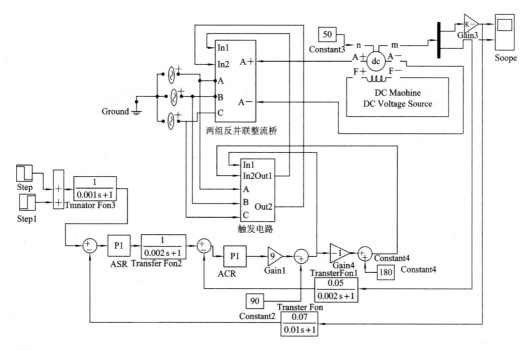

图 6-48　$\alpha=\beta$ 配合控制的有环流直流调速系统的仿真模型

节器（ASR）、一个电流调节器（ACR）、反向器、电流反馈环节、速度反馈环节等。参数设置主要有保证在启动过程中，转速调节器 ASR 饱和，使得电机接近最大电流启动。当转速超调时，经过两个调节器的调节，转速很快达到稳态；在发出停车或反向运转指令时，原先导通的整流桥处于逆变状态，另一组整流桥处于待整流状态。电流向电网回馈电能，使得转速和电流都下降。当电流下降到零以后，原先导通的整流桥处于待逆变状态，另一组整流器开始整流，电流开始反向，电机反接制动，转速急剧下降直到零或反向运转。转速调节器 ASR 和电流调节器 ACR 由带输出限幅的 PI 调节器分支电路组成，模型的主要参数见表 6-1。

表 6-1　可逆调速系统仿真模型参数

电　源	160 V（峰值）50 Hz	
电动机	$R_a=0.21\ \Omega$　　$L_a=0.000\ 543\ H$　　$U_f=220\ V$	
	$R_f=14.7\ \Omega$　　$L_f=0$　　$L_{af}=0.084\ H$　　$J=2.29\ kg\cdot m^2$	
转速调节器	$K_p=11.7$　　$K_n=134.5$	
电流调节器	$K_p=5.013$　　$K_i=33.8$	
电抗器	$L_{d1}\sim L_{d4}$ 的值为 0.002 H，L_d 的值为 0.015 H	

2. $\alpha=\beta$ 配合控制的有环流直流可逆调速系统仿真波形和分析

系统仿真中所选择的算法为 ode23tb，Start 设为 0，Stop 设为 6.0 s，仿真结果如图 6-49 所示。

从仿真结果可以看出，图 6-49(a)是当给定正信号 $U_n^*=10\ V$ 时，在电流调节器 ACR 作用下电机电枢电流接近最大值，使得电机以最优时间准则开始上升，在 0.7 s 左右时转速超调，电流开始下降，转速很快达到稳态；当 1.5 s 时给定反向信号 $U_n^*=10\ V$ 时，电流

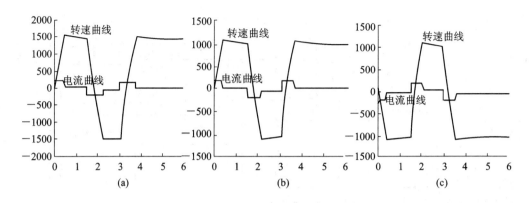

图 6-49 $\alpha = \beta$ 配合控制的有环流直流调速系统的仿真结果

和转速都下降，在电流下降到零以后，电机处于反接制动状态，转速急剧下降，当转速为零后，电机处于反向电动状态。图 6-49(b) 是给定信号为 $U_n^* = 7$ V 时的电机转速和电流曲线，可以看出与图 6-49(a) 很相似，但稳态转速降低，表明随着给定信号 U_n^* 的变化，稳态转速也跟着变化。图 6-49(c) 是给定信号 U_n^* 由 -7 V 变成 $+7$ V，再变成 -7 V 时的转速曲线和电流曲线，表明电机的转速方向由给定电压 U_n^* 的极性确定。

正组 VF、反组 VR 工作时有(待)整流和(待)逆变两种状态。当给定信号 U_n^* 为正值时，转速调节器 ASR 输出 U_i^* 为负值，使得 VF 处于整流状态，VR 处于待逆变状态，电动机正向运转；当要求停车或反转时，给定信号 U_n^* 为零或负值，ASR 输出 U_i^* 为正值，由于电机电枢电流还不为零，正组桥 VF 仍然工作，但却使 VF 处于逆变状态，VR 处于待整流状态，电机电流和转速变小；当电枢电流为零时，反组桥 VR 处于整流，电机处于制动状态，使得电机快速停车或反向运转。在整个过程中，整流电压和逆变电压始终相等，从而抑制直流平均环流。

本 章 小 结

1. 根据电动机调速方案，直流电动机有三种调速方法，分别是调压调速、弱磁调速和改变主回路电阻调速。调压调速实现方便，应用广泛，调速效果较好。

2. 由于开环直流调速系统静态速降大，不能满足具有一定静差率的调速范围的要求，因此引入转速负反馈组成的闭环的反馈控制系统。

闭环调速系统的静特性有下列性质：

① 在同样的负载扰动下，闭环系统的静态速降减为开环系统速降的 $1/(1+K)$，K 是闭环系统的开环放大倍数。

② 如果要维持理想空载转速不变，闭环时的给定电压须比开环系统时相应地提高 $(1+K)$ 倍，给定电压不能过分提高时，须增设电压放大器。

③ 在同样的最高转速和低速静差率的条件下，闭环系统的调速范围可以扩大到开环系统调速范围的 $(1+K)$ 倍。

当放大倍数 K 很大时，可以近似地认为：闭环系统的稳态转速在外界扰动下能够维持基本不变。由此可以推广到反馈控制的一般规律：要想维持某一物理量基本不变，就应引用该量的负反馈,与恒值给定相比较,构成闭环系统。

不仅对负载扰动,对于所有包围在负反馈环内各个环节上的外界扰动,闭环系统都同样具有抵抗能力,都能力图减小被控量受扰后所产生的偏差;但对于给定和检测元件的误差,闭环系统是无能为力的。因此,高精度的反馈控制系统必须有高精度的检测元件和给定电源作保证。

3. 对转速负反馈的单闭环有静差系统,可采用一些简化或者改进的措施。

① 对调速指标要求不高的系统,可以用电压负反馈代替转速负反馈,从而省掉测速发电机。电压负反馈系统实质上只是自动调压系统,无法克服电压反馈环以外的扰动作用。

② 在电压负反馈系统中引入电流正反馈,实现扰动量的补偿控制,可以提高静特性和硬度,减少静差,对提高调速系统的静态性能是有益的。

4. 采用积分控制可以使调节过程中被调量的偏差积累起来,稳态时不再靠偏差来维持,因而构成了无静差调速系统。

5. 上述几种调速系统均不能有效解决系统启动时的冲击电流大的问题,在单闭环调速系统中还得靠电流截止环节来限制电流,要求更高的系统可以进一步采用双环控制。

6. 单闭环无静差调速系统由于采用 PI 调节器解决了动、静态的矛盾,但没有很好地解决启动电流的冲击问题。要解决这个问题,必须引入适当的电流控制,因而提出了转速、电流双闭环调速系统,即具有电流调节内环和转速调节外环的串级调节系统。

7. 当转速调节器不饱和时,电流负反馈只是对转速环的一个扰动作用,由于转速调节器采用 PI 调节器,双闭环系统仍是无静差调速系统。当转速调节器饱和时,是恒流调节系统,具有下垂特性。

8. 当给定信号大范围增加时,转速调节器饱和,在这样的非线性控制作用下,系统成恒值电流调节系统。这时,调速系统基本上实现了最大电流受限制条件下的最短时间控制。当给定信号小范围变化,以及在扰动作用下,系统表现为线性的串级调节系统。如果扰动作用在电流环以内,则电流内环能够及时调节,有助于减少转速的变化;如果扰动作用在电流环之外,则仍须靠转速环调节,这时电流环表现为电流的随动系统,电流反馈加快了跟随作用。

9. 在采用两组可控硅的可逆线路中,不流过负载而只在两组可控硅之间流通的电流叫做环流。按照环流的有无,可逆调速系统分成有环流和无环流系统两大类。

10. 在一组可控硅工作时,用逻辑电路封锁另一组的触发脉冲,使该组可控硅处于阻断状态,从而切断了环流的通路,这就是逻辑控制的无环流可逆调速系统。逻辑无环流系统特有的关键部件是无环流逻辑切换装置,从功能上看,它可以分为电平检测、逻辑判断、延时电路和逻辑保护四个部分。

～～～～～ 习 题 6 ～～～～～

6-1 什么叫调速范围?什么叫静差率?调速范围与最小静差率和静态速降间有什么关系?

6-2 直流调速系统有哪些主要的动态性能指标?

6-3 某一调速系统,测得的最高转速为 $n_{0max} = 1500$ r/min,额定负载时速降 $\Delta n_{ed} =$

15 r/min，最低转速为 $n_{0min}=100$ r/min，额定速降不变，试问系统达到的调速范围有多大？系统允许的静差率是多少？

6-4　试概述单闭环转速负反馈系统的主要特点。改变给定电压能否改变电动机的转速？为什么？如果测速机励磁发生变化，系统有无克服这种扰动的能力？

6-5　某调速系统的调速范围是 1500～150 r/min，要求静差率 $s=2\%$，那么系统允许的静态速降是多少？如果开环系统的静态速降是 100 r/min，则闭环系统的开环放大倍数应有多大？

6-6　为什么加负载后，电动机的转速会降低？它的实质是什么？而在加入转速负反馈后，能减少静态速降，其原因是什么？

6-7　有一晶闸管调速系统，电动机为 $P_{ed}=2.5$ kW，$U_{ed}=220$ V，$I_{ed}=15$ A，$n_{ed}=1500$ r/min，电枢内阻为 2 Ω；整流装置内阻为 1 Ω；触发环节放大倍数为 30。要求调速范围 $D=20$，静差率 $s=10\%$。

① 计算开环系统的静态速降和调速系统要求所允许的静态速降。

② 采用转速负反馈组成闭环系统，试画出系统的静态结构图。

③ 调速该系统，使当 $U_g=20$ V 时，$I=I_{ed}$，$n=1000$ r/min，则转速反馈系统应为多少？

④ 计算所需放大器放大倍数。

6-8　在题 6-7 的转速负反馈系统中增设电流截止环节，要求堵转电流 $\leqslant 2I_{ed}$，临界截止电流 $\geqslant 1.2I_{ed}$，应该选用多大的比较电压和电流反馈电阻？若要求电流反馈电阻不超过主电路总电阻的 1/3，如果做不到，须增设电流反馈放大器，试画出系统的原理图和静态结构图，并计算电流反馈放大器的放大倍数。这时电流反馈电阻和比较电压各为多少？

6-9　调速系统中的调节器常用输出限幅电路有哪几种？

6-10　某一晶闸管电动机调速系统，电动机为 $P_{ed}=3$ kW，$U_{ed}=220$ V，$I_{ed}=17$ A，$n_{ed}=1500$ r/min，电枢内阻为 1.5 Ω；整流装置内阻为 1 Ω；触发环节放大倍数为 40；比例调节器的放大倍数为 10；给定电压为 15 V。若要求静差率 $s=30\%$，求开环系统和电压负反馈闭环系统的调速范围。

6-11　比例积分调节器具有哪些特点？

6-12　为什么积分控制的调速系统是无静差的？在转速单闭环调速系统中，当积分调节器的输入偏差电压 $\Delta U=0$ 时，输出电压是多少？决定于哪些因素？

6-13　在转速、电流双闭环系统中，转速调节器起什么作用？其输出限幅值应按什么要求来整定？电流调节器起什么作用？其输出限幅值应如何整定？

6-14　双闭环调速系统的最大给定电压、速度调节器的限幅值和电流调节器的限幅值均为 10 V，电动机额定电压为 220 V，定额电流为 20 A，额定转速为 1000 r/min，电枢回路总电阻为 1 Ω，电枢回路最大电流为 40 A，晶闸管整流装置放大倍数为 20。转速、电流调节器均为 PI 调节器。试求：

(1) 电流反馈系数，速度反馈系数；

(2) 当电机在最高转速发生堵转时，主回路整流电压为多少？速度调节器输出为多少？电流调节器输出为多少？电流反馈电压为多少？

6-15　可逆直流调速系统对逻辑装置有哪些基本要求？

第 7 章　直流脉宽调速系统

在第 6 章直流调速系统中介绍的单闭环系统、双闭环系统和可逆调速系统，均为普通晶闸管相控式整流的直流调速系统。由于普通晶闸管是一种只能用"门极"控制其导通，不能用"门极"控制其关断的半控型器件，所以这种晶闸管整流装置的性能受到了一定的限制。随着电力电子器件的发展，出现了如大功率晶体管（GTR）、可关断晶闸管（GTO）和功率场效应晶体管（MOSFET）等既能控制导通又能控制关断的全控型器件。以大功率晶体管为基础组成的晶体管脉宽调制（PWM）直流调速系统，近年来在直流传动中的应用越来越普遍，尤其是晶闸管开关频率的一再提高，使脉宽调速更容易实现，而且性能更好。

晶体管脉宽调制利用大功率晶体管的开关作用，将直流电压转换成较高频率的方波电压，加在直流电动机的电枢上，通过对方波脉冲宽度的控制，改变电动机电枢电压 U_d 的平均值，从而调节电动机的转速。直流脉宽调制电路也称为 PWM（Pulse Width Modulated）电路。

与晶闸管相控式整流直流调速系统相比，直流脉宽调制调速系统有以下优点：

（1）需用的功率元件少，线路简单，控制方便。

（2）由于晶体管的开关频率高，仅靠电枢电感的滤波作用，就可获得脉动很小的直流电流，电流连续容易，同时电动机的损耗和发热均较小。

（3）系统频带宽，响应速度快，动态抗扰能力强。

（4）低速性能好，稳速精度高，因而调速范围宽。

（5）直流电源采用三相不可控整流，对电网影响小，功率因数较高。

（6）主电路元件工作在开关状态，损耗小，装置效率高。

从调速系统的结构上看，脉宽调速系统和第 6 章讨论的晶闸管整流装置供电的调速系统基本上是一样的，主要区别在于主电路采用了脉宽调制变换器。

7.1　直流脉宽调制电路的工作原理

直流脉宽调速系统的主电路采用脉宽调制式变换器，简称 PWM 变换器。PWM 变换器有不可逆和可逆两类，下面分别介绍其工作原理和特性。

7.1.1　不可逆 PWM 变换器

不可逆 PWM 变换器就是直流斩波器，其电路原理图如图 7-1 所示。它采用了全控式的电力晶体管，开关频率可达 4 kHz。直流电压 U_s 由不可控整流电源提供，采用大电容 C 滤波，二极管 VD 在晶体管 VT 关断时为电枢回路提供释放电感储能的续流回路。

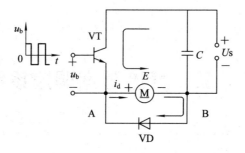

图 7-1 不可逆 PWM 变换器电路原理图

大功率晶体管 VT 的基极由脉宽可调的脉冲电压 u_b 驱动，当 u_b 为正时，VT 饱和导通，电源电压 U_s 通过 VT 的集电极回路加到电动机电枢两端；当 u_b 为负时，VT 截止，电动机电枢两端无外加电压，电枢的磁场能量经二极管 VD 释放（续流）。电动机电枢两端得到的电压 U_{AB} 为脉冲波，其平均电压为

$$U_d = \frac{t_{on}}{T}U_s = \rho U_s$$

式中，$\rho = t_{on}/T$ 为一个周期 T 中，大功率晶体管导通时间的比率，称为负载电压系数或占空比，ρ 的变化范围在 0～1 之间。一般情况下周期 T 固定不变，当调节 t_{on}，使 t_{on} 在 0～T 范围内变化时，则电动机电枢端电压 U_d 在 0～U_s 之间变化，而且始终为正，因此，电动机只能单方向旋转，为不可逆调速系统。这种调节方法也称为定频调宽法。

图 7-2 所示为稳态时电动机电枢的脉冲端电压 u_d、电枢电压平均值 U_d、电动机反电势 E 和电枢电流 i_d 的波形。由于晶体管开关频率较高，利用二极管 VD 的续流作用，电枢电流 i_d 是连续的，而且脉动幅值不是很大，对转速和反电势的影响都很小，可忽略不计，即认为转速和反电势为恒值。

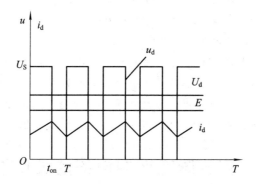

图 7-2 电压和电流波形图

7.1.2 可逆 PWM 变换器

为了克服不可逆变换器的缺点，提高调速范围，使电动机在四个象限中运行，可采用可逆 PWM 变换器。可逆 PWM 变换器在控制方式上可分为双极式、单极式和受限单极式三种。

1. 双极式 PWM 变换器

双极式 PWM 变换器主电路的结构形式有 H 型和 T 型两种，我们主要讨论常用的 H 型变换器。如图 7-3 所示，双极式 H 型 PWM 变换器由四个晶体管和四个二极管组成，其连接形状如同字母 H，因此称为"H 形"PWM 变换器。它实际上是两组不可逆 PWM 变换器电路的组合。

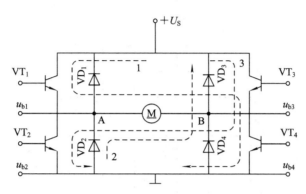

图 7-3　双极式 H 型 PWM 变换器原理图

H 形可逆输出的 PWM 脉宽调制电路，根据输出电压波形的极性可分为双极性和单极性两种方式。双极性和单极性的电路连接形式是一样的，如图 7-3 所示，区别只是四个晶体管基极驱动信号的极性不同。

在图 7-3 所示的电路中，四个晶体管的基极驱动电压分为两组，VT_1 和 VT_4 同时导通和关断，其驱动电压 $u_{b1} = u_{b4}$；VT_2 和 VT_3 同时导通和关断，其驱动电压 $u_{b2} = u_{b3} = -u_{b1}$，它们的波形如图 7-4 所示。

在一个周期内，当 $0 \leqslant t < t_{on}$ 时，u_{b1} 和 u_{b4} 为正，晶体管 VT_1 和 VT_4 饱和导通；而 u_{b2} 和 u_{b3} 为负，VT_2 和 VT_3 截止，这时，电动机电枢 AB 两端电压 $u_{AB} = +U_s$，电枢电流 i_d 从电源 U_s 的正极→VT_1→电动机电枢→VT_4→到电源 U_s 的负极。当 $t_{on} \leqslant t < T$ 时，u_{b1} 和 u_{b4} 变负，VT_1 和 VT_4 截止；u_{b2} 和 u_{b3} 变正，但 VT_2 和 VT_3 并不能立即导通，因为在电动机电枢电感向电源 U_s 释放能量的作用下，电流 i_d 沿回路 2 经 VD_2 和 VD_3 形成续流，在 VD_2 和 VD_3 上的压降使 VT_2 和 VT_3 的集电极-射极间承受反压，当 i_d 过零后，VT_2 和 VT_3 导通，i_d 反向增加，到 $t = T$ 时 i_d 达到反向最大值，这期间电枢 AB 两端电压 $u_{AB} = -U_s$。

由于电枢两端电压 u_{AB} 的正负变化，使得电枢电流波形根据负载大小分为两种情况。当负载电流较大时，电流 i_d 的波形如图 7-4 中的 i_{d1}，由于平均负载电流大，在续流阶段（$t_{on} < t < T$）电流仍维持正方向，电动机工作在正向电动状态；当负载电流较小时，电流 i_d 的波形如图 7-4 中的 i_{d2} 所示，由于平均负载电流小，在续流阶段，电流很快衰减到零，于是 VT_2 和 VT_3 的 c-e 极间反向电压消失，VT_2 和 VT_3 导通，电枢电流反向，i_d 从电源 U_s 正极→VT_2→电机电枢→VT_3→电源 U_s 负极，电动机处在制动状态。同理，在 $0 \leqslant t < t_{on}$ 期间，电流也有一次倒向。

由于在一个周期内，电枢两端电压正负相间，即在 $0 \leqslant t < t_{on}$ 期间为 $+U_s$，在 $t_{on} \leqslant t < T$ 期间为 $-U_s$，所以称为双极性 PWM 变换器。利用双极性 PWM 变换器，我们只要控制其正负脉冲电压的宽窄，就能实现电动机的正转和反转。当正脉冲较宽时（$t_{on} > T/2$），则电

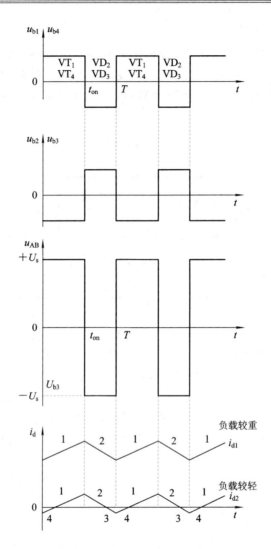

图 7-4 双极式 PWM 变换器电压电流波形图

枢两端平均电压为正,电动机正转;当正脉冲较窄时($t_{on} < T/2$),电枢两端平均电压为负,电动机反转;如果正负脉冲电压宽度相等($t_{on} = T/2$),平均电压为零,则电动机停止。此时电动机的停止与四个晶体管都不导通时的停止是有区别的,四个晶体管都不导通时的停止是真正的停止。平均电压为零时的电动机停止,电动机虽然不动,但电动机电枢两端瞬时值电压和瞬时值电流都不为零,而是交变的,电流平均值为零,不产生平均力矩,但电动机带有高频微振,因此能克服静摩擦阻力,消除正、反向的静摩擦死区。

双极性可逆 PWM 变换器电枢平均端电压可用公式表示为

$$U_d = \frac{t_{on}}{T}U_s - \frac{T - t_{on}}{T}U_s = \left(\frac{2t_{on}}{T} - 1\right)U_s$$

以 $\rho = \dfrac{U_d}{U_s}$ 来定义 PWM 电压的占空比,则 ρ 与 t_{on} 的关系为

$$\rho = \frac{2t_{on}}{T} - 1$$

调速时，ρ 的变化范围变成 $-1 \leqslant \rho \leqslant 1$。当 ρ 为正值时，电动机正转；当 ρ 为负值时，电动机反转；当 $\rho = 0$ 时，电动机停止。

双极式 PWM 变换器的优点是：电流连续，可使电动机在四个象限中运行，电动机停止时，有微振电流，能消除静摩擦死区，低速时每个晶体管的驱动脉冲仍较宽，有利于晶体管的可靠导通，平稳性好，调速范围大。

双极式 PWM 变换器的缺点是：在工作过程中，四个大功率晶体管都处于开关状态，开关损耗大，且容易发生上、下两管同时导通的事故，降低了系统的可靠性。

为了防止双极式 PWM 变换器的上、下两管同时导通，可在一管关断和另一管导通的驱动脉冲之间，设置逻辑延时环节。

2. 单极式 PWM 变换器

单极式 PWM 变换器的电路和双极式 PWM 变换器的电路一样，只是驱动脉冲信号不一样。在单极式 PWM 变换器中，四个晶体管基极的驱动电压是：左边两管 VT_1 和 VT_2 的驱动脉冲 $u_{b1} = -u_{b2}$，具有与双极式一样的正负交替的脉冲波形；使 VT_1 和 VT_2 交替导通。右边两管 VT_3 和 VT_4 的驱动脉冲与双极性时不同，改成因电动机的转向不同而施加不同的直流控制信号。

如果电动机正转，就使 u_{b3} 恒为负、u_{b4} 恒为正，使 VT_3 截止、VT_4 饱和导通，VT_1 和 VT_2 仍工作在交替开关状态。这样，在 $0 \leqslant t \leqslant t_{on}$ 期间，电动机电枢两端电压 $u_{AB} = U_s$，而在 $t_{on} \leqslant t \leqslant T$ 期间，$u_{AB} = 0$。在一个周期内电动机电枢两端电压 u_{AB} 总是大于零，所以称为单极式 PWM 变换器。电动机正转时的电压电流波形图如图 7-5 所示。

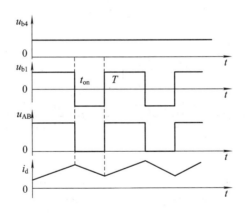

图 7-5　单极式 PWM 变换器电压电流波形图

如果希望电动机反转，就使 u_{b3} 恒为正、u_{b4} 恒为负，使 VT_3 饱和导通、VT_4 截止，VT_1 和 VT_2 仍工作在交替开关状态。这样，在 $0 \leqslant t \leqslant t_{on}$ 期间，电动机电枢两端电压 $u_{AB} = 0$，而在 $t_{on} \leqslant t \leqslant T$ 期间，$u_{AB} = -U_s$。

由于单极式 PWM 变换器的 VT_3、VT_4 二者中总有一个常通，而另一个截止，这一对开关元件无须频繁交替导通，因而减少了开关损耗和上、下管同时导通的机率，可靠性得到了提高。同时，当电动机停止工作时，$U_d = 0$，其瞬时值也为零，因而空载损耗也减少了。但电路无高频微振，启动较慢，其低速性能不如双极性的好。

3. 受限单极式 PWM 变换器

在单极式 PWM 变换器电路中有一对晶体管开关元件 VT$_1$ 和 VT$_2$ 交替导通，仍有上、下管直通的危险。如果将控制方式进行适当的改进，当电动机正转时，让 u_{b2} 恒为负，使 VT$_2$ 一直截止，VT$_1$ 则处于开关工作状态；当电动机反转时，让 u_{b1} 恒为负，使 VT$_1$ 一直截止，VT$_2$ 处于开关工作状态，其它晶体管的驱动信号与单极式电路相同，这样就不会产生上、下管直通的故障了，这种控制方式称为受限单极式。

受限单极式 PWM 变换器在负载较重时，电流单方向连续变化，因而电压、电流波形与单极式电路一样；但当负载较轻时，若通过 VD 的续流电流衰减到零，电流会出现断续的现象，这时电动机电枢两端的电压 u_{AB} 跳变为 U_s。断续现象将使 PWM 调速系统的动、静态特性变差，换来的好处是系统的可靠性得到了提高。

7.2　脉宽调速系统的控制电路

由第 6 章直流调速系统的叙述可知，一般动、静态性能较好的调速系统都采用双闭环控制系统，因此，对直流脉宽调速系统，我们也将以双闭环为例介绍之。

直流脉宽调速系统的原理图如图 7-6 所示，由主电路和控制电路两部分组成，采用转速、电流双闭环控制方案，转速调节器和电流调节器均为 PI 调节器，转速反馈信号由直流测速发电机得到，电流反馈信号由霍尔电流变换器得到，这部分的工作原理与前面介绍的双闭环调速系统相同。主电路采用 PWM 变换器供电，主要有脉宽调制器 UPW、调制波发生器 GM、逻辑延时电路 DLD 和电力晶体管基极驱动器 CD 组成，其中关键的部件是脉宽调制器。

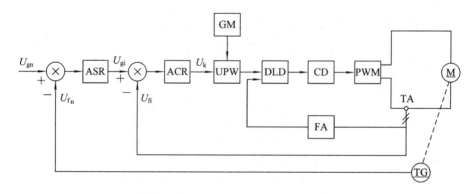

图 7-6　直流脉宽调速系统的原理图

7.2.1　直流脉宽调制器

在直流脉宽调速系统中，晶体管基极的驱动信号是脉冲宽度可调的电压信号。脉宽调制器实际上是一种电压-脉冲变换器装置，由电流调节器的输出电压 U_k 控制，给 PWM 装置输出脉冲电压信号，其脉冲宽度和 U_k 成正比。常用的脉宽调制器有以下几种：

（1）用锯齿波作调制信号的锯齿波脉宽调制器；

（2）用三角波作调制信号的三角波脉宽调制器；

（3）用多谐振荡器和单稳态触发电路组成的脉宽调制器；

（4）数字脉宽调制器。

下面以锯齿波脉宽调制器为例来说明脉宽调制原理。

锯齿波脉宽调制器是一个由运算放大器和几个输入信号组成的电压比较器，如图 7-7 所示。图中，加在运算放大器反相输入端上的有 3 个输入信号。一个输入信号是锯齿波调制信号 U_{sa}，由锯齿波发生器提供，其频率是主电路所需的开关调制频率，一般为 $1 \sim 4$ kHz；另一个输入信号是控制电压 U_k，是系统的给定信号经转速调节器、电流调节器输出的直流控制电压，其极性与大小随时可变。U_k 与 U_{sa} 在运算放大器的输入端叠

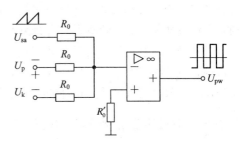

图 7-7　锯齿波脉宽调制器原理图

加，从而在运算放大器的输出端得到周期不变、脉冲宽度可变的调制输出电压 U_{pw}。为了得到双极性脉宽调制电路所需的控制信号，再在运算放大器的输入端引入第三个输入信号——负偏移电压 U_p，其值为 $U_p = -\dfrac{1}{2} U_{samax}$，这样：

当 $U_k = 0$ 时，输出脉冲电压 U_{pw} 的正负脉冲宽度相等，如图 7-8(a)所示；

当 $U_k > 0$ 时，$+U_k$ 的作用和 $-U_p$ 相减，经运算放大器倒相后，输出脉冲电压 U_{pw} 的正半波变窄，负半波变宽，如图 7-8(b)所示；

当 $U_k < 0$ 时，$-U_k$ 的作用和 $-U_p$ 相加，则情况相反，输出脉冲电压 U_{pw} 的正半波增宽，负半波变窄，如图 7-8(c)所示。

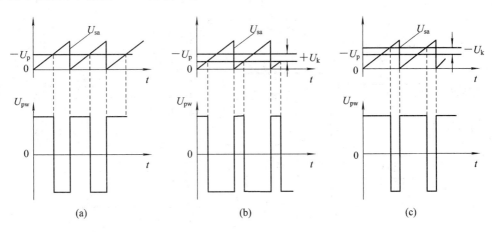

图 7-8　锯齿波脉宽调制器波形原理图

(a) $U_k = 0$；(b) $U_k > 0$；(c) $U_k < 0$

这样，通过改变控制电压 U_k 的极性，也就改变了双极式 PWM 变换器输出平均电压的极性，因而可改变电动机的转向。通过改变控制电压 U_k 的大小，则就能改变输出脉冲电压的宽度，从而改变电动机的转速。

目前，已有许多集成的脉宽调制器，常见的型号有 LM3524 和 SG1526/2526/3526、SG1731/2731/3731、SA4828/828 系列等。

7.2.2　逻辑延时电路

在可逆 PWM 变换器中，由于晶体管的关断过程中有一段存储时间和电流下降时间，总称关断时间，在这段时间内晶体管并未完全关断。如果在此期间另一个晶体管已经导通，则将造成上、下两管直通，从而使电源正负极短路。为了避免发生这种情况，在系统中设置了由 R、C 电路构成的逻辑延时电路 DLD，保证在对一个管子发出关闭脉冲后，延时一段时间后再发出对另一个管子的开通脉冲。由于晶体管导通时也存在开通时间，所以，延时时间只要大于晶体管的存储时间就可以了。

7.2.3　基极驱动器和保护电路

脉宽调制器输出的脉冲信号一般功率较小，不能用来直接驱动主电路的晶体管，必须经过基极驱动器的功率放大，以确保晶体管在开通时能迅速达到饱和导通，关断时能迅速截止。基极驱动器的每个开关过程包含 3 个阶段，即开通、饱和导通和关断。

在采用大功率晶体管的电机拖动电路中，电源容量很大，如果大功率晶体管损坏了，就有可能在基极回路中流过很大的电流，为了防止晶体管故障时损害基极电路，晶闸管的驱动电路必须要有快速自动保护功能，避免晶体管等遭到破坏。现在，有专门的驱动保护集成电路，如法国汤姆逊（THOMSON）公司生产的 UAA4002 芯片，就可以实现对功率晶体管的最优基极驱动，同时实现对开关晶体管的非集中保护。UAA4002 芯片的原理框图如图 7-9 所示。

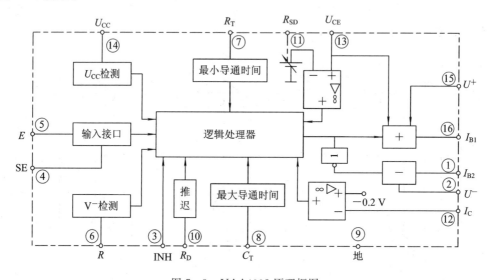

图 7-9　UAA4002 原理框图

1. UAA4002 的特点

（1）标准的 16 脚双排直插式结构。

（2）UAA4002 将接收到的以逻辑信号输入的导通信号转变为加到功率晶体管上的基极电流，这一基极电流可以自动调节，保证晶体管总处于准饱和状态。UAA4002 输出的最大电流为 0.5 A，也可以外接晶体管扩大。

（3）UAA4002 可给晶体管加 -3 A 的反向基极电流，保证晶体管快速关断。这个负的基极电流亦可通过外接晶体管扩大。

（4）UAA4002 内装高速逻辑处理器保护晶体管，监控导通期间晶体管集-射极电压和集电极电流，亦监控集成电路的正负电源电压和芯片温度，对被驱动的晶体管实现就地保护（非集中保护），无需经隔离环节，所以执行快速、保护准确。保护功能包括：过流保护，退饱和保护（1～5.5 V，由用户设定）；最小导通时间限制（最小导通时间在 1～12 μs 之间，由用户设定），最大导通时间限制；正向驱动电源电压监控（小于 7 V 时保护，不可调）；负驱动电源电压监控（保护值由用户设定）；芯片过热保护（保护 UAA4002 本身）。

（5）可外接抗饱和二极管。

（6）与通常的驱动模块不一样，其输入端可接收电平信号和交变脉冲信号，如果需要对输入端隔离，可外加光电耦合器或微分变压器。

2. 管脚功能和参数确定

如图 7-9 所示，管脚的功能和参数如下：

脚 14 接正电源（推荐值为 +10 V）。

脚 2 接负电源（推荐值为 -5 V）。

脚 9 接地。

脚 1 通过一小电感 L 接被驱动功率晶体管基极，输出反向基极关断电流 I_{B2}。

脚 3 为封锁端，高电位时封锁输出信号，零电位时解除封锁。

脚 4 为输入方式选择端，高电平时选择电平方式，低电平时选用脉冲方式。选用电平方式时可将脚 4 悬空或通过一阻值不小于 47 kΩ 的电阻接正电源 U_{CC}。脉冲方式用在控制电路必须电隔离的场合，UAA4002 由交变脉冲控制，其方法是将脚 4 直接接地（接脚 9），此时加到输入端的控制信号幅度至少为 ±2 V，并低于电源正负电压 U_{CC} 和 U^-，即用此方式，负电源电压 U^- 的绝对值必须大于 2.5 V；

脚 5 为输入端。

脚 6 通过电阻 R^- 接负电源（脚 2）。R^- 与 R_T 的值决定负电源欠压保护的门槛电压 $|U^-|_{min}$，其关系为

$$R^- = \frac{R_T}{2}\left(1 + \frac{|U^-|_{min}}{5}\right)k\Omega$$

若不用此功能，脚 6 可直接接地或接负电源。

脚 7 通过电阻 R_T 接地，R_T 的值决定管子最小导通时间 $t_{on(min)}$（μs），两者关系为 $t_{on(min)} = 0.06R_T(k\Omega)$。$t_{on(min)}$ 可在 1～12 μs 之间调节。

脚 8 通过电容 C_T 接地。C_T、R_T 值决定管子最大导通时间 $t_{on(max)}$，其关系为 $t_{on(max)}(\mu s) = 2R_T(k\Omega) \times C_T(nF)$。如最大导通时间不限制，可将脚 8 直接接地。

脚 10 通过电阻 R_D 接地，可使输出端电压的前沿相对输入端电压的前沿延迟 T_D，其关系为 $T_D(\mu s) = 0.05R_D(k\Omega)$。$T_D$ 值可在 1～20 μs 范围内调节。若不采用延迟功能，可将脚 10 直接接正电源 U_{CC}。

脚 11 通过电阻 R_{SD} 接地。R_{SD} 上的电压值由下式决定：$U_{BSD} = 10R_{SD}/R_T(V)$，当从脚 13 引入的管压降 $U_{CE} > U_{RSD}$ 时，饱和动作。U_{RSD} 可在 1～5.5 V 间调节。如脚 11 开路，其电位自动限制在 5.5 V。如放弃退饱和保护，可将脚 11 直接接负电源。

脚 12 为电流信号输入端，其电压值为负。当低于 -0.2 V 时过流保护动作。

脚 13 通过抗饱和二极管接至被驱动功率晶体管集电极。

脚 15 通过电阻 R 接正电源 U_{CC}，其阻值决定正向基极驱动电流

$$I_{B1} = \frac{U_{CC} - U_{BE(GTR)} - U_{CE}}{R + R_B}$$

式中，$U_{BE(GTR)}$ 为被驱动功率管 GTR 的 b、e 间压降；U_{CE} 为 UAA4002 内部输出级 U_1 的饱和压降。

脚 16 通过一小电阻 R_B 接被驱动功率晶体管基极，输出正向基极驱动电流 I_{B1}。

7.2.4 由 PWM 集成芯片组成的直流脉宽调速系统

下面我们以 PWM 专用集成芯片 SG1731 为例，简单介绍一下由 SG1731 芯片构成的直流调速系统。

1. SG1731 芯片简介

SG1731 是美国 Silicon General 公司针对直流电动机 PWM 控制而设计的单片 IC，也可用于液压 PWM 控制。该芯片内置三角波发生器、误差运算放大器、比较器及桥式功放电路等。其原理是把一个直流电压与三角波迭加形成脉宽调制方波，加到桥式功放电路上输出。SG1731 的管脚排列和内部结构如图 7-10 所示。

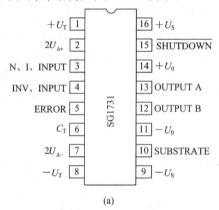

(a)

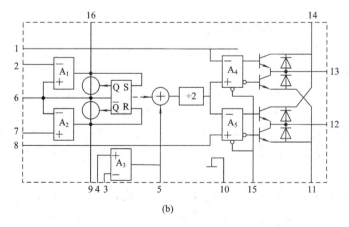

(b)

图 7-10　SG1731 的管脚排列和内部结构图

（a）管脚排列；（b）内部结构

SG1731 管脚的基本功能如下：

（1）16 脚和 9 脚接电源 $\pm U_S$（$\pm 3.5 \sim \pm 15$ V），用于芯片的控制电路。

（2）14 脚和 11 脚接电源 $\pm U_0$（$\pm 2.5 \sim \pm 22$ V），用于桥式功放电路。

（3）比较器 A_1、A_2，双向恒流源及外接电容 C 组成三角波发生器，其振荡频率 f 由电容 C 和外供正负参考电压 $2u_{\Delta+}$、$2u_{\Delta-}$（2 脚和 7 脚）决定：

$$f = \frac{5 \times 10^4}{4 \Delta u C}$$

式中，$\Delta u = (2u_{\Delta+} - 2u_{\Delta-})$。

（4）A_3 为偏差放大器，3 脚为正相输入端，4 脚为反相输入端，5 脚为输出端。

（5）A_4、A_5 为比较器，外加电压 $+U_T$、$-U_T$ 为正负门槛电压。

（6）15 脚为关断控制端，当该输入端为低电平时，封锁输出信号。

（7）10 脚为芯片片基，6 脚外接电容后接地。

2. 由 SG1731 组成的直流调速系统

图 7 - 11 所示为 SG1731 组成的直流调速系统。SG1731 的 12 脚、13 脚可输出 ± 100 mA 的电流。图中电流调节器由 SG1731 偏差放大器外接 RC 构成 PI 调节器。系统工作原理与双闭环直流调速系统类似，不再赘述。

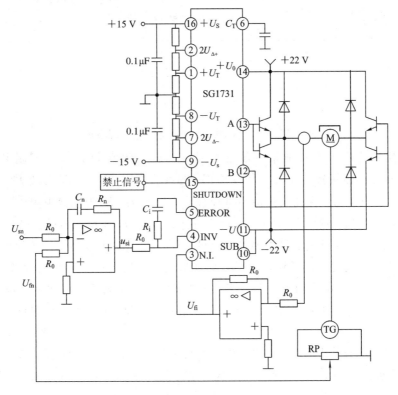

图 7 - 11　SG1731 组成的 PWM 直流调速系统

7.2.5　由单片机控制的直流脉宽调速系统

直流脉宽调速系统的控制，也可由单片微机来实现。由单片微机控制的直流可逆调速系统的原理图如图 7 - 12 所示。

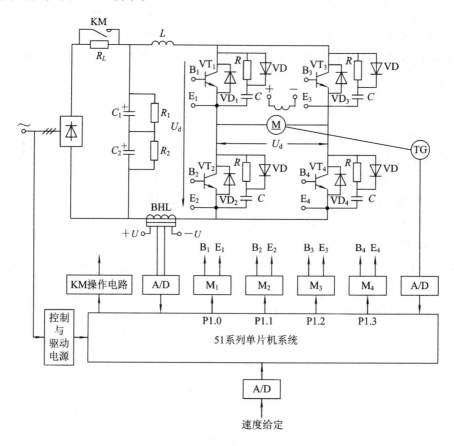

图 7 - 12　单片机控制的直流可逆调速系统原理图

　　系统主电路由四个大功率晶体管模块 $VT_1 \sim VT_4$ 构成 H 形脉宽调制电路，$VD_1 \sim$ VD_4 分别集成在晶体管模块 $VT_1 \sim VT_4$ 内部，起续流作用，$VT_1 \sim VT_4$ 上并联的 R、C 和 VD 为过电压吸收电路。直流电源由不可控整流电路提供，R_L 为限流电阻，用以限制开始给电时的充电电流值，然后由 KM 闭合将 R_L 切除，R_1、R_2 为均压电阻。控制电路为转速电流双闭环系统，转速反馈信号由测速发电机得到，经 A/D 转换后送入单片机系统；电流反馈信号由霍尔电流传感器得到，经 A/D 转换后送入单片机系统。单片机系统的输出分别接到 $M_1 \sim M_4$，$M_1 \sim M_4$ 分别为 $VT_1 \sim VT_4$ 的驱动模块，内部含有光电隔离电路和开关放大电路。转速给定信号经 A/D 转换后送入单片机系统，调节转速给定信号的大小，即改变占空比 $\rho(=t_1/T)$ 的大小。

　　脉宽调制电路由单片机实现，单片机根据给定的占空比，由软件编程来实现脉冲宽度函数。脉冲宽度函数如图 7 - 13 所示，t_1 为导通时间，$t_2 = T - t_1$ 为断开时间，T 为脉冲宽度函数的周期。

　　实现脉冲宽度调制函数的软件可通过改变延时 t_1 及 t_2 来改变占空比。编制方法在此略去，有兴趣者可以参阅相关书籍。

　　驱动器将脉冲宽度波形加以放大，以便控制 PWM 变换器的接通或断开。

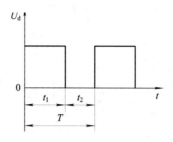

图 7 - 13　脉冲宽度函数示意图

7.3　直流脉宽 PWM 调速系统的仿真

直流脉宽调速是利用脉宽调制变换器,把恒定的直流电源电压调制成频率一定、宽度可变的脉冲电压序列,从而以改变平均输出电压的大小来调节电动机转速。脉宽变换器根据其形式一般包括两种:不可逆变换器和可逆变换器。本节介绍单闭环 PWM 可逆直流调速系统的仿真和双闭环 PWM 可逆直流调速系统的仿真。

7.3.1　单闭环 PWM 可逆直流调速系统的仿真

转速闭环调节系统是一种基本的反馈控制系统,系统结构如图 7 - 14 所示。其中,ASR 是转速调节器,一般采用 PI 控制,UPW 为 PWM 波生成环节,其算法由软件确定,GD 为驱动电路模块,UR 为二极管整流桥,UPEM 为 H 桥主电路,M 为直流电动机,TG 为测速电机。

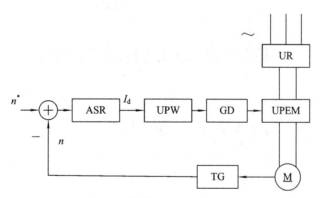

图 7 - 14　转速闭环 PWM 调节系统结构

对该单闭环速度反馈 PWM 直流调速系统采用定性仿真,仿真模型如图 7 - 15 所示。其中,转速调节器采用 PI 控制器,PI 参数设置 K_p 为 1,K_i 为 5,输出限幅为[10,−10](V);二极管整流部分用直流电源模拟,直流电源参数和直流励磁电源参数均为 220 V;反馈系数为 0.1;给定信号为 10 V,在 2 s 时给定信号变为−10 V;负载采用 50 常数值来模拟。PWM 发生器采用两个 Discrete PWM Generator 模块仿真,该模块中自带三角波,其幅值为 1 V,且输入信号应在−1 V 与 1 V 之间,输入信号同三角波信号相比较,比较结果大于 0 时,占空比大于 50%,电动机正转;比较结果小于 0 时,占空比小于 50%,电动机反转。

PWM 发生器信号要同 H 桥对角两管触发信号相对应，为此采用 Selector 模块。

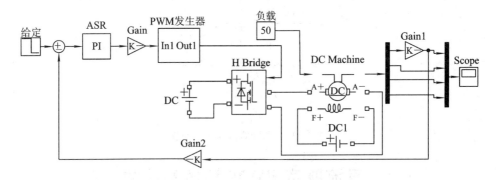

图 7-15　转速闭环 PWM 调节系统仿真模型

　　仿真结果如图 7-16 所示，PWM 调速系统表现为转速上升快，动态响应快，开始启动阶段功率器件处于全开状态，电流波动不大等优点。当转速达到稳定时，电力电子开关频率较高，电流呈现脉动形式。

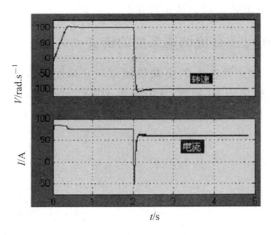

图 7-16　转速闭环 PWM 调节系统仿真结果

7.3.2　双闭环 PWM 可逆直流调速系统的仿真

　　转速单闭环能够满足简单的应用需要，但是当系统要求较高的动、静态性能指标时，控制系统一般都采用转速、电流双闭环控制，电流环为内环、转速环为外环。内环的采样周期小于外环的采样周期，由于电流采样值和转速采样值都有交流分量，常需要滤波器进行滤波。双闭环结构如图 7-17 所示，系统相对于单闭环系统增加了电流反馈环节和电流调节器 ACR。

　　采用 SIMULINK 对该系统进行模型仿真，由于电流采样值和转速采样值都有交流分量，常需要加入滤波环节。ASR 和 ACR 都采用 PI 控制器，并根据工程设计法求得各个 PI 参数，仿真模型如图 7-18 所示。

　　两个 step 信号形成了 0~2.5 s 给定信号为 10 V、2.5~5 s 给定信号为 -10 V、5 s 以后给定信号为 10 V 的方波。仿真结果如图 7-19 所示。从结果可以看出，当给定信号为 10 V 时，电流调节器作用下电流波动到最大值，使电动机以最优准则上升；给定信号变为

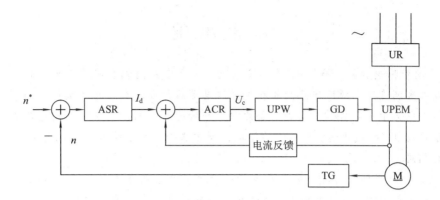

图 7-17　双闭环直流可逆 PWM 调速系统结构

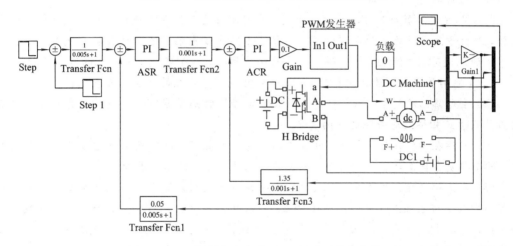

图 7-18　双闭环直流可逆 PWM 调速系统仿真模型

—10 V 时，电动机制动，当转速为 0 后，电动机反向转动。电流波动小，只要 PI 参数按照工程设计法，选择适当，系统就能可靠稳定运行。

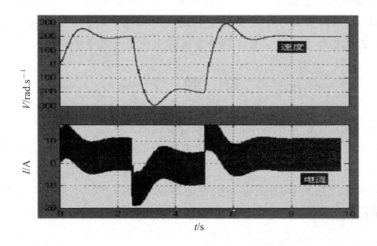

图 7-19　双闭环直流可逆 PWM 调速系统仿真结果

本 章 小 结

1. 晶闸管脉宽调制(PWM)直流调速系统是一种在晶闸管直流调速系统的基础上，以脉宽调制式可调直流电源取代晶闸管相控整流电源后构成的直流电动机转速调节系统。它采用全控型电力电子器件作为功率开关元件，并按脉宽调制方式实现电枢电压调节，因而主电路结构简单，性能优越。其系统的闭环控制方式和分析、综合方法均与晶闸管直流调速系统的相同。

2. 晶体管脉宽调制利用大功率晶体管的开关作用，将直流电压转换成较高频率的方波电压，加在直流电动机的电枢上，通过对方波脉冲宽度的控制，改变电动机电枢电压的平均值，从而调节电动机的转速。

3. PWM 变换器有不可逆和可逆两类。应用不可逆变换器调速时，电动机只能单方向旋转，这种方法也称为定频调宽法。可逆 PWM 变换器克服了不可逆变换器的缺点，提高了系统的调速范围，使电动机能够在四个象限中运行，从而实现了电动机的可逆运行。

4. 与晶闸管直流调速系统相比，PWM 式直流调速系统的优点主要表现在：

(1) 主电路结构简单，所需功率开关元件数少。特别是在可逆系统中，其开关元件数仅为晶闸管三相桥式反并联电路的 1/3。

(2) 不存在相控方式下电压、电流波形的畸变和相移，以及随运行速度一同下降的弊病，因而即使在极低转速下运行时，系统亦能保持有较高的功率因数。

(3) 系统按双极式工作时，不采用笨重的滤波电抗器，仅依靠电枢绕组本身自感的滤波作用即可保证在轻载下电流无断续现象，不致出现电动机动态模型降阶和动态参数改变等一般反馈控制无法克服的模型干扰和参数干扰，有利于系统动态性能的改善。同时，使低速下电动机转速的平稳性提高，有利于系统调速范围的扩大。

(4) 主电路开关频率高，使系统能具有更高的截止频率，有利于提高系统对于外部信号的响应速度。

5. PWM 式直流调速系统不仅电路结构简单，而且性能优越，但由于受目前全控型开关元件容量的限制，暂时妨碍了它在大容量直流调速系统中的应用，但在 100 kW 以下的拖动领域内，该系统相对于晶闸管直流调速系统的优势是无可争辩的。

习 题 7

7-1　简述双极式 PWM 变换器的工作原理及优缺点。

7-2　PWM 式不可逆调速系统中，当主电路处于续流状态时，电动机运行于何种状态？为什么？

7-3　试分析比较晶闸管-直流电动机可逆调速系统和 PWM 式可逆直流调速系统的制动过程，指出它们的相同点和不同点。

第 8 章 位置随动系统

8.1 概　　述

　　位置随动系统又称伺服系统，可以是位置、速度、压力、温度等各种物理量的自动跟踪系统，其被控制量（输出量）常是负载机械空间位置的线位移或角位移，当位置给定量（输入量）作任意变化时，该系统的主要任务是使输出量快速而准确地复现给定量的变化。在生产实践中，位置随动系统的应用领域非常广泛。例如，轧钢机轧辊压下装置以及其它辅助设备的定位控制，数控机床的定位控制和加工轨迹控制，船舶的自动操纵，火炮方位的自动跟踪，宇航设备的自动驾驶，机器人的动作控制等。随着机电一体化技术的发展，位置随动系统已成为现代工业、国防和高科技领域中不可缺少的控制系统，也是电力拖动自动控制系统的一个重要分支。

　　下面通过一个简单的例子来介绍位置随动系统。

　　电位器式的小功率位置随动系统，其原理图如图 8-1 所示，它由以下五个部分组成。

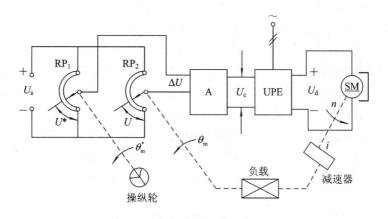

图 8-1　电位器式位置随动系统原理图

1. 位置传感器

　　由电位器 RP_1 和 RP_2 组成位置（角度）传感器。RP_1 是给定位置传感器，其转轴与操纵轮连接，发出转角给定信号 θ_m^*；RP_2 是反馈位置传感器，其转轴通过传动机构与负载的转轴相连，得到转角反馈信号 θ_m。两个电位器由同一个直流电源 U_s 供电，使电位器输出电压 U^* 和 U，直接将位置信号转换成电压量。偏差电压 $\Delta U = U^* - U$ 反映了给定与反馈的转角误差 $\Delta\theta_m = \theta_m^* - \theta_m$，通过放大器等环节拖动负载，最终消除误差。

2. 电压比较放大器(A)

两个电位器输出的偏差电压 ΔU 在放大器 A 中进行放大,发出控制信号 U_c。由于 ΔU 是可正可负的,因此,放大器必须具有鉴别电压极性的能力,输出的控制电压 U_c 也必须是可逆的。

3. 电力电子变换器(UPE)

UPE 主要起功率放大的作用(同时也放大了电压),而且必须是可逆的。在小功率直流随动系统中多采用 P - MOSFET 或 IGBT 桥式 PWM 变换器。

4. 伺服电机(SM)

在小功率直流随动系统中多采用永磁式直流伺服电机,在不同情况下也可采用其它直流或交流伺服电机。由伺服电机和电力电子变换器构成的可逆拖动系统是位置随动系统的执行机构。

5. 减速器与负载

在一般情况下负载的转速是很低的,因此,在电机与负载之间必须设有传动比为 i 的减速器。在现代机器人、汽车电子机械等设备中,为了减少机械装置,倾向于采用低速电机直接传动,可以取消减速器。

以上五个部分一般是各种位置随动系统都有的,在不同情况下,由于具体条件和性能要求的不同,所采用的具体元件、装置和控制方案可能有较大的差异。

通过分析上面的例子,可以总结出位置随动系统的主要特征如下:

(1) 位置随动系统的主要功能是使输出位移快速而准确地复现给定位移。

(2) 必须有具备一定精度的位置传感器,能准确地给出反映位移误差的电信号。

(3) 电压和功率放大器以及拖动系统都必须是可逆的。

(4) 控制系统应能满足稳态精度和动态快速响应的要求。

位置随动系统和调速系统一样,都是反馈控制系统,即通过对输出量和给定量的比较,组成闭环控制,两者的控制原理是相同的。它们的主要区别在于,调速系统的给定量一经设定,即保持恒值,系统的主要作用是保证稳定地运行;而位置随动系统的给定量是随机变化的,要求输出量准确跟随给定量的变化,系统在保证稳定的基础上,更突出快速响应能力。总起来看,稳态精度和动态稳定性是两种系统都必须具备的,但在动态性能中,调速系统多强调抗扰性,而位置随动系统则更强调快速跟随性能。

8.2 位置随动系统的组成及工作原理

随动系统和调速系统一样,通常也包括被控制对象、执行元件、放大元件、检测元件、给定元件、反馈环节、比较环节等单元,但具体的部件与调速系统有很多的不同,现对随动系统的部件作一些介绍。

8.2.1 位置检测元件

由于检测元件的精度直接影响系统的精度,因此一般都希望检测元件精度高、线性度好、灵敏度高。若对小功率系统，还要求检测元件的惯量和摩擦力矩要小。

目前常用的角位移检测元件有伺服电位器、自整角机、旋转变压器、圆感应同步器和光电码盘等。常用的长度(线位移)检测元件有伺服电位器、差动变压器和感应同步器等。

1. 伺服电位器(RP)

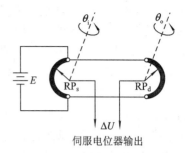

如图 8-2 所示为伺服电位器示意图，其中 RP_s 为给定电位器，RP_d 为检测电位器。在图 8-2 的联接中，其输出电压即偏差电压 ΔU 为

$$\Delta U = K(\theta_i - \theta_o) = K\Delta\theta$$

式中，$\Delta\theta$ 为两电位器轴的角位移之差。

伺服电位器较一般电位器精度高，线性度好，摩擦转矩也小。其特点是线路简单，惯性小，消耗功率小，所需电源也简单。

图 8-2　伺服电位器示意图

2. 自整角机(CT)

自整角机在结构上分为接触式和无接触式两类。下面通过接触式介绍其结构和工作原理。

如图 8-3 所示为接触式自整角机的结构图和示意图。

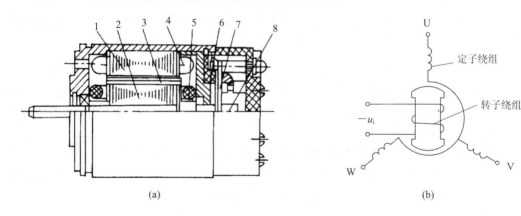

(a)　　　　　　　　　　　　　　　　　(b)

1—定子铁芯；2—转子铁芯；3—阻尼绕组；4—定子三相绕组；
5—转子单相绕组；6—电刷；7—接线柱；8—集电环

图 8-3　接触式自整角机
(a) 结构图；(b) 示意图

自整角机的定子和转子铁芯均为硅钢冲片压叠而成。定子绕组与交流电动机三相绕组相似，也是 U、V、W 三相分布绕组，它们彼此在空间上相隔 120°，一般联结成 Y 形，定子绕组称为整步绕组。转子绕组为单相两极绕组(通常做成隐极式，为直观起见，图中常画成磁极式)。转子绕组称为励磁绕组，它通过两只滑环-电刷与外电路相连，以通入交流励磁电流。

控制式自整角机是作为转角电压变换器用的。使用时，总是用一对相同的自整角机来检测指令轴(输入量)与执行轴(输出量)之间的角差。与指令轴相联的自整角机称为发送器，与执行轴相联的则称为接收器。在实际使用时，通常将发送器定子绕组的三个出线端

U_1、V_1、W_1 与接收器定子绕组的三
个对应的出线端 U_2、V_2、W_2 相联，
如图 8-4 所示。

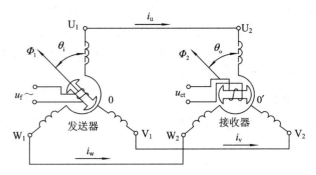

　　工作时，发送器的转子绕组上
加一正弦交流励磁电压 U_f，$U_f(t) =$
$U_{fm}\sin\omega_0 t$，式中 ω_0 称为调制角频率，
与 ω_0 对应的频率 f_0 称为调制频率。
f_0 通常为 400 Hz(也有 50 Hz 的)。
当发送器转子绕组加上励磁电压后，
便会产生励磁电流，此电流产生的

图 8-4　自整角机发送器与接收器接线图

交变脉动磁通将在定子的三相绕组上产生感应电动势。此电动势又作用于接收器定子的三
相绕组，产生交变的感应电流(i_u、i_v、i_w)。这些电流的综合磁通将使接收器转子绕组感应
产生一个正弦交流电压 U_{ct}。可以证明，此正弦交流电压的频率与励磁电压的频率相同，其
振幅与两个自整角机间的角差 $\Delta\theta$ 的正弦成正比，即

$$U_{ct} = K\,\sin\Delta\theta\,\sin\omega_0 t$$

当 $\Delta\theta$ 很小时，$\sin\Delta\theta \approx \Delta\theta$，则上式可写成

$$U_{ct} = K\Delta\theta\,\sin\omega_0 t$$

　　这种线路的优点是简单可靠，可供远距离检测与控制，其精度有 0、1、2 三级，最大误
差在 $0.25°\sim0.75°$ 之间。它的缺点是有剩余电压、误差较大、转子有一定的惯性等。

3. 光电编码盘

　　光电编码盘(简称光电码盘)也是目前常用的角位移检测元件。编码盘是一种按一定编
码形式(如二进制编码、循环码编码等)将圆盘分成若干等分，纵向分成若干圈，各圈对应
着编码的位数，称为码道。

　　如图 8-5(a)所示为 16 个等分、四个码道的 4 位二进制编码盘。其中透明(白色)的部
分为"0"，不透明(黑色)的部分为"1"。由不同的黑、白区域的排列组合即构成与角位移位
置相对应的数码，如"0000"对应"0"号位，"0011"对应"3"号位等。

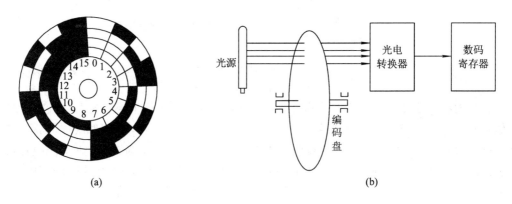

(a)　　　　　　　　　　　　　　(b)

图 8-5　光电码盘及角位移测量示意图

(a) 二进制编码盘；(b) 应用光电码盘测量角位移示意图

应用编码盘进行角位移检测的示意图如图 8-5(b)所示。图 8-5(b)为四码道光电码盘，对应码盘的每一个码道，有一个光电检测元件。当码盘处于不同的角度时，以透明与不透明区域组成的数码信号由光电元件的受光与否转换成电信号送往数码寄存器，由数码寄存器即可获得角位移的位置数值。

光电码盘检测的优点是非接触检测、精度较高，可用于高转速系统。目前单个码盘可做到 18 位，组合码盘可做到 22 位。其缺点是结构复杂、价格贵、安装较困难。

4. 差动变压器

差动变压器是电磁感应式位移传感器。它由一个可以移动的铁芯和绕在它外面的一个一次绕组、两个二次绕组组成。一次绕组通以 50 Hz～10 kHz 的交流电，两个二次绕组反极性相联，作为输出绕组，如图 8-6 所示。其输出电压 U_c 为两电动势之差。即 $U_c = e_1 - e_2$。

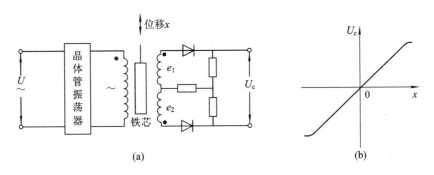

图 8-6　差动变压器
(a) 差动变压器及相敏整流电路；(b) 差动变压器输出特性

若铁芯在中央，则两个二次绕组感生的电动势相等，即 $e_1 = e_2$，由于两个二次绕组反极性相联，此时输出电压 $U_c = e_1 - e_2 = 0$。当铁芯有微小的位移后，则两个二次绕组的电动势就不再相等，其合成电压 U_c 也就不再为零。而且铁芯的位移量越大，两个二次电动势的差值就越大，则 U_c 也越大，U_c 的数值与铁芯的位移量 x 成正比。若铁芯的位移方向相反，则其合成电动势的相位将反向(相位变 180°)。

为了将交流信号转换成直流信号，并且使这直流电压的极性能反映位移的方向，通常采用的方法是相敏整流(即整流后的直流电压的极性能跟随相位的倒相而改变)。图 8-6(a)中即采用由两个半波整流电路组成的相敏整流电路。由图可以看出，输出的直流电压 U_c 的极性与位移的方向相对应。差动变压器的输出特性如图 8-6(b)所示。

差动变压器无磨损部分，驱动力矩小，灵敏度高，测量精度高(0.5%～0.2%)，而且线性度好，因此在检测微小位移量时常采用差动变压器，它的缺点是位移量小(大约为全长的 1/10～1/4)。此外，由于铁芯质量较大，故不宜使用在位移速度很快的场合。

除以上介绍的几种常用的位移检测元件外，还可采用磁栅、光栅等其它检测元件。

8.2.2　执行元件

1. 直流伺服电动机

直流伺服电动机是自动控制系统中常用的一种执行元件，它的作用是将控制电压信号转换成转轴上的角位移或角速度输出，通过改变控制电压的极性和大小能变更伺服电动机的转向和转速,而转速对时间的积累便是角位移。

直流伺服电动机实质上是一台他励式直流电动机,但它与普通直流电动机相比,有更高的控制性能要求:

(1) 宽广的调速范围。

(2) 线性的机械特性和调节特性。

(3) 无"自转"现象,即要求控制电压为零时,电动机能自行停转。

(4) 快速响应,即电动机的转速能迅速响应控制电压的改变。

由于上述的要求,因此直流伺服电动机与普通直流电动机相比,其电枢形状较细较长(惯量小),磁极与电枢间的气隙较小,加工精度与机械配合要求高,铁芯材料好。

直流伺服电动机按照其励磁方式的不同,又可分为电磁式(即他励式,型号为 SZ)和永磁式(即其磁极为永久磁钢,型号为 SY)。

直流伺服电动机的机械特性和调节特性均为直线(当然,这里不考虑摩擦阻力等非线性因素,因此实际曲线还是略有弯曲的),且调节的范围也比较宽,这些都是直流伺服电动机的优点。它的缺点是有换向器,有火花,维护不便。

直流伺服电动机的额定功率一般在 600 W 以下(也有达几千瓦的)。额定电压有 6 V、9 V、12 V、24 V、27 V、48 V、110 V 和 220 V 几种。转速可达 1500~6000 r/min。时间常数低于 0.03 s。

2. 交流伺服电动机

交流伺服电动机也是自动控制系统中一种常用的执行元件。它实质上是一个两相感应电动机,其定子装有两个在空间上相差 90°的绕组:励磁绕组 A 和控制绕组 B。运行时,励磁绕组 A 始终加上一定的交流励磁电压(其频率通常有 50 Hz 或 400 Hz 等几种)。控制绕组 B 则接上交流控制电压。常用的一种控制方式是在励磁回路串接电容 C,如图 8-7 所示,这样控制电压在相位上(亦即在时间上)与励磁电压相差 90°。

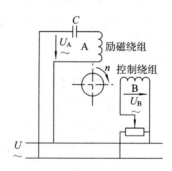

图 8-7 交流伺服电动机的电路图

交流伺服电动机的转子通常有笼型和空心杯式两种。笼型(如 SL 型)交流伺服电动机的转子与普通笼型转子有两点不同:一是其形状细而长(主要是为了减小转动惯量);二是其转子导体采用高电阻率材料(如黄铜、青铜等),这是为了获得近似线性的机械特性。空心杯转子(如 SK 型)交流伺服电动机,它是用铝合金等非导磁材料制成的薄壁杯形转子,杯内置有固定的铁芯。这种转子的优点是惯量小,动作迅速灵敏,缺点是气隙大,因而效率低。

1) 交流伺服电动机的工作原理

当定子的两个在空间上相差 $90°$ 的绕组（励磁绕组和控制绕组）里通以在时间上相差 $90°$ 电角的电流时，两个绕组产生的综合磁场是一个强度不均匀的旋转磁场。在此旋转磁场的作用下，转子导体相对地切割着磁力线，产生感应电动势，由于转子导体为闭合回路，因而形成感应电流。该电流在磁场作用下，产生电磁力，构成电磁转矩，使伺服电动机转动，其转动方向与旋转磁场的转向一致。分析表明，增大控制电压，将使伺服电动机的转速增加；改变控制电压极性，将使旋转磁场反向，从而导致伺服电动机反转。

2) 交流伺服电动机的机械特性与调节特性

（1）机械特性　电动机的机械特性是控制电压不变时，转速 n 与转矩 T 间的关系。由于交流伺服电动机的转子电阻较大，因而它的机械特性为一略带弯曲的下垂斜线。即当电动机转矩增大时，其转速将下降。对于不同的控制电压 U_B，它为一簇略带弯曲的下垂斜线。如图 $8-8(a)$ 所示。在低速时，它们近似为一簇直线，而交流伺服电动机较少用于高速，因此有时近似作线性特性处理。

（2）调节特性　电动机的调节特性是电磁转矩（或负载转矩）不变时，电动机的转速 n 与控制电压 U_B 间的关系。交流伺服电动机的调节特性如图 $8-8(b)$ 所示。对不同的转矩，它们是一簇弯曲上升的斜线，转矩愈大，则对应的曲线愈低，这意味着，负载转矩愈大，要求达到同样的转速，所需的电枢电压愈大。此外，由图可见，交流伺服电动机的调节特性是非线性的。

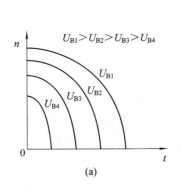
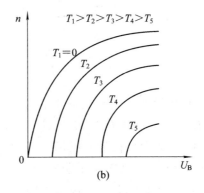

图 8-8　交流伺服电动机的机械特性与调节特性

（a）机械特性；（b）调节特性

综上所述，交流伺服电动机的主要特点是结构简单，转动惯量小，动态响应快，运行可靠，维护方便。但它的机械特性与调节特性线性度差，效率低，体积大，所以常用于小功率伺服系统中。国产的 SL 系列，电源频率为 50 Hz 时，额定电压有 36 V、110 V、220 V 和 380 V 等几种；电源频率为 400 Hz 时，额定电压有 20 V、26 V、36 V 和 115 V 等几种。

3. 高性能伺服电动机

一般的交、直流伺服电动机，在低速性能和动态指标上，往往不能满足高精度和快速随动系统的要求。因此，在后来人们又研制出了小惯量无槽直流电动机（它的特点是转动惯量小，快速性能好）和宽调速力矩电动机（它的特点是低速转矩大，运行平稳）等高性能伺服电动机。

8.2.3 相敏整流与滤波电路

由于检测获得的信号通常是很小的,一般都要经过电压放大。现在常用的是运算放大器,它是直流信号放大器。若采用的是输出交流信号电压的检测元件(如自整角机、旋转变压器等),则在输入运放器以前,应通过整流电路,将检测输出的交流信号转换成直流信号,且直流信号电压的极性还应随着检测角差 $\Delta\theta$ 的正负而改变,以保证随动系统的执行电机向着消除偏差的方向运动。因此整流电路就需要采用相敏整流电路。相敏整流电路的形式有多种,在介绍差动变压器时,已介绍了一种相敏整流电路,如图 8-9 所示为另一种由 Ⅰ、Ⅱ 两组二极管桥式整流电路组成的相敏整流电路。

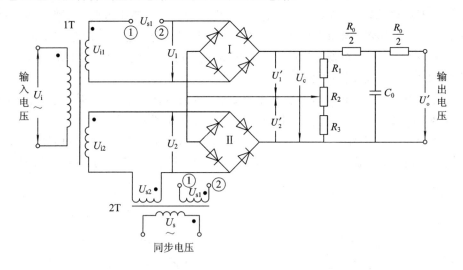

图 8-9 相敏整流与滤波电路

图中 U_i 为检测信号,$U_i = K\Delta\theta \sin\omega_0 t$,它经变压器 1T 变换后,在两个二次侧产生两个相同的电压 U_{i1}、U_{i2},而且 $U_{i1} = U_{i2} = U_i$。图中 U_s 为同步电压,它经变压器 2T 变换后,也在两个二次侧产生两个相同的电压 U_{s1}、U_{s2},而且 $U_{s1} = U_{s2} = U_s$,并使 $U_s > U_i$。

由图 8-9 可见,Ⅰ组整流桥的输入电压 U_1 为 U_{s1} 与 U_{i1} 相加(因为它们的极性一致),所以 $U_1 = U_{s1} + U_{i1} = U_s + U_i$。Ⅰ组整流桥输出电压为 $U_1' = |U_s + U_i|$。Ⅱ组整流桥的输入电压 $U_2 = U_{s2} - U_{i2} = U_s - U_i$(因为它们的极性相反),其输出电压 $U_2' = |U_s - U_i|$。

相敏整流电路的输出电压 U_o 为两组整流桥输出的叠加。由图 8-10 可见,两组输出电压极性相反,所以 $U_o = U_1' - U_2'$。

当角差 $\Delta\theta > 0$ 时,U_s 与 U_i 同相。如图 8-10(a)所示。图 8-10(a)给出了 U_s、U_i、U_1'、U_2' 及 U_o 的电压波形。由图可见,此时 $U_o = U_1' - U_2' = +2|U_i|$。

同理,当 $\Delta\theta < 0$ 时,则 U_s 与 U_i 反相,如图 8-10(b)所示。这时的 Ⅰ组电压恰与图 8-10(a)中 Ⅱ组的电压相同,Ⅱ组的电压与图 8-10(a)中的 Ⅰ组电压相同。于是 $U_o = U_1' - U_2' = -2|U_i|$。

由以上分析可见,相敏整流电路通过输入电压与一个比它大的同步电压叠加,并使一组相加而另一组相减;然后再利用两组对称但反向的整流桥的电压叠加,来达到既能把交流信号变为直流信号,又能反映出输入信号极性的要求。

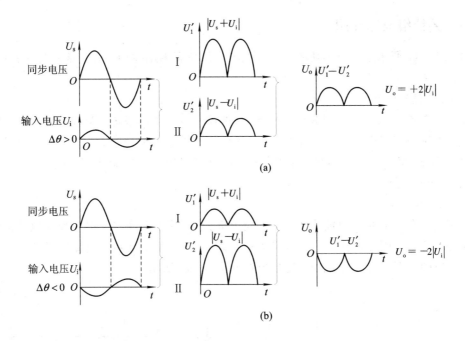

图 8 - 10　相敏整流电路的输入电压与输出电压波形

(a) $\Delta\theta > 0$；(b) $\Delta\theta < 0$

　　由于相敏整流电路的输出电压为全波整流信号，因此还需要设置如图 8 - 9 所示的由 R、C 组成的 T 形滤波电路，以获得较为平稳的直流信号。

8.2.4　放大电路

1. 电压放大电路

　　电压放大通常采用由运算放大器组成的放大电路。有时电压放大环节与串联校正环节合在一起，采用由运放器组成的调节器。

2. 功率放大电路

　　供电给电动机的电路通常就是功率放大电路，由于随动系统需要消除可能出现的正、负两种位移偏差，需要电动机能正、反两个方向可逆运行，因此供电电路通常是可逆供电电路。目前采用较多的是由晶闸管组成的可逆供电电路或由大功率晶体管（GTR）组成的 PWM 供电电路。

　　关于放大电路的有关内容，在本课程前面的章节中已有叙述，在此不再重复。

8.3　位置随动系统的控制特点与实例分析

　　要实现较高精度的位置控制，必须采用与自动调速系统一样的反馈控制。所不同的是调速系统输入量为恒值，输出为转速；而随动系统输入量是变化的，输出量为位置。位置随动系统在组成结构上有很多特点，下面我们通过例子来介绍随动系统的特点及性能。

8.3.1　系统组成原理图

如图 8-11 所示是一个小功率晶闸管交流调压位置随动控制系统。该系统主要由以下部分组成。

1）交流伺服电动机

系统的被控对象是交流伺服电动机 SM，被控变量为角位移 θ_o；A 为励磁绕组，B 为控制绕组；在励磁回路中串接了电容 C，使励磁电流和控制电流相差 90°角；励磁绕组通过变压器 T_1 由 115 V、400 Hz 的交流电源供电；控制绕组通过变压器 T_2 经交流调压电路（主电路）接于同一交流电源。

2）主电路

随动系统的位置偏差可能为正，也可能为负。要消除位置偏差，必须要求电动机能正、反两个方向运行。因此，系统的主电路为单相双向晶闸管交流调压电路，它是由 $VT_正$ 和 $VT_反$ 构成的正、反两组供电电路。连接形式如图 8-11 所示。

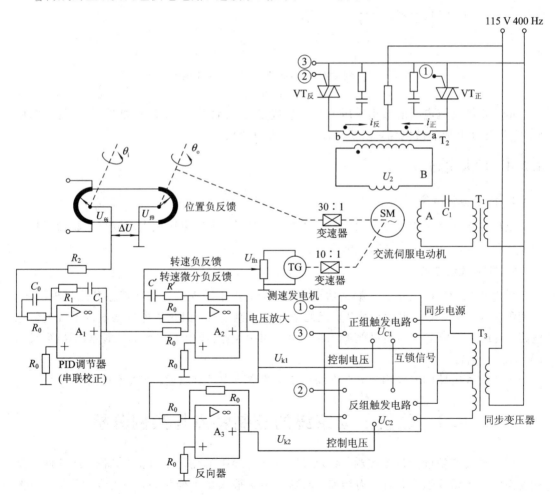

图 8-11　晶闸管交流调压位置随动系统

当 $VT_正$ 组导通工作时，变压器 T_2 的一次侧 a 绕组便有电流 $i_正$ 通过，电源交流电压经

变压器 T_2 变压后提供给控制绕组，使电动机转动（设为正转）；反之，当 $VT_反$ 组导通工作时，变压器 T_2 的一次侧 b 绕组将有电流 $i_反$ 流过，电源交流电压经变压器 T_2 变压后提供给控制绕组，使电动机反转。

3）触发电路

触发电路也有正、反两组，由同步变送器 T_3 提供同步信号电压。如图 8-11 所示，引脚①、③为正组触发输出，送往 $VT_正$ 门极；引脚②、③为反组触发输出，送往 $VT_反$ 门极；引脚③为公共端。

在主电路中，$VT_正$、$VT_反$ 不能同时导通，因此，在正、反两组触发电路中要增设互锁环节，以保证在任意时刻，只可能一组发出触发脉冲。

4）控制电路

（1）给定信号。位置给定量为 θ_i，通过伺服电位器转换为电压信号 $U_{\theta i}=K\theta_i$。

（2）位置负反馈环节。系统的输出量是 θ_o，通过伺服电位器转换为电压信号 $U_{f\theta}=K\theta_o$。$U_{f\theta}$ 与 $U_{\theta i}$ 极性相反，因此是位置负反馈，偏差电压输入信号为 $\Delta U=U_{\theta i}-U_{f\theta}=K(\theta_i-\theta_o)$。

（3）调节器与电压放大器。A_1 为 PID 调节器，是为改善随动系统动、静态性能而设置的串联校正环节。输入信号是 ΔU，其输出信号到电压放大器 A_2，A_2 输出信号是正组触发电路的控制电压 U_{k1}，增设反向器 A_3 可得到反组触发电路的控制电压 U_{k2}。

（4）转速负反馈和转速微分负反馈环节。为改善系统动态性能，减小位置超调量，系统中增设转速负反馈环节，U_{fn} 为转速负反馈电压，用来限制速度过快。另外，U_{fn} 另一路经 C' 和 R' 反馈回输入端，形成转速微分负反馈环节，限制位置加速度过大。

（5）为避免参数之间互相影响，在系统设计时使位置负反馈构成外环，信号在 PID 调节器 A_1 输入端综合；把转速负反馈和转速微分负反馈构成内环，信号在电压放大器 A_2 输入端综合。

8.3.2　系统组成框图

位置随动系统方框图如图 8-12 所示。

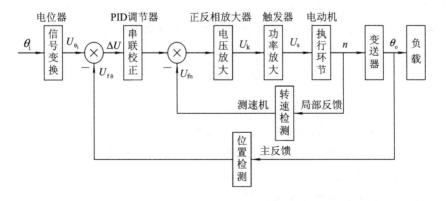

图 8-12　位置随动系统方框图

8.3.3　系统自动调节过程

在稳态时，$\theta_i=\theta_o$，$\Delta U=0$，电动机停转。

当位置给定信号 θ_i 改变时，设 θ_i 增大，则 $U_{\theta i}=K\theta_i$ 增大，偏差电压 $\Delta U=K(\theta_i-\theta_o)>0$，经过调节器和放大器后产生的 $U_{k1}>0$，正组触发电路发出触发脉冲，使 $VT_{\text{正}}$ 导通，电动机正转，θ_o 增大直到 $\theta_i=\theta_o$，达到新的稳态，电动机停转。同理可知，当 θ_i 减小时，电动机反转，θ_o 减小直到 $\theta_i=\theta_o$。

综上所述，位置随动系统输出的角位移 θ_o 将随给定的 θ_i 变化而变化。调节过程如下：

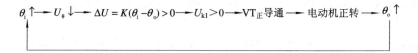

本 章 小 结

1. 在自动控制中，为了解决许多要求具有一定精度的位置控制问题，必须引入位置随动系统。此类系统的特点是：输入量是随时间变化的函数，要求系统的输出量能以尽可能小的误差跟随输入量的变化。在随动系统中，扰动的影响是次要的，重点是研究输出量跟随的快速性和准确性。

2. 位置随动系统的另一个特点是可以用功率很小的输入信号操纵功率很大的工作机械（只要选用大功率的功放装置和电动机即可），此外还可以进行远距离控制。

3. 随动系统的组成主要包括检测元件、电压和功率放大、执行机构等部分。

常用的线位移检测元件有电位器和差动变压器，常用的角位移检测元件有伺服电位器、自整角机和光电编码器等。

4. 为保证随动系统的执行机构根据偏差方向进行动作，就需要采用相敏整流电路，目前常用由两组二极管桥式整流电路组成的相敏整流电路。

5. 电压放大采用集成运算放大器。功率放大采用大功率晶体管组成的 PWM 放大器，其基本原理是利用大功率晶体管的开关作用，将直流电源电压转换成频率约为 2000 Hz 的方波脉冲电压，加在直流电动机的电枢上面。通过对方波脉冲宽度的控制，改变电机电枢的平均电压，从而调节电机的转速。

6. 随动系统的执行机构通常由直流或交流伺服电动机和减速器构成。

习 题 8

8-1　简述随动系统的结构组成及适用场合。

8-2　随动系统在构造上与调速系统有何区别？

8-3　简述在大功率晶体管组成的功率放大电路中，如何利用控制电压的大小和极性，实现电动机的可逆控制？

8-4　简述随动系统的自动调节过程。

第 9 章　交流变频调速系统

9.1　交流变频调速的基本概念

9.1.1　交流调速系统简介

1. 交流调速系统的应用情况

在电气传动系统中，直流电动机具有调速性能好、启动转矩大等优点，但因其本身存在机械换向问题，使得直流电动机维护不便，单机容量、最高转速及应用环境等受到限制，且制造成本较高。相对于直流电动机来说，交流电动机（特别是异步电动机）具有结构简单、坚固、运行可靠等特点，在单机容量、供电电压和速度极限等方面均优于直流电动机。

随着电力电子器件、微电子技术、电动机和控制理论的发展，加上交流电动机本身的优越性，使得交流电动机的调速性能可以与直流调速相媲美、相竞争，交流调速系统越来越广泛地应用于国民经济的各个领域。电磁调速异步电动机，晶闸管低同步串级调速装置，变频、变压调速系统等获得了广泛的应用；用晶闸管、大功率晶体管逆变器组成的，容量从几十千瓦到几百千瓦的异步电动机变频调速系统也投入了工业运行；历来以恒速传动的风机、泵类负载，从节能的需要出发，已大量采用交流调速系统；传统上采用直流调速的轧钢、造纸、提升机械以及加工机床、机器人所用的伺服系统等，也已经应用高性能的交流调速代替直流调速。目前，交流调速系统已经成为调速传动的主流。

2. 交流调速的基本方法

根据交流电动机的转速方程式

$$n = \frac{60f_1}{p}(1-s) = n_1(1-s)$$

式中，n 为电动机实际转速；f_1 为定子供电电源频率；s 为转差率；p 为磁极对数；n_1 为定子旋转磁场的同步转速。

由该转速方程式可知，交流电动机有 3 种调速方法：

1）变极调速

通过改变磁极对数 p，来调节交流电动机的转速。此种调速属于有级调速，转速不能连续调节。

2）变转差率调速

即改变转差率 s 来达到调速的目的。此种方法可通过以下几种方式实现：

（1）调压调速　改变异步电动机端电压进行调速。

特点：调速过程中的转差功率损耗在转子里或损耗在外接电阻上，效率较低，仅用于特殊笼型和绕线转子等小容量电动机调速系统中。

（2）转子串电阻调速　即在转子外电路上接入可变电阻，以改变电动机的转差率实现调速。

特点：既可实现有级调速，也可实现无级调速。结构简单，价格便宜，操作方便，但转差功率损耗在电阻上，效率随转差率增加而等比下降。

（3）转子串附加电动势调速（串级调速）　在异步电动机的转子回路中附加电动势，从而改变转差率进行调速的一种方式。

特点：运行效率高，广泛应用于风机、泵类等传动电动机上。

（4）应用电磁离合器调速（滑差电动机）　在笼型异步电动机和负载之间串接电磁转差离合器，通过调节电磁转差离合器的励磁电流进行调速的一种方式。

特点：结构简单，价格便宜，但在调速过程中转差能量损耗在耦合器上，效率低，仅适用于调速性能要求不高的小容量传动控制系统中。

3）变频调速

变频调速是利用电动机的同步转速随频率变化的特性，通过改变电动机的供电频率进行调速的一种方法。

特点：调速范围宽、效率高、精度高。是交流电动机比较理想的一种调速方法。

本章我们将首先介绍变频调速的基本概念，然后扼要地介绍各种静止式变压变频装置的特点，其中着重介绍目前发展最快并受到普遍重视的正弦波脉宽调制（SPWM）变频电路。为了帮助大家更好地了解通用变频器的特点及其使用方法，我们还在本章中介绍了通用变频器的基本情况及通用变频器的选择和运行实例。

9.1.2　交流变频调速的基本控制方式

交流变频调速的基本控制方式有恒磁通控制方式、恒电流控制方式和恒功率控制方式三种。

1. 恒磁通控制方式和特性

在进行电动机调速时，通常要考虑的一个重要因素，是希望保持电动机中每极磁通量为额定值，并保持不变。这样才能充分发挥电动机的能力，即充分利用铁芯材料，充分利用绕组达到额定电流，尽可能使电动机输出额定转矩和最大转矩等。如果磁通太弱，没有充分利用电动机的铁芯，这是一种浪费；如果过分增大磁通，又会使铁芯饱和，从而导致过大的励磁电流，严重时还会因绕组过热而损坏电动机。对于直流电动机，因为励磁系统是独立的，只要对电枢反应的补偿合适，保持 Φ_m 的不变是很容易做到的。但在交流异步电动机中，磁通是定子和转子的磁动势合成产生的，怎样才能保持磁通恒定，是需要进行认真研究的。

1）维持气隙磁通 Φ_m 的恒定

异步电动机定子绕组的感应电动势为

$$E_1 = 4.44 f_1 \omega_1 k_1 \Phi_m$$

如果略去定子阻抗电压降，则感应电动势近似等于定子的外加电压，即

$$U_1 \approx E_1 = C_1 f_1 \Phi_{\mathrm{m}}$$

式中，C_1 为常数，$C_1 = 4.44 \omega_1 k_1$。

因此，若定子的供电电压 U_1 保持不变，则气隙磁通 Φ_{m} 将会随频率的变化而变化。

一般在电动机设计中，为了充分利用铁芯材料，通常把磁通的数值选为接近磁路饱和值。如果频率 f_1 从额定值（通常为 50 Hz）往下降低，则磁通会增加，从而造成磁路过饱和，使励磁电流增加，这将使电动机带负载能力降低，功率因数变坏，铁耗损增加，电动机过热，是不允许的。反之，如果频率从额定值往上升高，则磁通将会减少，由异步电动机的转矩公式 $T_{\mathrm{e}} = C_{\mathrm{m}} \Phi_{\mathrm{m}} I_2 \cos\varphi_2$ 可以看出，磁通 Φ_{m} 的减少势必导致电动机允许输出转矩 T_{e} 的下降，使电动机的利用率降低，在一定的负载下有过电流的危险。为此通常要求磁通保持恒定，即 $\Phi_{\mathrm{m}} =$ 常数。为了保持磁通 Φ_{m} 恒定，必须使定子电压和频率的比值保持不变，即

$$\frac{U_1}{f_1} = \frac{U_1'}{f_1'} = C$$

式中，U_1'，f_1' 为变化后的定子电压和频率；C 为常数。

这就要求定子电压随频率成正比变化。上式就是恒磁通控制方式所要遵循的协调控制条件。在满足这个前提下，由异步电动机的转矩表达式可知，$I_2 \cos\varphi_2$ 等于电动机的转子额定有功电流，当 Φ_{m} 维持不变时，那么电动机的输出转矩也是恒定的，可以获得恒转矩调速特性。

在 $U_1/f_1 = C$ 条件下，异步电动机调频时的机械特性曲线簇如图 9-1 所示，图中 $f_1 > f_1' > f_1'' > f_1'''$。

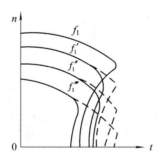

图 9-1　$U_1/f_1 =$ 常数时电动机调频的机械特性曲线

由图 9-1 可以看出，在定子供电电源频率较高时，电动机的最大转矩近似保持恒定，机械特性曲线斜率变化很小。若保持 $U_1/f_1 = C$ 不变，异步电动机的机械特性是一簇平行的曲线，但最大转矩将随频率 f_1 的降低而减少，当频率较低时，机械特性曲线斜率及最大转矩变化较大。从物理概念上来说，低频时机械特性斜率的加大以及最大转矩的下降，是由于定子绕组内阻上引起的电压降在低速时相对影响较大，无法保持电动机气隙磁通为恒值而造成的。故低频启动时，启动转矩也将减少，甚至不能带负载。因此，此种采用保持气隙磁通 Φ_{m} 恒定的交流调速系统，只适用于调速范围不大或转速矩随转矩下降而减少的负载（如风机或泵类）。

对于要求调速范围大的恒转矩性质的负载，希望在整个调速范围中维持最大转矩不变，欲保持磁通 Φ_{m} 的恒定，应满足 $E_1/f_1 =$ 常数的关系。但由于电动机的感应电势 E_1 难以测得和控制，故在实际应用中通常在控制回路加入一个函数发生器，以补偿低频时定

子电阻所引起的压降影响。图 9-2 所示为函数发生器的各种补偿特性：曲线①为无补偿时 U_1 与 f_1 的关系曲线，曲线②、③为有补偿时 U_1 和 f_1 的关系曲线。实践证明这种补偿效果良好，常被采用。经补偿后所获得恒最大转矩 T_m 变频调速的一簇机械特性曲线，如图 9-1 中虚线所示。

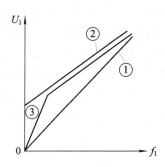

图 9-2　恒磁通调速时，利用函数发生器的补偿特性曲线

2）维持转子磁通 Φ_2 的恒定

如果把 U_1 再多提高一些，将转子漏抗上的压降也补偿掉，就成了维持转子磁通 Φ_2 恒定的恒磁通控制。这正是目前异步电动机进行矢量控制所追求的目标。由

$$P_s = sp_2 = 3I_2^{'2} r_2^{'} = s\omega_1 T_e$$

式中，s 为转差率；ω_1 为定子旋转磁场角速度。它与定子供电频率 f_1 的关系为 $\omega_1 = 2\pi f_1 / p$，p 为磁极对数。故异步电动机的电磁转矩可写成

$$T_e = \frac{3I_2^{'2} r_2^{'}}{s\,\omega_1} = \frac{3pI_2^{'2} r_2^{'}}{s2\pi f_1}$$

因为

$$I_2^{'} = sE_2 / r_2^{'}$$

所以

$$T_e = 3p\left(\frac{sE_2}{r_2^{'}}\right)^2 \cdot \frac{r_2^{'}}{s2\pi f_1} = \frac{3p}{2\pi r_2^{'}}\left(\frac{E_2}{f_1}\right)^2 \cdot sf_1$$

按电动势与磁通的关系有

$$E_2 = 4.44 f_1 \omega_1 k\Phi_2$$

所以

$$\frac{E_2}{f_1} = 4.44\omega_1 k\Phi_2 = C'\Phi_2$$

式中，Φ_2 为转子全磁通；C' 为常数。经整理可得

$$T_e = C''sf_1\Phi_2^2$$

式中，C'' 为常数。

可见维持 Φ_2 为常数时，转矩 T_e 与转差率 s 成线性关系，即可以得到和直流电动机一样的硬特性。当 f_1 不同时，特性将平行变化。如何实现 Φ_2 恒定，则是以后要介绍的闭环变频调速系统所要解决的问题。

2. 恒电流控制方式和特性

在电动机变频调速过程中，若保持定子电流 I_1 为一恒值，则这种变频调速的控制方式

称为恒流变频调速控制方式。它要求变频电源是一恒流源，并要求控制系统带有由 PI 调节器组成的电流闭环，使电动机在变频调速过程中始终保持定子电流为给定值（恒值）。由于变频器的电流被控制在给定的数值上，所以在换流时没有瞬时的冲击电流，调速系统的工作比较安全可靠，特性良好。如图 9-3 所示为恒电流控制变频调速系统的机械特性。从特性图中可以看出，恒流控制时的机械特性形状与恒磁通变频系统是相似的，都属于恒转矩性质。但恒流变频系统的最大转矩 T_m 要比恒磁通变频系统的最大转矩小得多，故

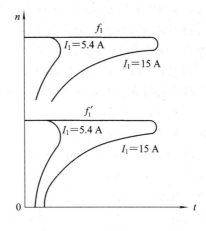

图 9-3　恒电流控制时的机械特性

恒流变频系统的过载能力比较小，只适用于负载变化不大的场合。

3. 恒功率控制方式和特性

当要求电动机转速超过额定转速（对应频率为 f_{1n}）调速时，此时 $f_1 > f_{1n}$，若仍维持 $U_1/f_1 =$ 常数，则定子电压就要超过电动机电压的额定值。由于电动机绕组的绝缘是按额定电压来设计的，因此电动机电压必须限制在允许值范围内，定子电压应保持额定值。这样一来，气隙磁通就会小于额定磁通，导致转矩的减小。由电动机转矩与功率之间的关系式 $P = T_n/9550$ 可知，当 $f_1 > f_{1n}$ 时，转矩减小，而电动机转速上升，电动机的输出功率近似维持恒定，这种调速方式可视为恒功率调速。

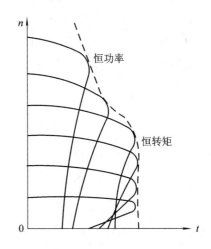

图 9-4　恒转矩与恒功率相结合的机械特性曲线

　　在异步电动机变频调速系统中，为了得到宽的调速范围，可以将恒转矩变频调速与恒功率调速结合起来使用。在电动机转速低于额定转速时（即基速之下），采用恒转矩变频调速；在电动机转速高于额定转速时（即基速之上），采用近似恒功率调速。如图 9-4 所示为电动机在整个调速范围内的一簇机械特性曲线。

9.1.3　变频调速系统的控制方法

　　要实现交流电动机的变频调速，通常需要有一个合适的变频器来改变交流电动机的供电频率。变频器由整流器、滤波器和逆变器三大部分组成。另外，交流变频调速还需要有一套能够按一定控制规律对变频器实行控制的控制环节，从而由控制线路和变频器一起，组成一个变频调速系统。下面简单介绍一下变频调速系统几种典型的控制方法。

1. 对输出电压的控制方式

　　交流电动机由逆变器供电运转时，通常要控制逆变器输出电压 U_1 与输出频率 f_1 的基

本不变，即近似采用恒磁通控制方式，从而使变频调速时电动机的最大转矩大体不变。

对输出电压的控制可分为两大类，一类是 PAM(Pulse Amplitude Modulation)控制，另一类是 PWM(Pulse Width Modulation)控制。PAM 为脉幅调制，即通过改变逆变器输出电压的幅值来改变输出电压；PWM 为脉宽调制，即输出电压的幅值不变，通过改变输出电压脉冲时间宽度来调节平均电压的大小。当然，也有同时采用 PAM 与 PWM 两种方法来调节电压的。

在实际的变频调速系统中，PAM 是一种在变频器的整流电路部分对输出电压的幅值进行控制，而在逆变电路部分对输出频率进行控制的控制方式。在这种控制方式中，对整流电路输出电压的幅值进行控制，大多是采用晶闸管整流器的相位控制，平滑直流电源使用直流电抗器和大容量电解电容器，如图 9-5(a)所示；逆变器中换流器件的开关频率即为变频器的输出频率，逆变器常采用 120°导通制和 180°导通制的六拍逆变器。这种 PAM 控制方式实际上是一种同步调速方式。

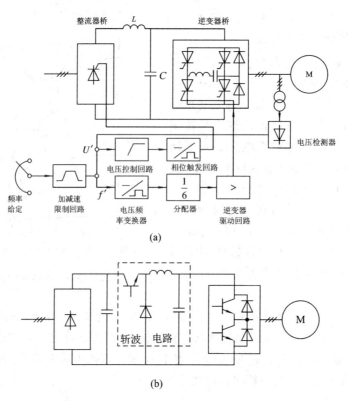

图 9-5　采用 PAM 控制的调速系统原理图

(a) 采用相位控制的电压调节；(b) 采用斩波器控制的电压调节

PAM 控制方式由于控制回路简单，易于大容量化，长期以来一直占据着主流地位。其缺点是由于有大容量电容，所以电压控制响应慢，不适于要求加、减速快的系统。另外，由于采用变流器的相位控制来调节电压，使得交流输入侧的功率因数变坏，特别是在电压低的范围内尤为严重。为了改善功率因数，可采取将交流电源以二极管整流桥进行全波整流，在直流侧采用斩波器调节电压的方法，如图 9-5(b)所示，这时的输入功率因数将变得相当好。

　　PWM 控制是在变频器的逆变电路部分同时对输出电压的幅值及频率进行控制的控制方式。在这种控制方式中，是以较高频率对逆变电路的半导体开关元器件进行开闭，并通过改变输出脉冲的宽度来达到控制电压的目的。

　　为了使异步电动机在进行调速运转时能够更加平滑，目前在变频器中多采用正弦波 PWM 控制方式。所谓正弦波 PWM 控制方式，指的是通过改变 PWM 输出的脉冲宽度，使输出电压的平均值近似于正弦波。正弦波 PWM 控制也称为 SPWM 控制。

　　PWM 控制器的基本结构以及正弦波 PWM 的波形示意如图 9 - 6 所示。由图中波形可见，在 PWM 控制方式下，变频器的输出频率不等于逆变电路换流器件的开关频率，因此它属于异步调速方式。

　　关于 PWM 控制方式的原理和电路结构，我们将在下一节详加讨论。

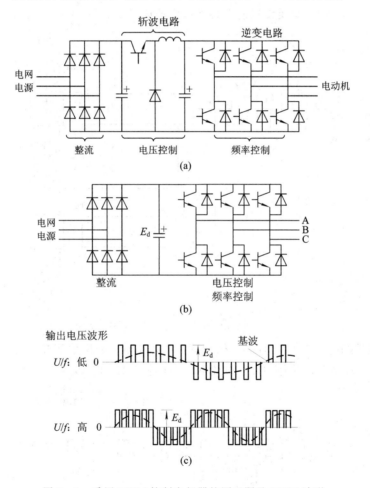

图 9 - 6　采用 PWM 控制变频器的原理图及 PWM 波形

2. U/f 比例控制方式

　　当按照工作原理对变频器进行分类时，按变频器技术的发展过程可以分为 U/f 比例控制方式、转差频率控制方式和矢量控制方式三种。这里先介绍 U/f 比例控制方式的特点和工作原理。

　　采用 U/f 比例控制时，异步电动机在不同频率下都能获得较硬的机械特性线性段。如果生产机械对调速系统的静、动态性能要求不高，可以采用转速开环恒压频比带低频电压补偿的控制方案，如图 9-7 所示为这种系统的结构原理图。这种控制系统结构最简单，成本最低。风机、水泵等的节能调速就常采用这种系统。

在图 9-7 中，UR 是可控整流器，用电压控制环节控制它的输出直流电压；VSI 是电压型逆变器，用频率控制环节控制它的输出频率。电压和频率控制采用同一个控制信号 U_{abs}，以保证两者之间的协调。由于转速控制是开环的，不能让阶跃的转速给定信号 U_{gw} 直接加到控制系统上，否则将产生很大的冲击电流而使电源跳闸。为了解决这个问题，设置了给定积分器 GI，将阶跃给定信号 U_{gw} 转变成按设定的斜率逐渐变化的斜坡信号 U_g，从而使电压和转速都能平缓地升高或降低。由于 U_g 是可逆的，而电动机的旋转方向只取决于变频电压的相序，并不需要在电压和频率的控制信号上反映极性。因此，在 GI 后面再设置绝对值变换器 GAB，将 U_g 变换成只输出其绝对值的信号 U_{abs}。

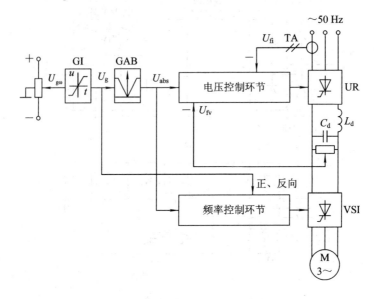

图 9-7 采用 U/f 比例控制的调速系统图

采用模拟控制时 GI 和 GAB 都可用运算放大器构成；采用数字控制时则很容易用软件实现。电压控制环节一般采用电压、电流双闭环的控制结构，如图 9-8 所示。

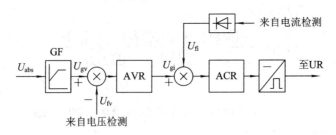

图 9-8 电压控制环节

控制系统内环设电流调节器 ACR，用以限制动态电流，兼起保护作用。外环设电压调节器 AVR，用以控制变频器输出电压。简单的小容量系统也可用单电压环控制。电压-频率控制信号 U_{abs} 在加到 AVR 之前，应先通过函数发生器 GF，把电压给定信号 U_{gv} 相对地提高一些，以补偿定子阻抗压降，改善调速时(特别是低速时)的机械特性，提高负载能力。

频率控制环节主要由压频变换器 GVF、环形分配器 DRC 和脉冲放大器 AP 三部分组成，如图 9 - 9 所示。压频变换器 GVF 将电压-频率控制信号 U_{abs} 转变成具有所需频率的脉冲列，再通过环形分配器 DRC 和脉冲放大器 AP，按 6 个脉冲一组依次分配给逆变器，分别触发桥臂上相应的 6 个晶闸管。压频变换器 GVF 是一个由电压控制的振荡器，将电压信号转变为一系列脉冲信号，脉冲列的频率与控制电压的大小成正比，从而得到恒压频比的控制作用。其频率值是输出频率的 6 倍，以便在逆变器的一个周期内发出 6 个脉冲，经过环形分配器 DRC(具有六分频作用的环形计数器)，将脉冲列分成 6 个一组，相互间隔 60°的具有适当宽度的脉冲触发信号。对于可逆系统，需要改变晶闸管触发的顺序以改变电动机的转向。这时，DRC 可以采用可逆计数器，每次做"加 1"或"减 1"运算，以改变相序，控制加、减法的正、反向信号从 U_g 经极性鉴别器 DPI 获得。

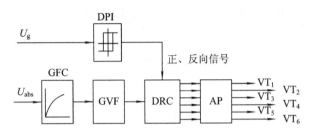

图 9 - 9　频率控制环节

在交流-直流-交流电压型变频器的调速系统中，由于中间直流回路有大容量电容 C_d 滤波，电压的实际变化很缓慢，而频率控制环节的响应是很快的，因而在动态过程中电压和频率就难以协调一致。为此，在压频变换器前面加设一个频率给定动态校正器 GFC，它可以是一个一阶惯性环节，用以延缓频率的变化，希望能使频率和电压变化的步调一致起来。GFC 的具体参数可在调试中确定。

3. 转差频率控制方式

转速开环变频调速系统可以满足一般平滑调试的要求，但静、动态性能都有限。要提高静、动态性能，首先要用转速反馈的闭环控制。转速闭环系统的静特性比开环系统强，但是如何提高系统的动态性能，需要进一步加以研究。

对于任何电气传动自动控制系统，都服从基本的运动方程式

$$T_e - T_L = \frac{GD^2}{375} \cdot \frac{dn}{dt}$$

要提高调速系统的动态性能，主要依靠控制转速的变化率 dn/dt，显然，控制电磁转矩 T_e 就能控制 dn/dt。因此归根结底，调速系统的动态性能就是控制其转矩的能力。

在异步电动机变频调速系统中，需要控制的是电压(或电流)和频率，从而达到控制电磁转矩的目的。在直流电动机中，转矩与电流成正比，即 $T_e = C_m \Phi I_d$，其气隙磁通 Φ 是由励磁电流单独产生的，当励磁电流保持恒定时，气隙磁通 Φ 可以保持恒定不变。这时，只要控制电枢电流 I_d 就能控制转矩，问题比较简单，因此在直流双闭环调速系统中转速调节器的输出信号实际上就代表了转矩给定信号。而在交流异步电动机中，影响转矩的因素很多。异步电动机的转矩为

$$T_e = C_m \Phi_m I_2 \cos\varphi_2$$

式中，C_m 为电动机的转矩常数。

可见气隙磁通 Φ_m、转子电流 I_2 及转子功率因数 $\cos\varphi_2$ 都影响到异步电动机的转矩，而这些量又都和转速有关，所以控制交流异步电动机转矩的问题就复杂得多。

在本章前面的部分中，已经推导出了异步电动机的电磁转矩

$$T_e = C'' s f_1 \Phi_2^2 \qquad (C'' \text{ 为常数})$$

由 $\Phi_2 = \Phi_m \cos\varphi \approx \Phi_m$，$\omega_1 = 2\pi f_1$，$s\omega_1 = \omega_s$（转差角频率）可得

$$T_e \approx K\omega_s \Phi_m^2 \qquad (K = C''/2\pi \text{ 为常数})$$

由此可见，如果维持气隙磁通 Φ_m 不变，则异步电动机的转矩近似和转差角频率成正比。因此只要在恒磁通的条件下，控制 ω_s 也就达到了控制转矩的目的。这就是转差频率控制的基本概念。

如图 9-10 所示为在恒磁通条件下 $T_e = f(\omega_s)$ 的曲线。图中 ω_{sm}，T_{em} 为限幅值。

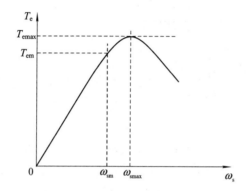

图 9-10　恒磁通条件下 $T_e = f(\omega_s)$ 的特性曲线

上述规律是在保持 Φ_m 恒定的前提下成立的。至于如何才能保持 Φ_m 的恒定这个问题，可从分析磁通和电压的关系来着手解决。

众所周知，当忽略饱和铁损时，气隙磁通 Φ_m 与励磁电流 I_0 成正比，而励磁电流并不是独立的变量，其由下式所决定

$$\dot{I} = \dot{I}'_2 + \dot{I}_0$$

亦即，I_0 是定子电流 I_1 的一部分。在笼型异步电动机中，折合到定子的转子电流 I'_2 是难以直接测量的，于是只能根据负载的变化，相应地调节 I_1，从而维持 I_0 不变。

根据异步电动机的等值电路可以得到

$$\dot{I}'_2 = \frac{\dot{E}_1}{\dfrac{r'_2}{s} + jX'_2}$$

而

$$\dot{I}_0 = \frac{\dot{E}_1}{jX_m}$$

经整理可得出

$$I_1 = I_0 \sqrt{\frac{r'^2_2 + \omega_s^2 (L_m + L'_2)^2}{r'^2_2 + \omega_s^2 L'^2_2}}$$

根据上式可以得出，为了维持 Φ_m 恒定，定子电流 I_1 应随 ω_s 而变化的规律如图 9-11 所示。

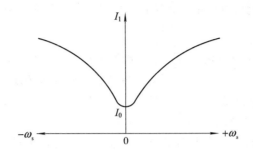

图 9-11　定子电流 I_1 随 ω_s 而变化的规律曲线

也就是说，只要使 I_1 与 ω_s 的关系符合如图 9-11 所示的规律，就能保持 Φ_m 的恒定。这样，用转差频率控制代表转矩控制的前提也就解决了。

实现上述转差频率控制规律的转速闭环变压变频调速系统结构原理图如图 9-12 所示。

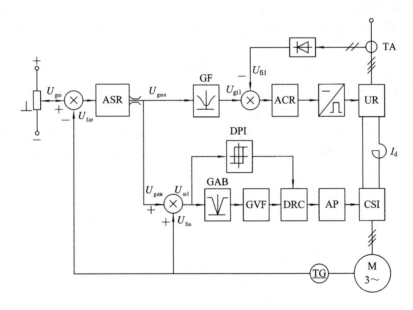

图 9-12　转差频率控制规律的转速闭环变压变频调速系统结构原理图

该系统有以下特点：

（1）采用电流型变频器，可使控制对象具有较好的动态响应，而且便于回馈制动，实现四象限运行。这是提高系统动态性能的基础。

（2）和直流电动机双闭环调速系统一样，外环是转速环，内环是电流环。转速调节器的输出是转差频率给定值 $U_{g\omega s}$，代表转矩给定，其输出最大值 $U_{g\omega s}$ 被限幅。

（3）转差频率信号分两路分别作用于可控整流器 UR 和逆变器 CSI 上。前者通过 $I_1 = f(\omega_s)$ 函数发生器 GF，按 $U_{g\omega s}$ 的大小产生相应的 U_{gs} 信号，再通过电流调节器控制定子电流，以保持 Φ_m 为恒值。另一路按 $\omega_s + \omega = \omega_1$ 的规律产生对应于定子频率 ω_1 的控制电压 $U_{\omega 1}$，决定逆变器的输出频率。这样就形成了在转速外环内的电流频率协调控制。

（4）转速给定信号 $U_{g\omega}$ 反向时，$U_{g\omega s}$、$U_{f\omega}$、$U_{\omega1}$ 都反向。用极性鉴别器 DPI 判断 $U_{\omega1}$ 的极性，以决定环形分配器 DRC 的输出相序，而 $U_{\omega1}$ 信号本身则经过绝对值变换器 GAB 决定输出频率的高低。这样就可方便地实现可逆运行。

4. 矢量控制方式

转差频率控制方式采用的是一种进行速度反馈控制的闭环控制方式，因此其性能优于开环的 U/f 比例控制方式，可以应用于对速度和精度有较高要求的各种调速系统中。但是由于转差频率控制的基本关系都是从稳态机械特性推导出来的，没有考虑到电动机电磁惯性的影响，因此，其动态性能仍不够理想。

矢量控制的基本思想是异步电动机和直流电动机均具有相同的转矩产生的机理，即电动机的转矩为磁场和与其相正交的电流的乘积。对直流电动机，转矩 $T_e = C_m\Phi I_d$，如果忽略磁路饱和，电枢反应得到全补偿，电刷置于几何中性线时，磁通 Φ 正比于直流励磁电流 I_M，与电枢电流 I_d 互成正交，是两个独立的变量，互不相关，可以分别进行调节，从而可以很方便地进行转矩、转速的调节。而对异步电动机，从矢量分析的角度看，可以把定子电流分为产生磁场的电流分量（磁场电流）和产生转矩的电流分量（转矩电流），这两个分量是互相垂直的。因此，通过控制电动机定子电流的大小和相位（即对定子电流的电流矢量进行控制），就可以分别对电动机的励磁电流和转矩电流进行控制，从而达到控制电动机转矩的目的。

目前，在变频器中得到实际应用的矢量控制方式有基于转差频率控制的矢量控制方式和无速度检测器的矢量控制方式两种，下面对这两种控制方式进行简单的介绍。

1）基于转差频率控制的矢量控制方式

矢量控制的基本原理是通过控制电动机定子电流的幅值和相位（即电流矢量），来分别对电动机的励磁电流和转矩电流进行控制，从而达到控制电动机转矩特性的目的。

如图 9-13 所示，给出异步电动机的等效电路图和相应的电路矢量图。

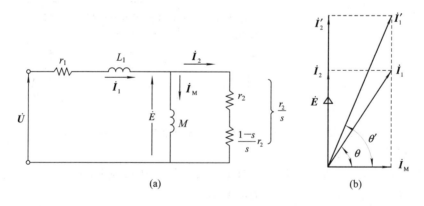

图 9-13　异步电动机的等效电路图和电路矢量图

（a）等效电路图；（b）电路矢量图

在图 9-13 中，定子电流 $\dot{I}_1$ 可分为磁场电流分量 $\dot{I}_M$ 和产生转矩的转子电流 $\dot{I}_2$。从图中可看出，设原来磁场电流分量为 $\dot{I}_M$，转矩电流分量为 $\dot{I}_2$。若要改变 $\dot{I}_2$，使其幅值由 I_2 增大到 I_2'，而磁场电流 I_M 仍要保持不变时，我们不仅要改变定子电流 $\dot{I}_1$ 的幅值使其从 I_1 变为 I_1'，同时还必须改变 $\dot{I}_1$ 的相位角 θ，使其从 θ 改变为 θ'，即只有同时改变定子电流 $\dot{I}_1$ 的幅值和相位，才能只改交 I_2 的大小而不改变 I_M 的大小，使转矩电流平稳变化。而在转差频率控制方式中，虽然通过对转差频率的控制达到了控制转矩电流 I_2 幅值的目的，但是并没有对电动机定子电流的相位进行控制，因此在转矩电流从 I_2 到 I_2' 的过渡过程中将存在一定的波动，并造成电动机输出转矩的波动。

　　根据图 9-13 所示等效电路得知，定子电流 I_1、转矩电流 I_2、励磁电流 I_M 三者之间有如下关系

$$I_1 = \sqrt{I_2^2 + I_M^2}$$

$$\omega_1 M I_M = I_2 r_2 / s$$

由于转差频率 ω_s 定义为 $\omega_s = s\omega_1$，所以从上式可得

$$\omega_s = \frac{r_2}{M} \cdot \frac{I_2}{I_M}$$

设电动机转子电路时间常数 $\tau_2 = \dfrac{M}{r_2}$，则可得

$$\omega_s = \frac{1}{\tau} \cdot \frac{I_2}{I_M}$$

　　与转差频率控制方式相同，基于转差频率控制的矢量控制方式同样是在进行 E/f 控制的基础上，通过检测电动机的实际转速，得到与实际转速对应的转子频率 ω_2，并根据希望得到的转矩按照上式对变频器的输出频率进行控制的。因此，两者的静态特性相同。

　　但是基于转差频率控制的矢量控制方式中，除了按照上述方式进行控制之外，还要根据下式的条件，即

$$\theta = \arctan\left(\frac{I_2}{I_M}\right)$$

对电动机定子电流的相位进行控制，以消除转矩电流过渡过程中的波动。

　　2）无速度传感器的矢量控制方式

　　基于转差频率控制的矢量控制变频器在使用时，需要在异步电动机上安装速度传感器。严格来讲，这种变频器难以充分发挥异步电动机本身具有的结构简单、坚固耐用等特点。此外，在某些情况下，由于电动机本身或所在环境的原因，无法在电动机上安装速度传感器，因此在对控制性能要求不是特别高的情况下，往往采用无速度传感器的矢量控制方式的变频器。

　　无速度传感器的矢量控制方式是建立在磁场定位矢量控制理论的基础上的。由于实现这种控制方式需要在异步电动机内安装磁通检测装置，虽然该理论早就已得到验证，但在实践中一直未能得到推广和应用，早期的矢量控制变频器基本上多是采用基于转差频率控制的矢量控制方式。

　　随着传感器技术的发展和现代控制理论在变频调速技术中的应用，即使不在异步电动机中直接安装磁通检测装置，也可以在变频器内部通过对某些变量的计算得到与磁通相应的量（即现代控制理论中所谓的"观测器"），并由此得到了所谓的无速度传感器的矢量控制方式。

　　无速度传感器矢量控制方式的基本控制思想是：分别对作为基本控制量的励磁电流（或者磁通）和转矩电流进行检测，并通过控制电动机定子绕组上的电压的频率使励磁电流（或者磁通）和转矩电流的指令和检测值达到一致，从而实现矢量控制。

当按照上述方式实现矢量控制时，可以根据下式对电动机的实际转速进行推算，从而实现无速度传感器的矢量控制。

因为

$$\omega = 2\pi f, \ \omega_s = \frac{1}{\tau_2} \cdot \frac{\boldsymbol{I}_2}{\boldsymbol{I}_M}$$

所以

$$f_2 = f_1 - f_s = f_1 - \frac{1}{2\pi\tau_2} \cdot \frac{\boldsymbol{I}_2}{\boldsymbol{I}_M}$$

由于矢量控制原理的理论推导比较复杂，这里只给出图 9 - 14 所示的控制系统方框图。图中的频率控制器的作用是通过按上述关系对频率的适当控制，使转矩电流的指令值与实际检测值一致。

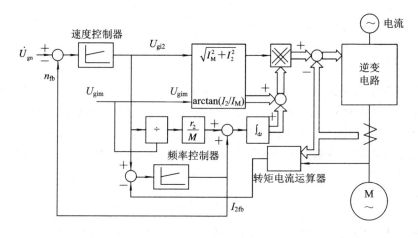

图 9 - 14　异步电动机的等效电路图和电路矢量图

9.2　脉宽调制型变频调速系统

随着高性能大容量的电力电子器件、微型计算机控制技术的迅速发展，促进了电力变频技术新的突破性发展。20 世纪 70 年代后期发展起来的脉宽调制（PWM）变频技术就是其中的一例。目前，PWM 型变频器已进入实际应用阶段。

9.2.1　PWM 型变频器工作原理

1. 简单的 PWM 型变频器工作原理

脉宽调制式变频器电路如图 9 - 15 所示。它由二极管整流桥、滤波电容和逆变器组成。逆变器的输入为恒定不变的直流电压，通过调节逆变器的脉冲宽度和输出交流电压的频率，既实现调压又实现调频，变频变压都由逆变器承担。

此系统是目前采用较普遍的一种变频系统，其主电路简单，只要配上相应的控制电路就可以了。

图 9 - 16 所示为单相逆变器的主电路，其波形如图 9 - 17 所示。

PWM 控制方式是通过改变电力晶体管 V_1、V_4 和 V_2、V_3 交替导通的时间来改变逆变

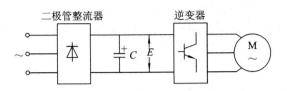

图 9-15　脉宽调制式(PWM)变频器电路图

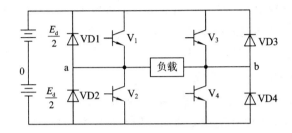

图 9-16　单相逆变器电路图

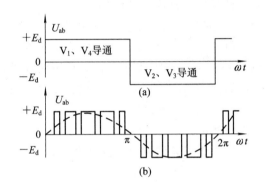

图 9-17　单相逆变器波形图

(a) 180°PWM 型输出电压波形；(b) PWM 型输出电压波形

器输出波形的频率的，改变每半周期内 V_1、V_4 或 V_2、V_3 开关器件的通、断时间比，即通过改变脉冲宽度来改变逆变器输出电压幅值的大小。如果使开关器件在半个周期内反复通、断多次，并使每个输出矩形脉冲电压下的面积接近于对应正弦波电压下的面积，则逆变器输出电压就很接近于基波电压，高次谐波电压将大为削减。若采用快速开关器件，使逆变器输出脉冲数增多，即使输出低频时，输出波形也是比较好的。所以，PWM 型逆变器很适用于作为异步电动机变频调速的供电电源，实现平滑启动、停车和高效率、宽范围的调速。

1) 系统主要优点

(1) 简化了主电路和控制电路的结构。由二极管整流器对逆变器提供恒定的直流电压。在 PWM 逆变器内，变频的同时控制其输出电压。系统仅有一个可控功率级，从而使装置的体积小、质量轻、造价低、可靠性高。

(2) 由二极管整流器代替了晶闸管整流器。提高了变频电源对交流电网的功率因数。

(3) 改善了系统的动态性能。PWM 型逆变器的输出频率和电压，都在逆变器内控制和调节，因此调节速度快，调节过程中频率和电压的配合好，系统的动态性能好。

（4）有较好的对负载供电的波形。PWM 型逆变器的输出电压和电流波形接近正弦波，从而解决了由于以矩形波供电引起的电动机发热和转矩降低问题，改善了电动机运行的性能。

2）系统主要缺点

（1）在调制频率和输出频率之比固定的情况下，特别是在低频时，高次谐波的影响较大，因而电动机的转矩脉动和噪声都较大。

（2）在调制频率和输出频率之比作有级变化的情况下，往往使控制电路比较复杂。

（3）器件的工作频率与调制频率有关。有些器件的开关损耗和换相电路损耗都较大，而且需要采用导通和关断时间短的器件。

2. 单极性正弦波 PWM 调制原理

PWM 型逆变器是靠改变脉宽控制其输出电压，通过改变调制周期来控制其输出频率，所以脉宽调制方式对 PWM 型逆变器的性能具有根本性的影响。脉宽调制的方法很多，从调制脉冲的极性上看，有单极性和双极性之分；从载频信号和参考信号（或称基准信号）的频率之间的关系来看，又有同步式和异步式两种。

参考信号 u_r 为正弦波的脉宽调制叫做正弦波脉宽调制（SPWM），产生的调制波是等幅、等距而不等宽的脉冲序列，如图 9-18 所示。此图为单极性脉宽调制波形。SPWM 调制波的脉冲宽度基本上成正弦分布，各脉冲与正弦曲线下对应的面积近似成正比。可见 SPWM 比一般 PWM 的调制波形更接近于正弦波，因此，谐波分量大为减小。

SPWM 逆变器输出基波电压的大小和频率均由参考电压 u_r 来控制。当改变 u_r 幅值时，脉宽随之改变，从而可改变输出电压的大小；当改变 u_r 频率时，输出电压频率即随之改变。但正弦波最大幅值必须小于三角波幅值，否则输出电压的大小和频率就将失去所要求的配合关系。

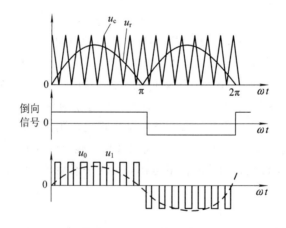

图 9-18　正弦波脉宽调制波形

图 9-18 只画出了单相脉宽调制波。对于三相逆变器，必须产生互差 120°的三相调制波。载频三角波可以共用，但必须有一个三相可变频变幅的正弦波发生器，产生可变频变幅的三相正弦波参考信号，然后分别与三角波相比较产生三相脉冲调制波。

若脉冲调制波在任何输出频率情况下，正、负半周始终保持完全对称，即为同步调制式。若载频三角波频率一定，只改变正弦参考信号的频率，这时正、负半周的脉冲数和相位就不是随时对称的了。这种调制方式叫做异步调制式。异步调制将会出现偶次谐波，但每周的调制脉冲数将随输出频率的降低而增多，有利于改善低频输出特性。一般地，三角波频率一般应比正弦参考电压频率大 9 倍以上，否则偶次谐波的影响就大了。

3. 双极性正弦波 PWM 调制原理

上述单极性调制必须加倒向控制信号，而如图 9-19 所示的双极性调制就不需要倒向控制信号了。SPWM 双极性调制和单极性调制一样，输出基波大小和频率也是通过改变正弦参考信号的幅值和频率而改变的，在用于变频调速时，要保持 U_1/f 比基本恒定。这种双极性调制方式，当然也可采用同步式或异步式的调制方法。

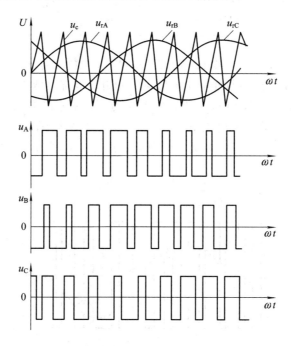

图 9-19　双极性三相正弦波脉宽调制波形

9.2.2　PWM 型变频调速系统的主电路

1. 三极管 PWM 型逆变器

三极管通用型三相 PWM 型逆变器的主电路如图 9-20 所示。逆变器由二极管三相整流桥整流的恒定直流电压供电。平波电容器 C 起着中间能量存储作用，使逆变器与交流电网去耦，对异步电动机等感性负载，可以提供必要的无功功率，而有功功率由电网来补充。由于直流电源是二极管整流器，所以能量只能单方向流动，不能向电网反馈能量。因此当负载工作在再生情况下时，反馈能量将经过反馈二极管 $VD_1 \sim VD_6$ 向电容 C 充电，而平波电容器容量有限，势必将直流电压抬高。为了避免直流电压过高，在直流侧接入制动（放电）电阻 R 和三极管 V_7。当直流电压升高到某一限定值后，使 V_7 饱和导通而接入电阻 R，将部分反馈能量消耗在电阻上，这样电动机就可以在四个象限内运行了。

逆变器由 6 个电力晶体管开关和 6 个反馈二极管组成，可以采用前述的任何一种脉宽调制方法驱动，而且可以进行高频调制。异步电动机为感性负载。当电流连续时，不管采

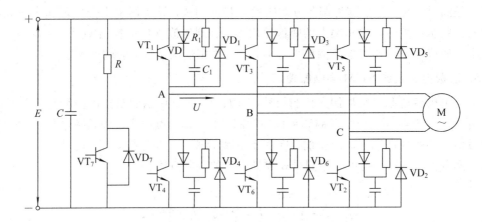

图 9-20 三极管通用型三相 PWM 型逆变器主电路

用何种脉宽调制方法,逆变器每相输出的脉宽调制电压波都是双极性的,而输出电流则为带锯齿的正弦波,如图 9-21 所示。例如以 A 相为例,在输出电流正半周,当 VT_1 导通时,A 点(见图 9-20)接到直流电压正极,电流上升;当 VT_1 管截止时,感性负载电流不能突变,势必要经过二极管 VD_4 由直流电源负极续流,电压为负,电流下降,如此循环下去。

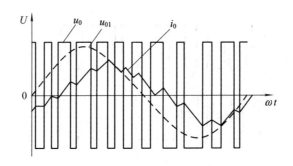

图 9-21 逆变器输出波形(电压、电流)

值得注意的是,当电动机降速或停车,系统工作在再生工况时,某些反馈二极管导通,电力晶体管仍处于调制工作状态,必将出现电动机两端线间经导通的二极管和三极管短接。对此反馈短路电流必须加以限制,办法是当电流超过允许值时由控制电路发出信号,封锁三极管以免损坏。

根据试验和分析,一般确认带感性负载工作在开关状态下的三极管,毁坏的原因中 80% 是由于二次击穿引起的。三极管带感性负载由饱和导通快速转为截止的瞬间,瞬时功率可以达到正常工作时的上百倍,这对管子来说是很严酷的。因此,必须采取措施使管子集射极电压 U_{CE} 上升得慢些,而使集电极电流 I_C 下降得快些。与电力开关晶体管并联的二极管 VD 和 R、C 吸收电路,其作用之一就是延缓管子 U_{CE} 的上升速率,使管子截止时,在基极上加反压,尽快抽出基极积存的载流子,使 I_C 迅速下降。晶体管工作时,在任何情况下都不允许超过安全工作区。图 9-22 所示为三极管的安全工作区及其开关过程。一般说来,高频脉冲安全工作区比直流安全工作区宽一些,但管子制造厂只提供直流安全工作区,我们可以用直流安全工作区作基础来选择三极管。

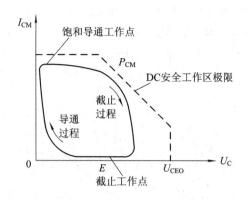

图 9 - 22　三极管的安全工作区及开关工作区

2. 晶闸管 PWM 型逆变器

近年来，具有自关断能力及高频开关性能的大容量门极关断晶闸管(GTO)发展很快，已经付诸实际应用。它和电力晶体管一样，很适合用作 PWM 型逆变器和开关器件。但是，目前大容量逆变器仍然采用晶闸管(包括快速和高频晶闸管)。由于晶闸管没有自关断能力，所以用在 PWM 型逆变器中必须进行强迫换相。根据换相方式的不同，晶闸管 PWM 型逆变器具有多种构成形式。如图 9 - 23 所示为一种同时关断的晶闸管 PWM 型逆变器主电路。

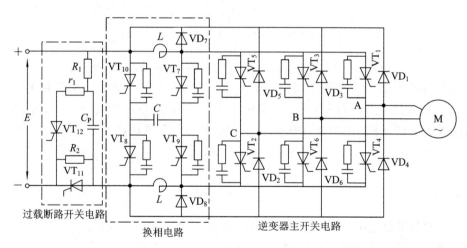

图 9 - 23　同时关断的晶闸管 PWM 型逆变器主电路

在图 9 - 23 中，逆变器由 $VT_1 \sim VT_6$ 和 $VD_1 \sim VD_6$ 组成，$VT_7 \sim VT_{10}$ 和 L、C 构成换相电路，而 VT_{11}、VT_{12} 和 C_p 及 R_1、R_2 等组成过载断路开关电路。现以常用的载频三角波与参考正弦波相比较产生调制脉冲的方法为例，来说明图 9 - 23 所示逆变器的工作情况。

如图 9 - 24 所示波形为主开关及换相晶闸管的工作模式。在波形图上出现正脉冲时表示 VT_1 或 VT_3、VT_5 导通，出现负脉冲时表示 VT_4 或 VT_6、VT_2 导通，波形最下面的 VT_7、VT_8 和 VT_9、VT_{10} 表示换相回路中被触发导通的晶闸管。现以晶闸管 VT_1 强迫关断为例来说明换相过程。当 VT_1 导通时，设换相电容已经充好电，极性为左正右负，触发 VT_7、VT_8 换相晶闸管而使之导通，电容器 C 上的电压通过 VT_7、VT_8 及 VD_4 加到主晶闸管 VT$_1$ 上，使 VT$_1$ 受反压而关断。电容 C 放电后接着反向充电，为下一次双序号晶闸管关断做好准备。换相电流过零时，VT$_7$、VT$_8$ 自行关断。其它晶闸管的关断情况与此类似，不再一一加以说明。由波形图可见，这种工作模式是单序号晶闸管 VT$_1$、VT$_3$、VT$_5$ 作为一组，双序号晶闸管 VT$_4$、VT$_6$、VT$_2$ 作为另一组而交替关断的。

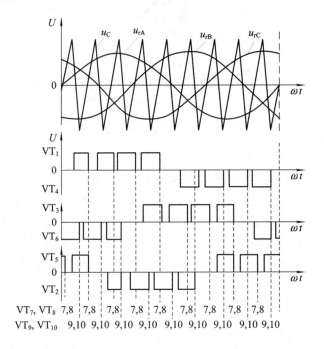

图 9-24 图 9-23 所示电路主开关及换相晶闸管的工作模式

直流电路中的电抗器 L 的作用是避免经反馈二极管 VD$_1$～VD$_6$ 及晶闸管 VT$_1$～VT$_6$ 的反馈电流被直接短路，并限制电流上升率。VD$_7$～VD$_8$ 为续流二极管，防止逆变器两端出现过高电压。经分析，换相电路中 L、C 的最佳值可用下式计算

$$L = 1.82 \frac{Et_q}{I_L}$$

$$C = 1.47 \frac{I_L t_q}{E}$$

式中，E 为直流电源电压；I_L 为换相最大负载电流；t_q 为晶闸管关断时间。

晶闸管逆变器多采用同步式调制。为了改善低频输出特性，可以随频率的降低分频段地适当增加每周期包含的载频三角波数。例如，在输出频率 f 为 50～40 Hz 频段内，使每周期包含 9 个三角波；在 f 为 40～30 Hz 频段内，使每周期包含 15 个三角波等。

图 9-23 最左边的过载断路开关电路，其工作比较简单。逆变器正常工作时，VT$_{11}$ 导通，VT$_{12}$ 处于截止状态，电容器 C_p 充满电，极性为上正下负。一旦发生过电流，VT$_{12}$ 立即被触发导通，C_p 经 R_1、R_2 放电，给 VT$_{11}$ 加反压而使之关断，从而切断主电路，实现过电流保护。

上述同时关断式的晶闸管逆变器，在实际应用中还应研究如何限制 VT$_6$、VT$_{10}$ 的电压上升率，合理处理 L、VD$_7$、VD$_8$ 续流回路的续流以及电流出现断续时输出电压升高等一些问题。

9.2.3　PWM 型变频调速系统的控制电路

PWM 型变频调速系统，根据应用场合和要求的不同可有多种组成形式，控制方式更是各式各样，现举例说明如下。

1. 系统的组成

在交流电动机变频调速的模拟控制系统中，需要一个 0～100 Hz 可变频变幅的三相正弦波参考信号。但直接产生这样的三相参考信号是非常困难的，而产生可变频的三相方波却比较容易做到。图 9 - 25 所示系统是利用方波产生三角波再转变为正弦波的方法。

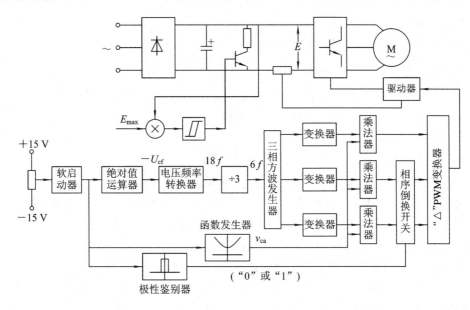

图 9 - 25　模拟正弦波参考信号 SPWM 型变频调速系统

图 9 - 25 中示出当逆变器的输出频率为 f 时，U/f 变换器输出的方波频率应为 $18f$，经三分频后，转换成频率为 $6f$ 的方波。然后经三相方波发生器产生三相频率为 f 的方波，再按相分别变换成频率为 f 的三相正弦波。改变给定信号的大小，即可改变三相正弦波参考信号的频率。把可变频的正弦波与幅值控制信号电压 U_{ca} 一起加到由象限模拟乘法器作乘法运算，输出便是三相可变频变幅的正弦波参考信号。最后经相序倒换开关输出，以控制系统正、反转。脉宽调制信号是采用"Δ"PWM 电路产生的(见图 9 - 30)。

2. 变频器的主要控制环节

U/f 变换器及三相方波发生器的实际电路如图 9 - 26 所示。

U/f 变换器由数控模拟开关(DCAS)、积分器和施密特触发器组成。数控模拟开关输出方波，其频率与控制信号 U_{cf} 的大小成正比，DCAS 输出正、负对称的方波使积分器进行交替地正、反向积分而产生三角波，只要适当地选择 DCAS 的各个电阻，并使施密特触发器为单位增益，则 U_{cfmax} 与周期 T_{min} 之间符合下式关系

$$U_{cfmax} \frac{1}{R_2 C_2} \frac{T_{min}}{2} = 2U_z$$

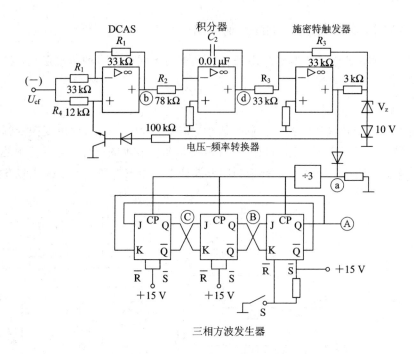

图 9-26 U/f 变换器及三相方波发生器实际电路

这里选 $U_{\text{cfmax}}=10\text{ V}$，$U_Z=10\text{ V}$ 及 $T_{\text{min}}=1/(18f_{\text{max}})$，根据上式即可选出电阻 R_2 和电容 C_2。电阻 R_4 是在 U_{cf} 为 U_{cfmin} 的情况下，保证晶体管饱和导通和在 U_{cf} 为 U_{cfmax} 时的集电极电流小于它的安全电流而选取的。此 U/f 变换器实验结果表明线性度是比较好的。

电压频率转换器输出频率为 $18f$ 的方波脉冲序列，经 3 分频后作为三相方波发生器的输入。三相方波发生器由 3 个 JK 触发器组成。三相方波发生器开始工作前，开关 S 闭合，置初始状态：A＝0，B＝0，C＝1。开始工作时，断开开关 S，便形成如图 9-27 所示的工作状态。三相方波发生器的工作原理较容易理解，不再加以说明。

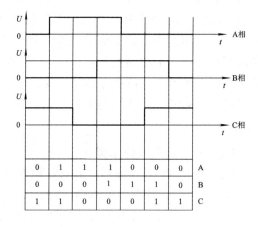

0	1	1	1	0	0	0	A
0	0	0	1	1	1	0	B
1	1	0	0	0	1	1	C

图 9-27 三相方波及其状态

由控制电压 U_{cf} 和由三相方波发生器输出的一相方波控制并转换成正弦波的实际电路如图 9-28 所示，现分两部分加以说明。

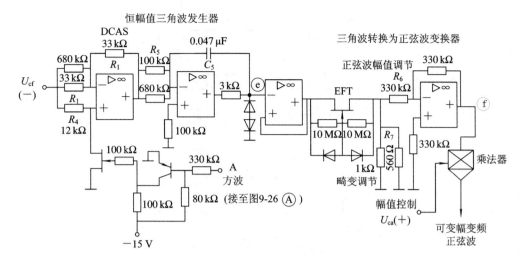

图 9-28 三角波、正弦波发生器实际电路

1) 恒幅值三角波的产生

恒幅值三角波发生器由数字控制模拟开关(DCAS)和积分器组成,它与电压-频率转换器中的 DCAS 和积分环节基本相同,所不同的是 DCAS 的无触点开关一个是由三极管 V1 自锁控制,一个是用场效应半导体管 FET,由来自三相方波发生器输出的一相方波控制并在积分器输出限幅。这里恒幅值三角波的频率取决于它控方波的频率,因此,改变输入方波的频率即可改变三角波的频率。但是,由于积分器的积分时间常数一定,如果输入的正负方波幅值一定,三角波的幅值将随频率的升高而下降。为了获得恒幅值三角波,把控制频率的电压-频率转换器输入信号电压$-U_{cf}$作为 DCAS 的一个输入信号。这样,当输入方波频率升高时,U_{cf}值也增大而使 DCAS 的输出电压提高,积分器输出电压变化率加大,以保证积分器输出三角波的幅值不变。另外,积分器输出端接上正、负向限幅稳压管,使积分运算放大器在输出三角波的幅值处接近饱和输出状态,产生的三角波波形如图 9-29 波形 e 所示。

设三角波的幅值为 U_{Tmax},要保持三角波幅值为正负 U_{Tmax} 不变,积分器的积分时间常数及 R_5、C_5 可由下式求得

$$U_{\text{cf max}} = \frac{1}{R_5 C_5} \frac{1}{2 f_{\max}} = 2 U_{\text{Tmax}}$$

图 9-28 所给电路参数,对应于 $U_{\text{cfmax}} = 10\ \text{V}$,$U_{\text{cfmax}} = 10\ \text{V}$。积分器输出端稳压管的稳压值应等于 $U_{\text{cf max}}$。

2) 三角波到正弦波的转换

这个转换是利用场效应晶体管的非线性进行转换的。只需调整两个电阻 R_6 和 R_7。R_6 用作正弦波幅值调节,R_7 用作变频的恒幅正弦波调节。

变频正弦波与幅值控制电压 U_{ca} 在乘法器中相乘,便获得可变频变幅的正弦波。

图 9-28 是单相正弦波发生器,因此要产生三相正弦波需要三套如图 9-28 所示的相同电路。只是每相的输入控制方波分别取自图 9-26 所示三相方波发生器的 A、B、C 三点。

图 9-26 和图 9-28 电路中各点的波形如图 9-29 所示。

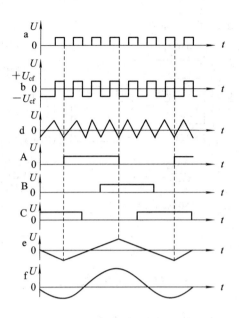

图 9-29 图 9-26、9-28 电路中各点的波形

图 9-30 是一种线路比较简单的"△"脉宽调制电路,它也是一种双极性正弦波 PWM 电路。只要输入一个频率可变、幅值恒定的正弦波参考电压信号 u_r,就可以在运算放大器 A1 的 I 点输出基波电压与频率之比,自动维持恒定的调制波。

其工作原理为:运算放大器 A1 作为比较器,当输入正弦电压 u_r 从零上升时,A1 的输出 u_1 迅速升到正饱和值 $+U_s$,经 A2 作反相积分,其输出电压 u_F 负向线性增长,u_F 和 $+U_s$ 分别经 R_2、R_3 加到 A3 的反相输入端。由于参数选择 $R_3 \gg R_2$,u_F 的作用远比 U_s 大,所以 A3 输出电压 u_k 正向上升。当 $u_k < u_r$ 时,A1 输出继续保持 $+U_s$。一旦 u_k 上升到 $u_k > u_r$ 时,A1 迅速翻转,输出负饱和值 $-U_s$。$-U_s$ 再经 A2 反相积分,使 u_F 幅值线性减小,A3 输出电压 u_k 也随之减小。当 $u_k < u_r$ 时,u_1 又转换为 $+U_s$,u_F 幅值又增大,u_k 再次上升,如此循环工作,便得到如图 9-31 所示的调制波形 u_1。

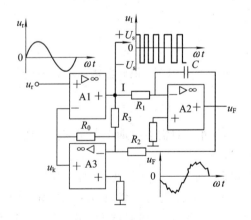

图 9-30 "△"脉宽调制电路

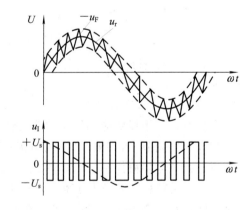

图 9-31 "△"脉宽调制波形

上述系统是开环变频调速系统。由于异步电动机在不同供电频率下的机械特性硬度变

化不大,所以开环变频调速控制也获得了广泛的应用。如果调速精度要求较高,可以实行速度闭环调节。

9.3 数字式通用变频器及其应用

9.3.1 通用变频器概况

随着电力电子器件的不断发展,各种自关断化、模块化等器件的出现,变流电路开关模式的高频化和控制手段的全数字化等,促进了变频电源装置的小型化、多功能化、高性能化。尤其是控制手段的全数字化和利用了微型计算机的巨大的信息处理能力,其软件功能不断强化,使变频装置的灵活性和适应性不断增强。目前,中小容量(600 kVA 以下)的一般用途的变频器已经实现了通用化。

采用大功率自关断开关器件(GTO,GTR,IGBT 等)作为开关器件的正弦脉冲调制式(SPWM)变频器,目前已经成为通用变频器的主流。国外在开发、生产、应用通用变频器方面以日本、德国最为突出。国内引进的通用变频器也以日本、德国生产的居多。

1. 通用变频器的发展

20 世纪 80 年代初,通用变频器实现了商品化,经过 20 多年的发展,通用变频器经历了由模拟控制到全数字控制,和由采用 GTR 到采用 IGBT 两个大的进展过程。其发展情况可粗略地由以下几个方面来说明。

(1) 容量不断扩大。20 世纪 80 年代初采用 GTR 的 PWM 变频器实现了通用化,到了 20 世纪 90 年代,GTR 通用变频器的容量就达到了 600 kVA。400 kVA 以下的已经基本实现了系列化。到 20 世纪的后几年,通用变频器的主开关器件开始采用 IGBT。目前利用 IGBT 构成的高压(3 kVA/6.3 kVA)变频器的最大容量已达 7460 kVA。随着 IGBT 容量的不断扩大,通用变频器的容量也将随之扩大。

(2) 结构的小型化。变频器主电路中功率电路的模块化,控制电路采用大规模集成电路和全数字控制技术,结构设计上采用“平面安装技术”等一系列措施,促进了变频电源装置的小型化。以富士公司的变频器为例,经一次改型(由 G5S 到 G7S),其装置体积就缩小了一半。

(3) 多功能化和高性能化。电力电子器件和控制技术的不断发展,使变频器向多功能化和高性能方向发展。微机的应用,以其精练的硬件结构和丰富的软件功能,为变频器多功能化和高性能化提供了可靠的保证。特别是日益丰富的软件功能使通用变频器的适应性不断增强。如变频器的转矩提升功能使低速下的转矩过载能力提高到 150%,使启动和低速运行性能得到很大提高;又如转差补偿功能使异步电动机的机械特性的硬度甚至大于工频电网供电时的硬度。此外,如多步转速设定功能,S 型加减速和自动加速控制功能,故障显示和记忆功能,灵活的通信功能等,使变频器的应用更为广泛、灵活。

8 位 CPU、16 位 CPU 的使用,奠定了通用变频器全数字控制的基础,32 位数字信号处理器(DSP)的应用更是将通用变频器的性能提高了一大步,实现了转矩控制,推出了“无跳闸”功能。目前出现的一类“多控制方式”通用变频器,具有多种控制方式,如通用变频器可实现的免测速 U/f 控制、测速 U/f 控制、免测速矢量控制、测速矢量控制四种控制方式，通过控制面板就可以设定上述四种控制方式中的任一种，以满足用户的需要。进一步发展的是所谓"工程型"的高性能变频器，完善的软件功能和规范的通信协议，使它对自身可实现灵活的"系统组态"，对上级控制系统可实现"现场总线控制"。因此特别适合在现代计算机控制系统中作为传动执行机构。

（4）应用领域不断扩大。通用变频器对各类生产机械、各类生产工艺的适应性不断增强。最初通用变频器仅用于风机、泵类负载的节能调速和化纤工艺中高速缠绕的多机协调运行等。现在，通用变频器的应用领域得到了相当的扩展，如搬送机械，从反抗性负载的搬运车辆、带式运输机到位能负载的起重机、提升机、立体仓库、立体停车场等都已采用了通用变频器；金属加工机械，从各类切削机床直到高速磨床乃至数控机床、加工中心超高速伺服机构的精确位置控制都已应用了通用变频器；在其它方面，如农用机械、食品机械、木工机械、印刷机械等。可以说，变频器的应用范围相当广阔并且还将继续扩大。

2. 通用变频器的技术动向

通用变频器的技术发展动向大致有如下几个方面：

（1）IGBT 和 IPM 的应用。最近几年 IGBT 的应用正在迅速推进。它显著的特点是开关频率高，驱动电路简单，用于通用变频器时具有低噪声运行，电流波形更趋于正弦波，装置紧凑，可靠性高等明显效果。

IPM（智能功率模块）以 IGBT 作为主开关器件，将主开关器件、续流二极管、驱动电路、电流、电压、温度检测元件及保护信号生成与传送电路、某些接口电路集成在一起，形成混合式电力集成电路。使用了 IPM 使 IGBT 的上述效果更为明显。目前小容量变频器已经开始采用这种 IPM。采用 IPM 可使变频器的体积、重量和连线大为减少，功能大为提高，可靠性也大为增加。

（2）网侧变频器的 PWM 控制。目前，上市的绝大多数通用变频器其网侧变流器都采用不可控的二极管整流器。为进一步提高效率，减少损耗，现已开发出一种新型的采用 PWM 控制方式的自换相变流器（称为 PWM 整流器）。其电路结构形式与逆变器完全相同，每个桥臂均由一个自关断器件和一个二极管反并联组成。其特点是：直流输出电压连续可调，输入电流（网侧电流）波形基本上是正弦波，功率因数可保持为 1，并且能量可以双向流动。

采用"PWM 整流器"的变频器，又称为"双 PWM 控制变频器"。这种再生能量回馈式高性能通用变频器，代表着另一个新的技术发展动向。它的大容量化，对于制动频繁的或可逆运行的生产设备十分有意义。

（3）矢量控制变频器的通用化。无速度传感器的矢量控制系统的理论研究和实用化的开发，代表通用变频器另一个新的技术发展动向。

9.3.2 通用变频器的选择

1. 变频器种类的选择

通用变频器根据性能及控制方式的不同可分为简易型、多功能型、高性能型等。用户可根据实际用途及需要进行选择。

（1）简易通用型变频器。简易通用型变频器一般采用 U/f 控制方式，主要以风扇、风机、泵等为控制对象，其节能效果显著，成本较低。

（2）多功能通用型变频器。随着工业企业自动化技术的不断应用，自动仓库、升降机、搬运系统等的高效化、低成本化及小型 CNC 机床、挤压成型机、纺织及胶片机械的高速化、高效率化、高精度化等已日趋重要，选用多功能变频器可满足这些具有一定特殊要求的驱动需要。

（3）高性能通用型变频器。经过十余年的发展，目前矢量控制的变频器已通用化、实用化。矢量控制回路的数字化以及参数自调整功能的引入，使得变频器自适应等功能更加充实，特别是无速度传感器矢量控制技术的实用化，使得高性能的采用矢量控制方式的通用变频器的应用日益广泛，目前这类变频器主要应用于挤压成型机，电线、橡胶制造等设备的驱动需要。

2. 通用变频器的规格指标

在选择变频器时，会接触到生产厂家提供的各种类型变频器的产品样本。这些产品样本中一般会介绍变频器的系列型号、特点以及选定变频器所需要的多种性能和功能指标。下面简单介绍一下通用变频器的标准性能和功能指标的基本含义。

（1）型号。一般为厂家自定的系列名称，其中还包括电压级别和可适配的电动机容量（或为变频器输出容量）。可作为定购变频器的依据。

（2）电压级别。根据各国的工业标准或用途不同，其电压级别也各不相同。在选择变频器时，首先应该考虑其中电压级别是否与输入电源和所驱动的电动机的电压级别相适应。普通变频器的电压级别分为 200 V 级和 400 V 级两种。

（3）最大适配电动机。这一栏中通常给出最大适配电动机的容量（kW）。应该注意，这个容量一般是以 4 极普通异步电动机为对象，而 6 极以上电动机和变极电动机等特殊电动机的额定电流大于 4 极普通异步电动机，因此在驱动 4 极以上电动机及特殊电动机时就不能单单依据此项指标选择变频器。同时还要考虑变频器的额定输出电流是否能够满足电动机的额定电流。

（4）额定输出。变频器的额定输出包含额定输出容量和额定输出电流两方面的内容。其中额定输出容量为变频器在额定输出电压和额定输出电流下的三相视在输出功率（单位 kVA）

$$P = \sqrt{3}UI \times 10^{-3}$$

而额定输出电流则为变频器在额定输入条件下，以额定容量输出时，可连续输出的电流。

（5）电源。变频器对电源的要求主要有电压/频率、允许电压变动率和允许频率变动率等几个方面。其中电压/频率指输入电源的相数（单相、三相）以及电源、电压的范围（200～230 V，380～460 V）和频率要求（50 Hz，60 Hz）。允许电压变动率和允许频率变动率为输入电压幅值和频率的允许波动的范围，一般电压允许波动为额定电压的 ±10% 左右；而频率波动一般允许为额定频率的 ±5% 左右。

（6）控制特性。变频器控制特性方面的指标较多，通常包括以下几个方面：

① 主回路工作方式：由整流电路与逆变电路的连接方式所决定，可分为电压型和电流型两类。电压型是指在直流中间回路中采用电容进行滤波，而电流型的直流中间回路则采

用电感滤波。

② 变频工作方式：变频器的变频（或逆变）电路工作方式分为 PWM 和 PAM 方式，其中 PWM 方式有等幅 PWM 和正弦波 PWM 两种类型；PAM 方式有相控 PAM 和斩波 PAM 两种类型。

③ 逆变电路控制方式：针对电动机的固有特性、负载特性以及运转速度的要求，控制变频器的输出电压（电流）和频率的方式。一般可分为 U/f、转差频率、矢量运算三种控制方式。

④ 输出频率范围：变频器可控制的输出频率范围。最低的启动频率一般为 0.3 Hz，最高频率则因变频器性能指标而异。

⑤ 输出频率分辨率：输出频率分辨率为输出频率变化的最小量。在数字型变频器中软启动回路（频率指令变换回路）的运算分辨率决定了输出频率的分辨率，如图 9 - 32 所示。若运算分辨率能达到 1/10 000 到 1/30 000，则对于一般的应用没有问题；若运算分辨率在 1/1000 左右，则电动机进行加减速时可能发生速度不平稳的情况。

若最高输出频率为 300 Hz，分辨率为 1/1000，则输出频率最小的变化幅度为 0.3 Hz。

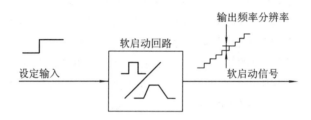

图 9 - 32　输出频率分辨率

⑥ 输出频率精度：为输出频率根据环境条件变化而变化的程度。

$$频率精度＝频率变动大小×100\% 最高频率$$

⑦ 频率设定方式：一般普遍采用变频器自身的参数设定方式设定频率，或者通过设定电位器及其它规格为 0～10 V（0～5 V）、4～20 mA 的外部输入信号进行频率设定。高性能变频器还可选择数字（BCD 码、二进制码）输入以及上位机发送的 RS - 232C 和 RS - 422 等运转控制信号。

⑧ 过载能力：变频器所允许的过载电流，以额定电流的百分数和允许的时间来表示。一般变频器的过载能力为额定电流的 150%，持续 60 s；或者 130%，持续 60 s。如果瞬时负载超过了变频器的过载耐量，即使变频器与电动机的额定容量相符，也应选择大一挡的变频器。

⑨ 制动方式：变频器的电气制动一般分为能耗制动、电源回馈制动、直流制动三种。前两类都是电动机把能量反馈到变频器，其中能耗制动是将能量消耗在制动电阻上，转换成热能；电源回馈制动则是将能量通过回馈电路反馈到供电电网上。直流制动是运用变频器输出的直流电压在电动机绕组中产生的直流电流将转子的能量以热能的形式消耗掉。

直流制动通常用于数赫兹以下的低频区域，即电动机即将停止之前，而其它制动不能产生有效制动的场合下。在停止频度很低的情况下，也可实行全程直流制动方式，如图 9 - 33 所示。

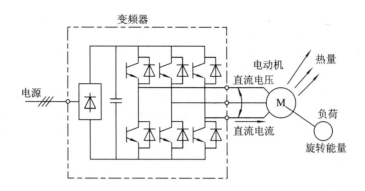

图 9 - 33　直流制动方式

能耗制动时不加外接制动电阻的场合制动力约为 20%，加外接制动电阻时制动力可达 100% 以上。由于制动电阻需要散热的时间，所以能耗制动一般用于制动频度不高的场合，如图 9 - 34 所示。

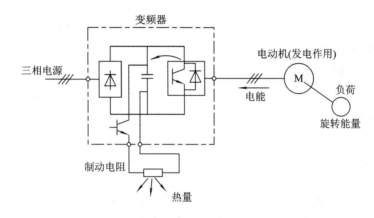

图 9 - 34　能耗制动方式

从节能的角度来看，电源回馈制动是最好的一种制动方式，如图 9 - 35 所示。因为电源回馈制动电路很昂贵，所以一般用于频繁制动的场合。

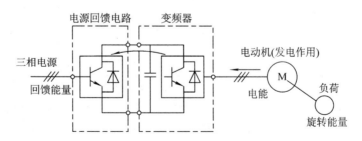

图 9 - 35　电源回馈制动方式

（7）保护功能。变频器的保护功能很多，通常有以下内容：

① 欠压保护。欠压指的是变频器的电源电压在规定值以下的状态，也包括瞬时断电，此时会导致电动机的输出转矩不足和过热现象。欠压保护就是为了防止控制回路的误动作和主回路元件工作异常，在直流中间回路电压持续 15 ms 以上低于欠压低限值时，变频器

将停止输出。

② 过压保护。电源电压过高或电动机急速减速以及起重机、电梯等超负荷的场合，当直流回路的电压超出规定值时，为防止主回路元件因过压而损坏，变频器将停止输出。

③ 过流保护。由于电动机直接启动或变频器输出侧发生相间短路或接地等事故时，变频器的输出电流会瞬间急剧增大，当超过主电路元件的允许值时，为保护其不被击穿，将关闭主回路元件停止输出。变频器的瞬间过流保护通常设定在额定输出电流的 200% 左右。

④ 变频器防失速功能。加速中失速的概念是指 U/f 控制的变频器，在无速度反馈电动机加速的时候，瞬间急剧提高转速，使得变频器输出的频率与电动机实际的运转频率之差即转差频率很大，而同时，变频器的输出电流又受到限制，使得电动机得不到足够的转矩进行加速而维持原状的现象。失速发生时由于转差过大，一般都伴随着过流的发生而导致变频器跳闸。在加速过程中为避免陷入此种状态，通常根据过流状态采取暂时停止增加频率的方法，等待电流减小以达到防失速、无跳闸的效果。

此外，在电动机减速、运转中都有可能发生失速现象，变频器的防失速功能同样可以防止这些失速引起的过流、跳闸现象。

3. 变频器容量的选定

变频器容量的选定由很多因数决定，如电动机容量、电动机额定电流、加速时间等，其中最基本的是电动机电流。下面分三种情况就如何选定通用型变频器容量作一些简单的介绍。

1）驱动一台电动机

对于连续运转的变频器必须同时满足表 9-1 中所列三项要求。

表 9-1　变频器容量选择（驱动单台电动机）

要求	算式
满足负载输出	$\dfrac{kP_M}{\eta \cos\varphi} \leqslant$ 变频器容量（kV·A）
满足电动机容量	$k \times \sqrt{3} U_E I_E \times 10^{-3} \leqslant$ 变频器容量（kV·A）
满足电动机电流	$k I_E \leqslant$ 变频器额定电流（A）

注：P_M 为负载要求的电动机轴输出，kW；U_E 为电动机额定电压，V；η 为电动机效率（通常约 0.85）；I_E 为电动机额定电流，A；$\cos\varphi$ 为电动机功率因数（通常约 0.75）；k 为电流波形补偿系数。

表中 k 是电流波形补偿系数，由于变频器的输出波形并不是完全的正弦波，而是含有高次谐波的成分，其电流就有所增加。PWM 方式的变频器电流波形补偿系数约为 1.05～1.1。

2）驱动多台电动机

当变频器同时驱动多台电动机时，一定要保证变频器的额定输出电流大于所有电动机额定电流的总和，见表 9-2。

表 9－2　变频器容量选择（驱动多台电动机）

要　　求	算式（过载能力 150％，1 min)	
	电动机加速时间 1 min 以内	电动机加速时间 1 min 以上
满足驱动时的容量	$\dfrac{kP_M}{\eta\cos\varphi}[N_T+N_s(k_s-1)]$ $=P_{C1}\left[1+\dfrac{N_s}{N_T}(k_s-1)\right]$ $\leqslant 1.5\times$变频器容量(kVA)	$\dfrac{kP_M}{\eta\cos\varphi}[N_T+N_s(k_s-1)]$ $=P_{C1}\left[1+\dfrac{N_s}{N_T}(k_s-1)\right]$ $\leqslant$变频器容量(kVA)
满足电动机电流	$N_T I_M\left[1+\dfrac{N_s}{N_T}(k_s-1)\right]$ $\leqslant 1.5\times$变频器额定电流(A)	$N_T I_M\left[1+\dfrac{N_s}{N_T}(k_s-1)\right]$ $\leqslant$变频器额定电流(A)

注：P_M 为负载要求的电动机轴输出；P_{C1} 为连续容量(kVA)；N_T 为并列电动机台数；k_s 为电动机启动电流/电动机额定电流；η 为电动机效率(通常约 0.85)；I_E 为电动机额定电流(A)；$\cos\varphi$ 为电动机功率因数；k 为电流波形补偿系数(PWM 方式约 1.05～1.1)；N_s 为电动机同时启动的台数。

3）指定启动加速时间

变频器的容量一般以标准条件为准，在变频器过载能力之内进行加减速。在进行急剧地加速或减速时，一般利用失速防止功能以避免变频器跳闸，但也同时加长了加减速时间。在对加速时间有特殊要求时，必须事先核算变频器的容量是否能够满足所要求的加速时间，如不能则要加大一挡变频器容量。在指定加速时间的情况下，变频器所需要的容量计算如下

$$\frac{kn}{937\eta\cos\varphi}T_1+\frac{GD^2 n}{375 t_A}\leqslant 变频器容量$$

式中，GD^2 为电动机转矩换算总 GD^2，$kg\cdot m^2$；t_A 为电动机加速度，m/s^2；T_1 为负载转矩，$N\cdot m$；k 为电流波形补偿系数；η 为电动机效率(通常取 0.85)；$\cos\varphi$ 为电动机功率因数；n 为电动机额定转速，r/min。

4. 应用变频器的注意事项

(1) 按变频器额定输出容量来选择变频器时，要注意变频器的电压等级，当额定电压是 200 V；400 V 时，和 220 V；440 V 是不一样的，容易造成混淆。而且输入电压还可能上下波动。因此，额定容量往往作为参考指标。

(2) 按最大适配电动机指标选变频器时，要注意 4 级以上的电动机要将容量适当选大一些。

(3) 需考虑过载能力。同样容量的变频器有不同的过载能力，须分清楚是 125％/min，还是 150％/min。

例如，一台变频器额定输出电压 220 V，额定电流 36 A，过载能力为 125％/min，其可拖动的电动机若按 150％过载为多大？可按下列步骤计算出：

变频器的最大过载电流为：36×1.25＝45 A

按 150％过载所计算的额定电流为：45÷1.5＝30 A

查 7.5 kW 4 极电动机的额定电流为 27～30 A，因此该变频器的最大适配电动机为

7.5 kW。而按原来过载能力 125％计算可适配 11 kW 的电动机(36 A 额定电流)。

变频器的过载能力要比电动机的过载能力小，选用时一定要注意。

（4）可以用小容量的变频器来驱动轻载运行的大电动机，但要适当放大容量。如一台 7.5 kW 的电动机长期工作在轻载，负载容量只有 2.2 kW。若按负载电流(17 A)计算容量只需 3.7 kW 的变频器就够了。但考虑到大电动机轻载运行时电流波动大，故应将容量放大一些，选用 5.5 kW 的变频器为好。

9.3.3 通用变频器的运行

通用变频器经过多年的更新换代，在产品性能和可靠性等方面都有了很大的提高，目前市场上流行的通用变频器主要的种类有富士电动机公司的 FRN－G9S/P9S 系列、三菱电动机公司的 FR－A540/FR－F540 系列、西门子公司的 MMV/MDV 系列、安川公司的 VS－616G5 系列、三垦公司的 SAMCO－i/iP 系列、台达公司 VFD－M 系列、成都希望森兰公司的 SB/ST 系列及山东新风光公司的 JD－BP 系列等。这些变频器在功能、操作、维护及应用注意事项等方面基本相同。我们在此只作一般的情况介绍。

1. 通用变频器的铭牌与结构

1) 通用变频器的铭牌

在使用变频器时，应该首先注意变频器的铭牌数据，它用最简洁的方式给出了变频器最重要的信息。图 9－36 是富士电动机公司的 FRN30G9S－4JE 型变频器的铭牌。

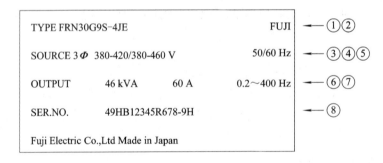

图 9－36 FRN30G9S－4JE 型变频器铭牌

如图 9－36 所示，在该铭牌上告诉了我们许多重要信息：

（1）变频器型号。FRN30G9S 中给出了适配电动机为 30 kW，过载能力为 150％(G9S 为 150％，P9S 为 120％)额定电流。

（2）电源系列。4JE 表示为 400 V 电压等级(若为 2JE 则为 200 V)。

（3）相数：3 相。

（4）输入电压范围：380～420 V/380～460 V。

（5）输入电压频率：50/60 Hz。

（6）额定容量为 46 kVA，额定电流为 60 A。

（7）输出频率范围：0.2～400 Hz。

（8）生产序列号。

2）通用变频器内部结构及原理框图

变频器的实际电路相当复杂，如图 9 - 37 所示为通用变频器的内部硬件结构原理图。从图中可以看出变频器的基本组成，图的上方是由电力电子器件构成的整流器、中间环节、逆变器主电路，R，S，T 是三相交流电源输入端，U、V、W 是变频器三相交流电源输出端；图的下方是以 16 位单片机为核心的控制电路，以及过电压、过电流、过热、过载等多种保护电路，周边引出有多种输入/输出控制端子。

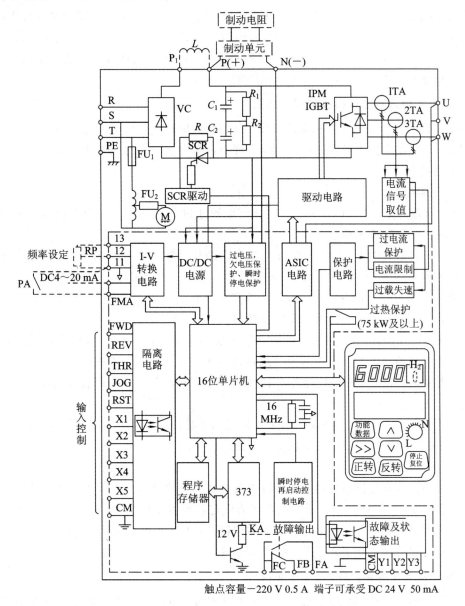

图 9 - 37　变频器内部原理框图

2. 通用变频器的安装环境和安装空间

1）安装环境

变频器是精密的电子设备，为确保其稳定运行，计划安装时，对其工作的场所和环境必须进行考虑，以使其发挥出应有的功能。设置场所一般应注意以下方面：

（1）应避免受潮，无水浸的顾虑。

（2）无易燃、易爆、腐蚀性气体和液体，粉尘少。

（3）易于对变频器进行维修和检查，搬动方便。

（4）应备有通风口和换气设备，以排出变频器产生的热量。

2）安装空间

变频器运行时，会产生热量。为了便于通风，使变频器散热，变频器应垂直安装，不可倒置，并且安装时要使其距离其它设备、墙壁或电路管道有足够的距离。变频器安装在电控柜内时，应注意散热问题，一般应考虑强制换气，但在空气吸入口要设有空气过滤器，门扉部设屏蔽垫，电缆引入口有精梳板以防吸入尘埃。

3. 通用变频器的标准接线与端子功能

各种系列的变频器都有其标准的接线端子，它们的这些接线端子与其自身功能的实现密切相关，但都是大同小异。变频器接线主要有两部分：一部分是主电路接线；另一部分是控制电路接线。

1）主电路接线

（1）电源端子(R，S，T)。一般应将交流电源通过断路器和接触器连接至主电路电源端子，电源连接不须考虑相序。

（2）变频器输出端子(U，V，W)。应按正确的相序连接到电动机。如运行命令和电动机的旋转方向不一致时，可在 U，V，W 三相中任意更改两相接线。

不要将功率因数补偿电容器或浪涌吸收器连接到变频器的输出端，更不要将交流电源连接至变频器的输出端。这样将会损坏变频器。

（3）外部制动电阻接线端子。额定容量比较小的变频器有内装的制动单元和制动电阻，如内装的制动电阻容量不够时要外接制动电阻。容量较大的变频器一般内部不装制动电阻，如需要外接制动电阻，应选配与各种不同变频器相适配的制动电阻接在专用制动电阻接线端子上。

（4）接地端子。为了安全和减小噪声，接地端子必须接地。接地导线应尽量粗，距离应尽量短，并应采用变频器系统的专用接地方式。

2）控制电路接线

在变频器的控制电路接线端子上，应按各种变频器的具体要求接入所需的控制信号或控制元件、部件。一般在控制端子上应连接为设定频率所需的器件，如电位器、按钮等；应接入各种开关量输入信号；连接各种必要的按钮如正转、反转、启动、停止、紧急停止等。有的变频器还可连接输出显示信号、报警信号等。

4. 变频器的功能单元操作(操作面板)

通用变频器的功能单元根据变频器生产厂家的不同而千差万别，但它们的基本功能相同。主要有以下几个方面：

（1）监视变频器运行。

（2）变频器运行参数的自整定。

（3）显示频率、电流、电压等。

（4）设定操作模式、操作命令、功能码。

（5）故障报警状态的复位。

（6）读取变频器运行信息和故障报警信息。

以上功能，可按照各种变频器的具体说明进行各种设置和操作。

5. 变频器的运行

变频器安装好后，可以进行调试和运行。当然在变频器通电之前，必须进行必要的检查。

1）通电前的检查

（1）接线、外观检查。首先检查变频器的安装空间和安装环境是否合乎要求，查看变频器的铭牌，看是否与驱动的电动机相匹配。然后检查变频器的主电路接线和控制电路接线是否合乎要求。在检查接线过程中，主要应检查以下几方面的问题：

① 交流电源线不要接到变频器的输出端上。

② 变频器与电动机之间的连线不能超过变频器允许的最大布线距离，否则应加交流输出电抗器。

③ 交流电源线不能接到控制电路端子上。

④ 主电路地线和控制电路地线、公共端、零线的接法是否合乎要求。

⑤ 在工频与变频相互转换的应用中，应注意电气与机械的互锁。

（2）对电源电压、电动机和变频器控制信号进行测试。检查电源是否在允许电源电压值以内，变频器的控制信号（模拟量信号、开关量信号）是否满足工艺要求。

2）系统功能设定

为了使变频器和电动机能在最佳状态下运行，必须对变频器的运行频率和有关参数进行设置。

（1）频率的设定。变频器的频率设定有两种方式：一种是通过操作面板上的增、减速按键来直接输入变频器的运行频率；另一种是通过外部信号输入端子（电位器、电压信号、电流信号等接线端）直接输入变频器运行频率。两种方式的频率设定只能选择其中之一，这种选择通过对功能码的设定来完成。

（2）功能码的设定。变频器一般都具有多个功能码，可对变频器的各种功能进行设定。绝大部分功能必须在 STOP 状态下进行设定，仅有一小部分功能码可在 RUN 状态下设定。

（3）变频器系统功能的设定。变频器在出厂时，所有的功能码已经按缺省值进行了设定。但是在变频器系统运行时，应按照系统的工艺要求对一些功能码重新进行设定，如频率信号的来源、操作方式的选择、最高频率的限制、基频的设定、额定电压、加减速时间、过载系数、过电流的限制等。

3）试运行

变频器在正式投入运行前，应驱动电动机空载试运行几分钟。试运行可在 5 Hz、10 Hz、15 Hz、20 Hz、25 Hz、35 Hz、50 Hz 等几个频率点进行。此时应注意检查以下几点：

（1）核对电动机的旋转方向。

（2）电动机是否有不正常的振动和噪声。

（3）电动机的温升是否过高。

（4）电动机轴旋转是否平稳。

（5）电动机升、降速时是否平滑。

试运行正常后，按照系统的设计要求进行面板操作或控制端子操作。

4）控制端子外部信号操作

变频器在实际系统中往往不是独立运行的，而是相互联锁，共同完成系统的变频调速控制，如可以通过控制端子引入计算机系统输出的 $0\sim10$ V、$4\sim20$ mA 的信号，并同时设置功能码，使变频器接受外部信号作为频率给定。可通过控制端子外接按钮如正转启动、反转启动、紧急停车等，也可外接报警装置等。

9.3.4 通用变频器应用实例

这里介绍一个使用变频器控制水泵以实现恒压供水的例子。

恒压供水是指用户端不管用水量大小，总保持管网中水压基本恒定，这样，既可满足各部位的用户对水的需求，又不使电动机空转造成电能的浪费。为实现此目标，需要变频器根据给定的压力信号和反馈压力信号调节水泵转速，从而达到控制管网中水压恒定的目的。变频器恒压供水系统如图 9-38 所示。

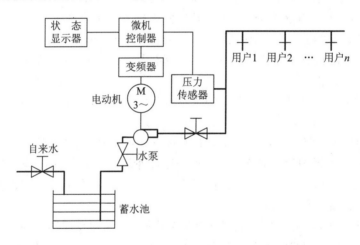

图 9-38 变频器恒压供水系统

下面以一用一备变频器恒压供水系统为例，简要说明变频器在泵类调速中的应用。

1. 系统主电路

一用一备变频器恒压供水系统就是用一台水泵供水，另一台水泵备用，当供水泵出现故障或需要定期检修时，备用泵马上投入使用，不使供水中断。两台水泵均为变频器驱动，并且当变频器出现故障时，可自动实现变频/工频切换。其主电路图如图 9-39 所示。图中，M1 为主泵电动机；M2 为备用泵电动机；QA 为自动开关；KM0，KM1，KM2，KM3，KM4 均为接触器；其中 KM1 与 KM3 用于切换备用泵；KM2 与 KM4 用于进行变频/工频切换；FR1，FR2 为热继电器。

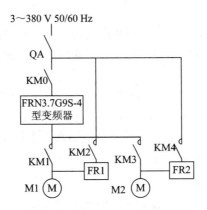

图 9 - 39　一用一备变频器恒压供水系统主电路

2. 控制系统结构

该系统由富士 FRN3.7G9S - 4 型变频器和微机控制器所组成。控制系统接线图如图 9 - 40 所示。该系统可实现的功能如下：

（1）该系统为一用一备、变频/工频自动切换的恒压供水系统。通过拨码开关的设置以确定所运行的水泵，并通过继电器 RL1、RL2 来控制接触器，以实现主泵电动机和备用电动机间的切换。

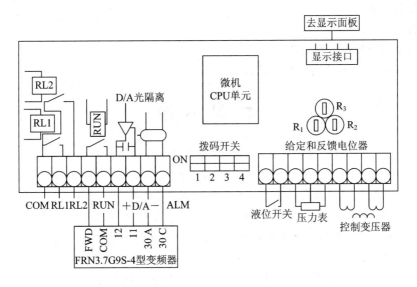

图 9 - 40　变频器恒压供水系统接线图

（2）压力给定信号和压力反馈系数通过电位器 R_1 和 R_2 实现调整。

（3）微机控制器根据给定压力和反馈压力之间的偏差信号进行调节器的运算，输出 0～5 V 的电压信号给变频器控制端(11、12 端)，作为变频器外部频率给定信号，使变频器依据输入电压信号的大小控制水泵按给定转速运行。

（4）微机控制器通过继电器 RUN 的吸合，使变频器的 FWD 和 COM 控制端子接通，变频器正转启动。变频器若在运行中发生故障，则会通过无源端子 30A、30C 的闭合给微机控制器发出故障警报信号，使微机端子控制器采取相应的措施控制水泵的变频/工频切换。

（5）控制系统的给定压力、实际压力和系统的工作状态通过显示面板进行显示。

（6）微机控制器能自动检测水池中的水位，使变频器控制水泵电动机在无水后能自动停机，有水后自动启动。

（7）具有电动机过电流、过电压、过载、欠电压等故障保护功能。

综上所述，在该系统中，微机控制器作为上位机进行各种检测和运算、控制，而变频器则作为执行装置按照微机控制器发出的指令控制水泵进行调速运行。各种控制信号的传输是通过控制端子的正确连接来保证的。

3. 变频器的功能设定

按图 9 - 40 接线完成后，变频器通电，可根据本系统的工艺情况进行变频器的功能设定。

（1）最大频率：50 Hz。

（2）最小频率：0 Hz。

（3）基本频率：50 Hz。

（4）额定电压：380 V。

（5）加速时间：15 s。

（6）减速时间：15 s。

（7）过载保护倍数：105%。

（8）转矩限制：150%。

（9）转矩矢量控制：不动作。

其它功能按照变频器出厂设定值设定。

本 章 小 结

1. 在对交流电动机进行调速控制的基本方法中，尤以交流变频调速比较理想。交流变频调速是利用电动机的同步转速随频率变化的特性，通过改变电动机的供电频率进行调速的一种方法。由变频控制组成的系统，其调速范围宽、效率高、精度高，实现较容易。

2. 交流变频的基本控制方法有：恒磁通、恒电流、恒功率三种方法。

① 恒磁通控制方法属于恒转矩调速，是基频以下的调速。希望保持电动机中每极磁通量为额定值，并保持不变，这样才能充分发挥电动机的能力，充分利用铁芯材料，使电机绕组达到额定电流，尽可能使电动机输出额定转矩和最大转矩等。

② 恒电流控制方法也属于恒转矩调速，在电动机变频调速过程中，要求定子电流保持为一恒值。即要求变频电源是一恒流源，使电动机在变频调速过程中始终保持定子电流为给定值（恒值）。在此种控制方式下，变频器的电流被控制在给定的数值上，所以在换流时没有瞬时的冲击电流，调速系统的工作比较安全可靠，特性良好。

③ 恒功率控制方法是属于基频以上的调速。当要求电动机转速超过额定转速调速时，则定子电压就要超过电动机电压的额定值。由于电动机绕组的绝缘是按额定电压来设计的，因此，定子电压应保持等于额定值。这样一来，气隙磁通就要小于额定磁通，从而使电动机转速上升，电动机的输出功率近似维持恒定，这种调速方式可视为恒功率调速。

在异步电动机变频调速系统中，为了得到宽的调速范围，可以将恒转矩变频调速与恒功率调速结合起来使用。在电动机转速低于额定转速时，采用恒转矩变频调速；在电动机转速高于额定转速时，采用近似恒功率调速。

3. 利用变频器实现变频调速时，通常采用对变频器的输出电压进行控制，即对逆变器输出电压 U_1 与输出频率 f_1 进行控制，使其基本保持不变，从而使变频调速时电动机的最大转矩大体不变。常用的控制方法有：U/f 比例控制方式、转差控制方式和矢量控制方式。

4. PWM 型变频器既可实现调压又可实现调频，变频变压都由变频器承担，因而简化了主电路和控制电路的结构。由二极管整流器对逆变器提供恒定的直流电压，提高了变频电源对交流电网的功率因数；其输出频率和电压，都在逆变器内控制和调节，因此调节速度快，调节过程中频率和电压的配合好，系统的动态性能好；且输出电压和电流波形接近正弦波，改善了电动机运行的性能。因而，PWM 型变频器具有体积小、质量轻、造价低、可靠性高等特点。

5. 数字式通用变频器目前已得到了广泛的应用，我们应根据实际系统的要求选用合适的数字式通用变频器，并注意安装要求和对运行环境的要求。

习 题 9

1. 变频调速系统一般分哪几类？
2. PAM 方式和 PWM 方式各有哪两种类型？
3. 采用 PWM 型变频器电路有哪些特点？
4. 何谓同步调制和异步调制，它们之间有哪些区别？
5. 什么是单极性调制和双极性调制？
6. 什么是 SPWM 控制方式？画出 SPWM 控制方式的变频调速系统的方框图。
7. 变频器所采用的制动方式有哪几种？
8. 通用变频器一般分为哪几类？在选用通用变频器时主要按哪些方面进行考虑？

参 考 文 献

[1] 韩全立. 自动控制原理与应用. 西安：西安电子科技大学出版社，2006

[2] 孔凡才. 自动控制原理与系统. 3 版. 北京：机械工业出版社，2005

[3] 孙虎章. 自动控制原理. 北京：中央广播电视大学出版社，1988

[4] 陈伯时. 电力拖动自动控制系统. 北京：机械工业出版社，2003

[5] 王邦富. 自动控制原理. 北京：冶金工业出版社，1987

[6] 柴敬镛，王照清. 维修电工（高级）. 北京：中国劳动社会保障出版社，2004

[7] 黄坚. 自动控制原理及其应用. 北京：高等教育出版社，2001

[8] 鄢景华. 自动控制原理. 哈尔滨：哈尔滨工业大学出版社，2000

[9] 张东立. 直流拖动控制系统. 北京：机械工业出版社，2000

[10] 赵明. 直流调速系统. 北京：机械工业出版社，1998

[11] 魏克新，王云亮，陈志敏. MATLAB 语言与自动控制系统设计. 北京：机械工业出版社，1999

[12] 黄俊，王兆安. 电力电子变流技术. 北京：机械工业出版社，1999

[13] 熊新民. 自动控制原理与系统. 北京：电子工业出版社，2003

[14] 赵四化. 自动控制原理. 西安：西安电子科技大学出版社，2004

[15] 陈瑜光. 电气自动控制原理与系统. 北京：机械工业出版社，2000